普通高等教育工程造价类专业融媒体新形态系列教材

U0182646

建设工程招投标与合同管理

第 2 版

主　编　李海凌　王　莉　卢立宇

副主编　刘　亮　李舒欣　王正玉

参　编　杜伊鑫　李佩遥　钟亚雯　雷雪莲

主　审　陶学明

机械工业出版社

本书全面、系统地介绍了建设工程招投标与合同管理的相关知识、基本理论和方法。

本书在第1版的基础上依据《中华人民共和国招标投标法》《中华人民共和国民法典》以及现行的工程法律制度和示范文本等，根据教学需要进行了修订。书中重点梳理了我国的招标投标制度及现有的主要合同示范文本，在介绍了建设工程合同的法律基础和管理基础后，对建设工程招标投标的理论和实务进行了阐述；按照项目建设流程，分别介绍了建设工程勘察设计合同管理、建设工程施工合同管理、建设工程监理合同管理；鉴于工程合同与项目管理模式联系密切，书中对建设工程合同总体策划进行了介绍，并简单介绍了国际工程合同文本。

本书重要知识点配有拓展思考及案例分析，案例翔实，注重实务；章后除了设置思考题外，还附有二维码形式的客观题，读者可用手机微信扫码二维码自行做题，提交后可参看答案。

本书可作为高等院校工程造价、工程管理、土木工程等专业的教学用书，也可作为参加造价工程师、建造师、监理工程师等各类执业资格考试人员的参考用书，还可供从事工程合同管理的专业人士参考。

本书配有电子课件，免费提供给选用本书作为教材的授课教师，需要者请登录机械工业出版社教育服务网（www.CMPedu.com）注册后下载。

图书在版编目（CIP）数据

建设工程招投标与合同管理/李海凌，王莉，卢立宇主编．—2版．—北京：机械工业出版社，2022.10（2024.7重印）

普通高等教育工程造价类专业融媒体新形态系列教材

ISBN 978-7-111-71510-8

Ⅰ．①建… Ⅱ．①李… ②王… ③卢… Ⅲ．①建筑工程–招标–高等学校–教材②建筑工程–投标–高等学校–教材③建筑工程–合同–管理–高等学校–教材 Ⅳ．①TU723

中国版本图书馆 CIP 数据核字（2022）第 162280 号

机械工业出版社（北京市百万庄大街 22 号　邮政编码 100037）

策划编辑：刘　涛　　　　　责任编辑：刘　涛　高凤春
责任校对：肖　琳　李　婷　　封面设计：马精明
责任印制：刘　媛
涿州市殷润文化传播有限公司印刷
2024 年 7 月第 2 版第 3 次印刷
184mm×260mm·15 印张·367 千字
标准书号：ISBN 978-7-111-71510-8
定价：49.00 元

电话服务　　　　　　　　　　网络服务

客服电话：010-88361066　　机 工 官 网：www.cmpbook.com

　　　　　010-88379833　　机 工 官 博：weibo.com/cmp1952

　　　　　010-68326294　　金 书 网：www.golden-book.com

封底无防伪标均为盗版　　机工教育服务网：www.cmpedu.com

前　言

　　建设工程合同有"工程宪法"之称，是工程建设与项目管理的基础，对于工程建设的各个环节，合同均可详尽地约定。因而，关于"建设工程招投标与合同管理"课程的必要性与重要性，设立工程管理、工程造价、土木工程等专业的高等院校均已认同，并列为专业主干课程。

　　本书在第 1 版的基础上依据《中华人民共和国招标投标法》《中华人民共和国民法典》以及现行的工程法律制度和示范文本编写而成，重点梳理了我国的招标投标制度及现有的主要合同示范文本。在介绍了建设工程合同的法律基础和管理基础之后，对建设工程招标投标的理论和实务进行了阐述；按照项目建设流程，分别介绍了建设工程勘察设计合同管理、建设工程施工合同管理、建设工程监理合同管理；鉴于工程合同与项目管理模式联系密切，书中对建设工程合同总体策划进行了介绍；最后，对国际工程合同文本进行了简单介绍。

　　本书结构体系完整，教学性强，内容注重实用性，支持启发性和交互式教学。各章均有大量的案例分析，重要的知识点配有拓展思考，章后有本章小结、思考题和二维码形式客观题。本书配套有电子课件，以方便教学及帮助本门课程的学习者掌握重点。本书可作为高等院校工程造价、工程管理、土木工程等专业的教学用书，也可作为参加造价工程师、建造师、监理工程师等各类执业资格考试人员的参考用书，还可供从事工程合同管理的专业人士参考。

　　本书由西华大学李海凌、王莉、卢立宇担任主编，西华大学刘亮、李舒欣、王正玉担任副主编，陶学明教授担任主审。王正玉、钟亚雯（西南石油大学）参与编写了第 1、3 章；李佩遥参与编写了第 2、5 章；杜伊鑫、雷雪莲（成都工业学院）参与编写了第 4、8 章；李舒欣参与编写了第 6、9 章。

　　本书在编写过程中参考了部分相关教材等文献资料，主要参考文献列于书末，谨向这些文献资料的作者致以衷心谢意！也感谢王丹、汤滔参与了课件制作等工作。

　　编者虽然努力，但疏漏难免，恳请广大读者批评指正！

编　者

目　录

前　言

第1章　概述 …………………………… 1

1.1　建设工程招投标概述 …………… 1

　　1.1.1　招投标的起源与发展 ………… 1

　　1.1.2　工程招投标的相关知识 ……… 2

1.2　建设工程合同管理概述 ………… 4

　　1.2.1　建设工程合同的含义 ………… 4

　　1.2.2　建设工程合同管理的含义 …… 7

　　1.2.3　建设工程合同法律基础 ……… 8

　　1.2.4　建设工程合同示范文本制度 …… 10

本章小结 ……………………………… 11

思考题 ………………………………… 11

二维码形式客观题 …………………… 11

第2章　建设工程合同法律基础 ……… 12

2.1　合同法律关系 …………………… 12

　　2.1.1　合同法律关系三要素 ………… 12

　　2.1.2　合同法律关系的产生、变更与
　　　　　 消灭 ………………………… 14

　　2.1.3　诉讼时效 ……………………… 15

　　2.1.4　代理关系 ……………………… 16

2.2　合同担保 ………………………… 17

　　2.2.1　保证 …………………………… 17

　　2.2.2　抵押 …………………………… 19

　　2.2.3　质押 …………………………… 21

　　2.2.4　留置 …………………………… 22

　　2.2.5　定金 …………………………… 23

2.3　工程保险 ………………………… 24

　　2.3.1　建筑工程一切险及第三方
　　　　　 责任险 ……………………… 25

　　2.3.2　安装工程一切险及第三方
　　　　　 责任险 ……………………… 26

2.4　合同公证的法律制度 …………… 28

　　2.4.1　合同公证的概念与原则 ……… 28

　　2.4.2　公证的程序 …………………… 29

本章小结 ……………………………… 29

思考题 ………………………………… 30

二维码形式客观题 …………………… 30

第3章　建设工程合同管理基础 ……… 31

3.1　合同概述 ………………………… 31

　　3.1.1　合同的法律特征 ……………… 31

　　3.1.2　合同的基本原则 ……………… 32

　　3.1.3　合同的分类 …………………… 33

　　3.1.4　合同的形式和内容 …………… 35

3.2　合同的订立 ……………………… 37

　　3.2.1　要约 …………………………… 37

　　3.2.2　承诺 …………………………… 39

　　3.2.3　缔约过失责任 ………………… 41

3.3　合同的效力 ……………………… 43

　　3.3.1　合同成立 ……………………… 43

　　3.3.2　合同生效 ……………………… 44

　　3.3.3　无效合同 ……………………… 47

　　3.3.4　效力待定合同 ………………… 49

　　3.3.5　可变更、可撤销合同 ………… 50

3.4　合同的履行 ……………………… 51

　　3.4.1　合同履行的一般原则 ………… 51

　　3.4.2　合同履行中条款空缺的法律
　　　　　 适用 ………………………… 52

3.4.3 合同履行中的抗辩权 ……… 53

3.4.4 合同不当履行的处理 ……… 54

3.5 合同的变更和转让 …………… 55

3.5.1 合同履行中的债权转让和债务

转移 …………………… 55

3.5.2 合同的变更 ……………… 56

3.5.3 合同的转让 ……………… 56

3.6 合同的终止和解除 …………… 58

3.6.1 合同的终止 ……………… 58

3.6.2 合同的解除 ……………… 58

3.7 违约责任 ……………………… 59

3.7.1 违约责任的承担方式 ……… 60

3.7.2 不可抗力及违约责任的免除 …… 62

3.8 合同争议的解决 ……………… 63

3.8.1 合同争议的解决方式 ……… 63

3.8.2 合同争议解决方式的选择 …… 64

3.8.3 合同争议解决方式的约定 …… 65

本章小结 ………………………… 66

思考题 …………………………… 66

二维码形式客观题 ……………… 67

第4章 建设工程招标与投标管理 …… 68

4.1 建设工程招标方式 …………… 68

4.2 建设工程招标的范围和标准 …… 70

4.2.1 建设工程强制招标的范围 …… 70

4.2.2 建设工程强制招标的规模 …… 70

4.2.3 可不招标的建设项目 ……… 70

4.2.4 政府行政主管部门对招投标

活动的监督 …………… 72

4.3 建设工程施工招标 …………… 74

4.3.1 招标资格 ………………… 74

4.3.2 工程项目施工招标程序 …… 75

4.3.3 资格预审文件的编制 ……… 79

4.3.4 招标文件的编制 ………… 81

4.3.5 招标控制价的编制 ……… 87

4.3.6 禁止肢解发包 …………… 88

4.4 建设工程施工投标 …………… 88

4.4.1 投标资格 ………………… 88

4.4.2 工程项目施工投标程序 …… 90

4.4.3 投标文件的编制 ………… 94

4.5 建设工程施工开标、评标、

定标 …………………………… 96

4.5.1 开标 ……………………… 96

4.5.2 评标 ……………………… 98

4.5.3 定标 …………………… 106

4.6 建设工程其他阶段的招投标 …… 110

本章小结 ………………………… 112

思考题 …………………………… 112

二维码形式客观题 ……………… 112

第5章 建设工程勘察设计合同

管理 ……………………… 113

5.1 建设工程勘察设计合同概述 …… 113

5.1.1 建设工程勘察设计合同的法律

规范 …………………… 113

5.1.2 建设工程勘察设计的发包 …… 113

5.1.3 建设工程勘察设计合同示范

文本 …………………… 114

5.2 建设工程勘察设计合同的

订立 …………………………… 115

5.2.1 建设工程勘察的内容及合同

当事人 ………………… 115

5.2.2 订立勘察合同时应约定的

内容 …………………… 116

5.2.3 建设工程设计的内容及合同

当事人 ………………… 117

5.2.4 订立设计合同时应约定的

内容 …………………… 118

5.3 建设工程勘察设计合同的

履行 …………………………… 122

5.3.1 建设工程勘察合同的履行 …… 122

5.3.2 建设工程设计合同的履行 …… 125

5.4 建设工程勘察设计合同的

管理 …………………………… 129

　　5.4.1　发包人对勘察设计合同的
　　　　　　管理 ·············· 129
　　5.4.2　承包人对勘察设计合同的
　　　　　　管理 ·············· 129
　　5.4.3　国家有关机关对勘察设计合同的
　　　　　　监督管理 ··········· 130
本章小结 ···················· 130
思考题 ····················· 130
二维码形式客观题 ············· 130

第6章　建设工程施工合同管理 ········ 131
6.1　建设工程施工合同概述 ······ 131
　　6.1.1　建设工程施工合同 ······· 131
　　6.1.2　建设工程施工合同示范文本 ··· 132
　　6.1.3　建设工程施工合同的类型 ··· 133
6.2　建设工程施工合同的订立 ····· 137
　　6.2.1　合同的主要内容 ········· 137
　　6.2.2　合同文本分析 ·········· 139
　　6.2.3　合同的一般规定 ········· 140
　　6.2.4　合同主体的一般规定 ····· 144
6.3　施工合同履行中的质量管理 ··· 150
　　6.3.1　工程质量 ············· 150
　　6.3.2　施工设备和临时设施 ····· 152
　　6.3.3　材料与设备 ··········· 153
　　6.3.4　试验与检验 ··········· 156
　　6.3.5　安全文明施工与职业健康 ··· 156
　　6.3.6　验收和工程试车 ········ 159
　　6.3.7　缺陷责任与保修 ········ 162
6.4　施工合同履行中的进度管理 ··· 165
　　6.4.1　施工组织设计 ·········· 165
　　6.4.2　施工进度计划 ·········· 165
　　6.4.3　开工 ··············· 166
　　6.4.4　测量放线 ············· 166
　　6.4.5　工期延误 ············· 166
　　6.4.6　不利物质条件 ·········· 167
　　6.4.7　异常恶劣的气候条件 ····· 167
　　6.4.8　暂停施工 ············· 167

　　6.4.9　提前竣工 ············· 168
6.5　施工合同履行中的成本管理 ··· 169
　　6.5.1　合同价格、计量与支付 ······· 169
　　6.5.2　价格调整 ············· 174
　　6.5.3　竣工结算 ············· 176
6.6　施工合同的变更管理 ········ 177
　　6.6.1　工程变更的原因 ········· 178
　　6.6.2　工程变更的程序 ········· 179
　　6.6.3　变更估价及相关调整 ····· 179
6.7　施工合同的索赔管理 ········ 181
　　6.7.1　施工索赔的概念 ········· 181
　　6.7.2　施工索赔程序 ·········· 186
　　6.7.3　工期索赔计算 ·········· 189
　　6.7.4　费用索赔计算 ·········· 191
　　6.7.5　施工索赔技巧 ·········· 194
6.8　施工合同的风险管理 ········ 195
　　6.8.1　不可抗力 ············· 195
　　6.8.2　保险 ··············· 197
6.9　施工合同争议的解决 ········ 198
本章小结 ···················· 199
思考题 ····················· 200
二维码形式客观题 ············· 200

第7章　建设工程监理合同管理 ········ 201
7.1　建设工程监理合同概述 ······ 201
　　7.1.1　建设工程监理 ·········· 201
　　7.1.2　建设工程监理合同 ······· 202
　　7.1.3　监理合同示范文本 ······· 203
7.2　建设工程监理合同的管理 ····· 204
　　7.2.1　监理合同的订立 ········· 204
　　7.2.2　监理合同的履行 ········· 206
　　7.2.3　监理合同的相关管理 ····· 213
本章小结 ···················· 214
思考题 ····················· 214
二维码形式客观题 ············· 215

第8章　建设工程合同总体策划 ········ 216
8.1　项目采购模式与合同条件 ····· 216

8.1.1　设计—招标—施工（DBB）

　　　模式 …………………… 216

8.1.2　设计—施工（DB）模式 ……… 217

8.1.3　设计采购施工（EPC）模式 … 217

8.1.4　建设—管理（CM）模式 ……… 218

8.1.5　项目管理承包（PMC）模式 … 218

8.1.6　建设—运营—转让（BOT）

　　　模式 …………………… 219

8.2　项目采购模式优选 ………… 220

本章小结 ………………………… 220

思考题 …………………………… 221

二维码形式客观题 ……………… 221

第9章　国际工程合同文本简介 ……… 222

9.1　FIDIC 合同简介　…………… 222

9.1.1　FIDIC 概述 ………………… 222

9.1.2　新版 FIDIC 合同范本系列

　　　简介 …………………… 222

9.1.3　《施工合同条件》简介 ……… 223

9.2　其他常用国际工程合同条件

　　简介 …………………… 226

9.2.1　NEC 合同条件简介 ………… 226

9.2.2　AIA 合同条件简介 ………… 227

9.2.3　其他常用国际工程合同条件 … 228

本章小结 ………………………… 228

思考题 …………………………… 228

二维码形式客观题 ……………… 229

参考文献 ………………………… 230

概　述

1.1　建设工程招投标概述

1.1.1　招投标的起源与发展

　　招标投标（以下简称招投标）制度形成于 18 世纪末 19 世纪初的西方资本主义国家，是随着政府采购制度的产生而产生的。在市场经济的后期，随着社会工业化的深入，政府采购逐渐出现，而且采购的范围和数量也在不断扩大。由于政府采购使用的是纳税人的钱，不是采购人自己掏腰包，因此经常会出现浪费现象。更为严重的是，采购过程中贪污腐败现象也时有发生。腐败现象的产生必然会引起政府的注意，并对其进行限制，从而产生了政府采购制度。又因为政府采购的规模往往比较大，需要有比普通交易更为规范和严密的方式，同时政府采购需要给供应商提供平等的竞争机会，也需要对其进行监督，招投标制度由此应运而生。而且，招标人也只有在这些较大规模的投资项目或大宗货品交易中，才会感受到采用招标方式所产生的节省。因此，法治国家一般都要求通过招标的方式进行政府采购，在政府采购制度中也往往规定了招投标的程序。

　　1782 年，英国政府首先设立文具公用局，负责采购政府各部门所需的办公用具。该局在设立之初就规定了招投标的程序，并且以后发展为物资供应部，负责采购政府各部门的所需物资。1803 年，英国政府公布法令，推行招标承包制。英国从设立文具公用局到公布招标法令，中间经历了 21 年。其他国家纷纷效仿，并在政府机构和私人企业购买批量较大的货物以及兴办较大工程项目时，纷纷采用招投标方法。美国联邦政府民用部门的招标采购历史可以追溯到 1792 年，当时有关政府采购的第一部法律将为联邦政府采购供应品的责任赋予美国首任财政部长亚历山大·汉密尔顿（Alexander Hamilton）。1861 年，美国又出台了一项联邦法案，规定超过一定金额的联邦政府采购，都必须采取公开招标的方式，并要求每一项采购至少要有 3 个投标人。1868 年，美国国会通过立法确立公开开标和公开授予合同的程序。

　　经过两个世纪的实践，作为一种交易方式，招投标已经得到广泛应用，并日趋成熟，其影响力也在不断扩大。随着招投标制度的逐步规范化和法制化，招投标也被大量应用于建筑工程中，并逐步发展成为工程发承包最常用的方式。当工程项目主办国需要吸引外国承包者前来参加竞标时，国内招标就扩展为国际范围的招标。联合国有关机构和一些国际组织对应用招投标方式进行采购做出了明确规定，如联合国贸易法委员会的《关于货物、工程和服务采购示范法》、世界贸易组织（WTO）的《政府采购协议》、世界银行的《国际复兴开发银行贷款和国际开发协会信贷采购指南》等。发展中国家也日益重视并采用招投标方式进行工程、服务和货物的采购。许多国家相继制定和颁布了有关招投标的法律、法规，如埃及的《公共招标法》、科威特的《公共招标法》等。

清朝末年，我国已经有了关于招投标活动的文字记载。1902 年，张之洞创办湖北制革厂，当时 5 家营造商参加开价比价，结果张同升以 1270.1 两白银的开价中标，并签订了以质量保证、施工工期、付款办法为主要内容的承包合同。这也是目前可查的我国最早的招投标活动。民国时期，1918 年，汉口《新闻报》刊登了汉阳铁厂的两项扩建工程的招标公告。1929 年，武汉市采办委员会曾公布招标规则，规定公有建筑或一次采购物料在 3000 元以上者，均须通过招标决定承办厂商。这些都是我国招投标活动的雏形，也是对招投标制度的最初探索。

20 世纪 80 年代初，作为建筑业和基本建设管理体制改革的突破口，我国率先在工程建设领域推行招投标制，从此拉开了我国招投标制度全面推广和发展的序幕。从 1980 年开始，广东、福建、吉林、上海等省、直辖市开始试行工程招投标。1984 年，国务院决定改革单纯用行政手段分配建设任务的老办法，开始实行招投标制，并制定和颁布了相应的法规，随后便在全国进一步推广。随着改革开放的逐渐深入，招投标已逐步成为我国工程、服务和货物采购的主要方式。

在这一时期，我国的工程建设领域也逐渐与世界接轨，既有土木建筑企业参与国际市场竞争，以投标方式在中东、亚洲、非洲和我国香港、澳门地区开展国际承包工程业务，又有借贷国外资金来修建国内的大型工程，因此积累了一些国际工程招投标经验。在借贷外资时，由于提供贷款方主要有世界银行、亚洲开发银行和一些外国政府等，它们大多要求采用国际通用合同条件，实施国际公开招标，所以这些项目的投标人不仅仅是中国的土木建筑企业，还有一些国外大承包商。在这些项目中，值得一提的是鲁布革水电站引水系统工程，它是我国第一个实施国际招标的世界银行贷款项目。在这一项目中，提交预审材料的共有 13 个国家的 32 个承包厂商，最后有 8 个国家的公司参加投标。在世界银行的指导下，经过公平竞争，日本大成公司以最低标价 8463 万元人民币、施工方案合理以及确保工期等优势一举夺魁。其标价仅相当于标底的 57%。在订立合同后，大成公司雇用中国劳务，创造了国际一流水平的隧道掘进速度，提前 100 多天竣工，高质量地完成了工程。这一工程给人们的思想造成的强烈冲击，早已超出水电系统工程。从这一工程开始，我国大小施工工程开始全面试行招投标与合同制管理。

此后，随着招投标制度在我国的逐渐深入，有关部委又先后发布多项相关法规，推行和规范招投标活动。1999 年 8 月 30 日，第九届全国人民代表大会常务委员会第十一次会议通过了《中华人民共和国招标投标法》（简称《招标投标法》），并于 2000 年 1 月 1 日起施行。2002 年 6 月 29 日，第九届全国人民代表大会常务委员会第二十八次会议通过了《中华人民共和国政府采购法》，确定招投标方式为政府采购的主要方式。这标志着我国招投标活动从此走上了法制化的轨道，我国招投标制度进入全面实施的成熟阶段。

1.1.2　工程招投标的相关知识

1. 工程招投标的概念

工程招投标是指招标人发出招标公告（投标邀请）和招标文件，公布采购或出售标的物内容、标准要求和交易条件，满足条件的投标人按招标要求进行公平竞争，招标人依法组建的评标委员会按招标文件规定的评标方法和标准公正评审，择优确定中标人，公开交易结果并与中标人签订合同。

在实际建设工程招投标中，人们总是把招标和投标分成两个不同内容的过程。所谓工程招标，是指招标人就拟建工程发布公告，以法定方式吸引承包单位自愿参加竞争，从中择优选定工程承包方的行为；所谓工程投标，是指响应招标、参与投标竞争的法人或者其他组织，按照招标公告或邀请函的要求制作并递送标书，履行相关手续，争取中标的过程。招标和投标是相互依存的两个最基本的方面，缺一不可。一方面，招标人以一定的方式邀请不特定或一定数量的投标人来投标；另一方面，投标人响应招标人的要求参加投标竞争。没有招标，就不会有供应商或承包商的投标；没有投标，业主或采购人的招标就得不到响应，也就没有后续的开标、评标、定标和合同签订等一系列过程。

2. 工程招投标的原则

《招标投标法》第五条规定："招标投标活动应当遵循公开、公平、公正和诚实信用的原则。"

（1）公开原则。首先，招标信息公开。依法必须进行招标的项目，招标公告应当通过国家指定的报刊、信息网络或者其他媒介发布。无论是招标公告、资格预审公告还是投标邀请书，都应当载明招标人的名称和地址、招标项目的性质、数量、实施地点和时间及获取招标文件的方法等事项。其次，开标程序公开。开标应当在招标文件确定的提交投标文件截止时间的同一时间公开进行，开标地点应当为招标文件中预先确定的地点。开标时招标人应当邀请所有投标人参加，招标人在招标文件要求提交截止时间前收到的所有投标文件，开标时都应当当众予以拆封、宣读。再次，评标的标准和程序公开。评标的标准和方法应当在招标文件载明，评标应当严格按照招标文件确定的评标标准和方法进行，不得采用招标文件未列明的标准。最后，中标结果公开。中标人确定后，招标人应当在向中标人发出中标通知书的同时，将中标结果通知所有未中标的投标人。

（2）公平原则。要求给予所有投标人平等的机会，使其享有同等的权利，履行同等的义务。招标人不得以任何理由排斥或歧视任何投标人。依法必须进行招标的项目，其招投标活动不受地区或部门的限制，任何单位和个人不得违法限制或排斥本地区、本系统以外的法人或其他组织参加投标，不得以任何方式非法干预招投标活动。

《中华人民共和国招标投标法实施条例》（简称《招标投标法实施条例》）第三十二条规定，招标人不得以不合理的条件限制、排斥潜在投标人或者投标人。招标人有下列行为之一的，属于以不合理的条件限制、排斥潜在投标人或者投标人：

1）就同一招标项目向潜在投标人或者投标人提供有差别的项目信息。

2）设定的资格、技术、商务条件与招标项目的具体特点和实际需要不相适应或者与合同履行无关。

3）依法必须进行招标的项目以特定行政区域或者特定行业的业绩、奖项作为加分条件或者中标条件。

4）对潜在投标人或者投标人采取不同的资格审查或者评标标准。

5）限定或者指定特定的专利、商标、品牌、原产地或者供应商。

6）依法必须进行招标的项目非法限定潜在投标人或者投标人的所有制形式或者组织形式。

7）以其他不合理条件限制、排斥潜在投标人或者投标人。

（3）公正原则。要求招标人在招投标活动中应当按照统一的标准衡量每个投标人的优劣。进行资格审查时，招标人应当按照资格预审文件或招标文件中载明的资格审查的条件、标准和方法对潜在投标人或投标人进行资格审查，不得改变载明的条件或以没有载明的资格条件进行资格审查。评标委员会应当按照招标文件确定的评标标准和方法，对投标文件进行评审和比较。

（4）诚实信用原则。诚实信用原则是我国民事活动中应当遵循的一项重要基本原则。招投标活动作为订立合同的一种特殊方式，同样应当遵循诚实信用原则。

招投标活动本质上是市场主体的民事活动，也就是要求招投标当事人应当以善意的主观心理和诚实、守信的态度来行使权力、履行义务，不能故意隐瞒真相或者弄虚作假，不能言而无信甚至背信弃义，在追求自身利益的同时，尽量不损害他人利益和社会利益，维持双方利益的平衡，以及自身利益与社会利益的平衡，遵循平等互利原则，从而保证交易安全，促使交易实现。

3. 工程招投标的特性

（1）竞争性。有序竞争，优胜劣汰，优化资源配置，提高社会和经济效益。这是社会主义市场经济的本质要求，也是招投标的根本特性。

（2）程序性。招投标活动必须遵循严密规范的法律程序。《招标投标法》及相关法律政策，对招标人从确定招标采购范围、招标方式、招标组织形式直至选择中标人并签订合同的招投标全过程每一环节的时间、顺序都有严格、规范的限定，不能随意改变。任何违反法律程序的招投标行为，都可能侵害其他当事人的权益，必须承担相应的法律后果。

（3）规范性。《招标投标法》及相关法律政策，对招投标各环节的工作条件、内容、范围、形式、标准以及参与主体的资格、行为和责任都做出了严格的规定。

（4）一次性。投标要约和中标承诺只有一次机会，且密封投标，双方不得在招投标过程中就实质性内容进行协商谈判，讨价还价。

（5）技术经济性。招标采购或出售标的都具有不同程度的技术性，包括标的使用功能和技术标准、建造、生产和服务过程的技术及管理要求等；招投标的经济性则体现在中标价格是招标人预期投资目标和投标人竞争期望值的综合平衡。

1.2 建设工程合同管理概述

1.2.1 建设工程合同的含义

《中华人民共和国民法典》（简称《民法典》）第七百八十八条规定："建设工程合同是承包人进行工程建设，发包人支付价款的合同。建设工程合同包括工程勘察、设计、施工合同。"实践中，发包人可以与总承包人签订建设工程总承包合同，也可以分阶段与不同主体签订多个合同。工程建设前期阶段，项目编制可行性研究报告、环评报告等一些技术咨询项目，发包人会与相关单位签订技术咨询合同；工程建设准备阶段，会签订工程勘察、设计合同；工程实施阶段，还会签订施工、监理、跟踪审计、材料设备采购、设备租赁等合同。

因此，建设工程合同有狭义和广义之分。

狭义的建设工程合同是依据《民法典》的规定，仅包括三个合同，如图 1-1 所示。

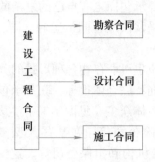

图 1-1 狭义的建设工程合同

广义的建设工程合同是一个合同体系，是一项工程项目实施过程中所有与建设活动相关的合同的总和，包括勘察/设计合同、工程施工承包合同、监理委托合同、咨询合同、材料设备采购供应合同、贷款合同、工程保险合同等，如图 1-2 所示。

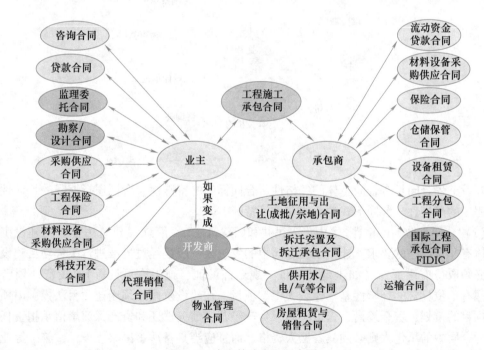

图 1-2 广义的建设工程合同

其中，业主作为工程（或服务）的买方，是工程的所有者，可能是政府、企业、其他投资者，或几个企业的组合，或政府与企业的组合（如 BOT/BT 投资方、代建机构）。业主的主要合同关系有工程施工承包合同、勘察/设计合同、监理委托合同、咨询合同、材料设备采购供应合同、工程保险合同、贷款合同等。若业主为开发商，则还有土地、拆迁等方面的合同、物业管理合同、代理销售合同、房屋租赁与销售合同等。

承包商是工程施工的具体实施者，是工程施工承包合同的执行者。承包商要完成合同约定范围内的施工，需要为工程提供劳动力、施工设备、材料，有时也涉及技术设计。任何承包商都不可能也不必具备所有的专业工程施工能力、材料和设备的生产和供应能力，因此，承包商需要将一些工作委托出去。承包商也有自己的复杂的合同关系：主要有工程施工承包合同、工程分包合同、材料设备采购供应合同、运输合同、仓储保管合同、设备租赁合同、流动资金贷款合同、保险合同等。

此外，设计单位、各供应单位也可能存在各种形式的分包；设计—施工总承包的承包商也会委托设计单位，签订设计合同；联合体投标、联营承包之间还会签订联营合同。

综上所述，建设项目的合同主体众多（见图1-3），主要有业主、勘察单位、设计单位、承包商、咨询公司、供应商、保险公司等。在某些大型复杂项目中，参与方可能还包括BOT/BT投资方、代建单位、金融机构和担保公司等。这些合同主体互相依存、互相约束，在合同中承担不同的职责，共同促进工程建设的顺利开展。

图 1-3　广义的建设工程合同主体

建设工程合同具有合同主体的严格性、合同标的的特殊性、合同履行期限的长期性、计划和程序的严格性、合同形式的要式要求等特征。

（1）合同主体的严格性。《中华人民共和国建筑法》（简称《建筑法》）对建设工程合同主体有非常严格的要求。建设工程合同中的发包人一般是经过批准进行工程项目建设的法人，必须取得准建证件（如土地使用证、规划许可证、施工许可证等），投资计划已经落实；国有单位投资的经营性基本建设大中型项目，在建设阶段必须组建项目法人，由项目法人对项目的策划、资金筹措、建设实施、生产经营、债务偿还和资产保值增值承担责任。建设工程合同中的承包人则必须具备法人资格，而且应当具备从事勘察、设计、施工等业务的相应资质。无营业执照或无承包资质的单位不能作为建设工程合同的主体，资质等级低的单位不能越级承包建设工程。

（2）合同标的的特殊性。建设工程合同是从承揽合同中分化出来的，也属于一种完成工作的合同。尽管德国、日本、法国等民法将建设工程合同纳入承揽合同范畴，但是建设工程合同与承揽合同实际存在着很大的不同：建设工程合同的标的为不动产建设项目，其基础部分与大地相连，不能移动，不可能批量生产；建设工程具有产品的固定性、单一性和工作流动性。这就决定了每个建设工程合同的标的都是特殊的，相互之间具有不可替代性。

（3）合同履行期限的长期性。建设工程由于结构复杂、体积大、建筑材料类型多、工作量大，与一般的工业产品的生产相比，它的合同履行期限都较长；由于建设工程投资多、风险大，建设工程合同的订立和履行一般都需要较长的准备期；在合同的履行过程中，还可能因为不可抗力、工程变更、材料供应不及时等原因而导致合同期限顺延。所有这些情况，决定了建设工程合同的履行期限具有长期性。

（4）计划和程序的严格性。由于工程建设对国家的经济发展、国民的工作和生活都有重大的影响。因此，国家对建设工程的计划和程序都有严格的管理制度。订立建设工程合同必须以国家批准的投资计划为前提，即便是国家投资以外的、以其他方式筹集的投资，也要受到当年贷款规模和批准限额的限制，纳入当年投资规模，并经过严格的审批程序。建设工程合同的订立要符合国家基本建设程序的规定，《招标投标法》还规定了强制招标的范围。合同履行过程中，有关行政主管部门有权对违反法律规定的行为给予行政处罚。

（5）合同形式的要式要求。考虑到建设工程的重要性、复杂性和合同履行的长期性，同时在履行过程中经常会发生影响合同履行的纠纷，因此，《民法典》要求建设工程合同应当采用书面形式。

1.2.2 建设工程合同管理的含义

建设工程合同管理是对工程项目中相关合同的策划、签订、履行、变更、索赔和争议解决的管理。

合同管理是工程项目管理的实现手段与方法，涉及工程技术、经济造价、法律法规、风险管理等多方面知识和技能，在现代工程项目管理的知识体系中有着重要的地位和作用。在工程项目管理中，合同决定着工程项目的目标。工程项目管理的合同其实也就是工程项目管理的目标和依据。工程合同管理作为项目管理的起点，贯穿于工程前期、准备、招投标和实施的各个阶段，控制并制约着安全管理、质量管理、进度管理、成本管理等方面。质量、进度、成本、安全、信息等管理都与合同管理密不可分，工程项目管理的成功与否与工程合同管理是否有效密切相关。

随着我国建筑市场不断发育成熟，建设工程合同管理的重要性日益显著。

（1）加强合同管理符合社会主义市场经济的要求。使用合同来引导和管理建筑市场，顺应了政府转变职能，应用法律、法规和经济手段调节和管理市场的大趋势。而各建筑市场主体也必须依据市场规律要求，健全各项内部管理制度，其中非常重要的一项就是合同管理。

（2）加强合同管理是规范各建设主体行为的需要。建筑工程项目合同界定了建设主体各方的基本权利与义务关系，是建设主体各方履行义务、享有权利的法律基础。合同一经签订，只要有效，双方的经济关系就限制在合同范围内。由于双方的权利和义务互为条件，所以合同双方都可以也只能利用合同保护各自的利益，限制和制约对方。合同不仅决定双方在工程过程中的经济地位，而且合同地位受法律保护，在当事人之间，合同是至高无上的，如果不履行合同或违反合同规定，就会产生违约责任（大部分为经济责任）。纵观目前我国建筑市场的经济活动及交易行为，出现的诚信危机、不正当竞争多与建设主体法制观念淡薄及合同管理意识薄弱有关。加强合同管理，促使建设主体各方按照合同约定履行义务并处理所出现的争执与纠纷，能够起到规范建设主体行为的积极作用，并对整顿我国建筑市场起到促进作用。

（3）合同还是解决双方纠纷的依据。合同对纠纷的解决有两个重要作用：纠纷的判定以合同作为法律依据，即以合同条文判定纠纷的性质，如谁对纠纷负责，负什么样的责任等；纠纷的解决方案和程序也由合同规定。

（4）加强合同管理是我国迎接国际竞争的需要。我国建筑市场正逐步全面开放，要面对国外建筑企业的冲击与挑战，就必须适应国际市场规则、遵循国际惯例。只有加强合同管理，建筑企业才有可能与国外建筑企业一争高下，才能赢得自己生存与发展的空间。

1.2.3 建设工程合同法律基础

完备的法律制度是进行合同管理的基础。为推行建设领域的合同管理制，有关部门做了大量的工作，从立法到实际操作都日趋完善，基本形成了国家立法、政府立规、行业立制的层次分明、体制完备的合同法律体系以及相关配套制度。规范建设工程合同，不但需要规范合同本身的法律法规的完善，也需要相关法律体系的完善。目前，我国这方面的立法体系已基本完善。与建设工程合同直接相关的法律有：

1.《民法典》

《民法典》于2020年5月28日第十三届全国人民代表大会第三次会议通过，2021年1月1日起实施。它是一部适应新时代中国特色社会主义发展要求，符合我国国情和实际，体例科学、结构严谨、规范合理、内容完整并协调一致的法典。民法与国家其他领域法律规范一起，支撑着国家制度和国家治理体系，是保证国家制度和国家治理体系正常有效运行的基础性法律规范。它对民事活动中的一些共性问题做出法律规定。其中，合同编是订立和履行合同以及处理合同纠纷的法律基础。

2.《建筑法》

《建筑法》于1997年11月1日第八届全国人民代表大会常务委员会第二十八次会议通过；2011年4月22日第十一届全国人民代表大会常务委员会第二十次会议进行了修改。它是建筑业的基本法律，旨在加强对建筑活动的监督管理，维护建筑市场秩序，保证建筑工程的质量和安全，促进建筑业健康发展。凡是在中华人民共和国境内从事建筑活动，实施对建筑活动的监督管理，均应遵守该法。《建筑法》所称建筑活动，是指各类房屋建筑及其附属设施的建造和与其配套的线路、管道、设备的安装活动。

3.《招标投标法》

《招标投标法》于1999年8月30日第九届全国人民代表大会常务委员会第十一次会议通过，2000年1月1日起施行，2017年12月27日第十二届全国人民代表大会常务委员会第三十一次会议进行了修订。它旨在规范招投标活动，保护国家利益、社会公共利益和招投标活动当事人的合法权益，提高经济效益，保证项目质量，是整个招投标领域的基本法。

4.《安全生产法》

《中华人民共和国安全生产法》（简称《安全生产法》）于2002年6月29日第九届全国人民代表大会常务委员会第二十八次会议通过，2021年6月10日第十三届全国人民代表大会常务委员会第二十九次会议进行了第三次修订。它旨在加强安全生产工作，防止和减少生产安全事故，保障人民群众生命和财产安全，促进经济社会持续健康发展。

5. 《环境保护法》

《中华人民共和国环境保护法》（简称《环境保护法》）于 1989 年 12 月 26 日第七届全国人民代表大会常务委员会第十一次会议通过，2014 年 4 月 24 日第十二届全国人民代表大会常务委员会第八次会议修订，2015 年 1 月 1 日起施行。它旨在保护和改善环境，防治污染和其他公害，保障公众健康，推进生态文明建设，促进经济社会可持续发展。建设项目的选址、规划、勘察、设计、施工、使用和维护均应遵循该法。

6. 《环境影响评价法》

《中华人民共和国环境影响评价法》（简称《环境影响评价法》）于 2002 年 10 月 28 日第九届全国人民代表大会常务委员会第三十次会议通过，2016 年 7 月 2 日第十二届全国人民代表大会常务委员会第二十一次会议修订。它旨在实施可持续发展战略，预防因规划和建设项目实施后对环境造成不良影响，促进经济、社会和环境的协调发展。该法的内容包括规划的环境影响评价、建设项目的环境影响评价及相关的法律责任。

7. 《劳动法》

《中华人民共和国劳动法》（简称《劳动法》）于 1994 年 7 月 5 日第八届全国人民代表大会常务委员会第八次会议通过，1995 年 1 月 1 日起施行，2018 年 12 月 29 日第十三届全国人民代表大会常务委员会第七次会议进行了修订。劳动法是调整劳动关系以及与劳动关系密切联系的社会关系的法律规范总称，与《中华人民共和国劳动合同法》（2012 年 12 月 28 日第十一届全国人民代表大会常务委员会第三十次会议修订）配合使用。

8. 《仲裁法》

《中华人民共和国仲裁法》（简称《仲裁法》）于 1994 年 8 月 31 日第八届全国人民代表大会常务委员会第九次会议通过，1995 年 9 月 1 日起施行，2017 年 9 月 1 日第十二届全国人民代表大会常务委员会第二十九次会议进行了修订。它旨在保证公正、及时地仲裁经济纠纷，保护当事人的合法权益，保障社会主义市场经济健康发展。

9. 《保险法》

《中华人民共和国保险法》（简称《保险法》）于 1995 年 6 月 30 日第八届全国人民代表大会常务委员会第十四次会议通过，2015 年 4 月 24 日第十二届全国人民代表大会常务委员会第十四次会议第三次修正。保险法是调整保险关系的一切法律规范的总称。凡有关保险的组织、保险对象以及当事人的权利义务等法律规范等均属保险法。

除了上述法律，国务院及其下属各部委还通过并发布了与建设工程有关的行政法规及部门规章。这些部门规章和行政法规将法律的原则性规定具体应用于工程实践，使得建设工程项目全寿命周期的各个环节都有规可依、有章可循。从行政法规层面来看，《招标投标实施条例》规范了招投标活动参与方的具体行为，《建设工程质量管理条例》和《建设工程安全生产管理条例》是保障建设工程质量和建设活动安全的基本依据，《建设工程勘察设计管理条例》规范了勘察设计参与方的具体行为；《建设项目环境保护管理条例》《公共机构节能条例》《民用建筑节能条例》是促进节能减排工作、保证工程项目可持续建设的法律要求。从部门规章层面来看，《工程建设施工招标投标办法》《工程建设项目招标范围和规模标准规定》《评标委员会和评标方法暂行规定》《工程建设项目招标代理机构资格认定办法》《工程建设项目自行招标试行办法》《招标公告发布暂行办法》《建筑工程施工许可管理办法》《房屋建筑工程和市政基础设施工程竣工验收暂行规定》《建设工程价款结算暂行办法》

等文件为建设工程从项目采购到竣工验收结算提供了具体的管理办法和操作流程。

从 2001 年起，为了深化建筑业的改革及与国际惯例接轨，建设部（2008 年改为住房和城乡建设部）与有关部门制定颁布了一系列的规范及文件，如《建设工程工程量清单计价规范》（GB 50500—2013）、《建设工程造价咨询规范》（GB/T 51095—2015）等。

1.2.4　建设工程合同示范文本制度

《民法典》第四百七十条规定："当事人可以参照各类合同的示范文本订立合同。"合同示范文本是将各类合同的主要条款、式样等制定出规范的、指导性的文本，在全国范围内积极宣传和推广，引导当事人采用示范文本签订合同，以实现合同签订的规范化。

我国的建设工程合同示范文本制度肇始于 20 世纪 90 年代，按照国务院办公厅国办发〔1990〕13 号文件《关于在全国逐步推行经济合同示范文本制度请示的通知》的要求，建设部和国家工商行政管理局（现国家工商行政管理总局）制定了《建设工程施工合同（示范文本）》（GF—1991—0201）；1999 年 12 月，建设部和国家工商行政管理局对 1991 年版示范文本进行了修订，发布了《建设工程施工合同（示范文本）》（GF—1999—0201）；2003 年 8 月，建设部和国家工商行政管理总局编制了《建设工程施工专业分包合同（示范文本）》（GF—2003—0213）和《建设工程施工劳务分包合同（示范文本）》（GF—2003—0214），与已颁发的《建设工程施工合同（示范文本）》配套使用。至此，我国初步建立起了较为完善的建设工程合同示范文本体系。目前我国现行的工程合同示范文本如表 1-1 所示。

表 1-1　我国现行的工程合同示范文本

序号	示范文本名称	本　版　号
1	《建设工程施工合同（示范文本）》	GF—2017—0201
2	《建设工程监理合同（示范文本）》	GF—2012—0202
3	《建设工程勘察合同（示范文本）》	GF—2016—0203
4	《建设工程设计合同（示范文本）（专业建筑工程）》	GF—2015—0210
5	《建设工程设计合同（示范文本）（房屋建筑工程）》	GF—2015—0209
6	《建设项目工程总承包合同（示范文本）》	GF—2020—0216
7	《建设工程施工专业分包合同（示范文本）》	GF—2003—0213
8	《建设工程施工劳务分包合同（示范文本）》	GF—2003—0214
9	《建设工程造价咨询合同（示范文本）》	GF—2015—0212
10	《标准施工招标资格预审文件》	2013 年版
11	《标准施工招标文件》	2013 年版
12	《中华人民共和国房屋建筑和市政工程标准施工招标资格预审文件》	2010 年版
13	《简明标准施工招标文件》	2012 年版
14	《标准设计施工总承包招标文件》	2012 年版

此外，已经发布施行与建设工程相关的示范文本还包括《工程担保合同示范文本（试行)》《工程咨询服务合同范本》《总承包/交钥匙工程合同试行本》等。

虽然合同的示范文本不属于法律、法规，是推荐使用的文本，但由于合同示范文本考虑到了建设工程合同在订立和履行中可能涉及的各种问题，并给出了较为公正的解决方法，能够有效减少合同的争议，因此，对完善建设工程合同管理制度起到了极大的推动作用。推行合同示范文本的实践证明，示范文本使当事人订立合同更加规范，对于当事人在订立合同时明确各自的权利和义务，减少合同约定缺款少项、防止合同纠纷，起到了积极的作用。

推行合同示范文本制度，是贯彻执行《民法典》《建筑法》，加强建设工程合同监督，提高合同履约率，维护建筑市场秩序的一项重要措施。推行合同示范文本制度，一方面，有助于当事人了解、掌握有关法律、法规，使具体实施项目的建设工程合同符合法律、法规的要求，避免缺款少项，防止出现显失公平的条款，也有助于当事人熟悉合同的运行；另一方面，有利于行政主管部门对合同的监督，有助于合同仲裁机构或者人民法院及时解决合同纠纷，保护当事人的合法权益，保障国家和社会公共利益不受侵害。使用标准化的范本签订合同，对完善建设工程合同管理制度起到了极大的推动作用。

本章小结

本章介绍了招投标的起源及招投标的概念、原则及特性，阐述了建设工程合同及建设工程合同管理的含义，对建设工程合同法律基础及建设工程合同示范文本制度进行了论述。完备的法律制度是进行合同管理的基础，梳理与建设工程合同直接相关的法律、行政法规、部门规章非常必要，同时，了解建设工程合同示范文本制度对本门课程的学习具有指导意义。

思 考 题

1. 简述招投标的含义。
2. 简述建设工程合同的含义。
3. 简述建设工程合同管理的意义。
4. 简述建设工程合同法律体系的含义。
5. 简述建设工程合同示范文本在建设工程合同管理中的作用。

二维码形式客观题

手机微信扫描二维码，可自行做客观题，提交后可参看答案。

第2章
建设工程合同法律基础

2.1 合同法律关系

法律关系是指一定的社会关系在相应的法律规范调整下形成的权利义务关系。合同法律关系是指由合同法律规范调整的，在民事流转过程中所产生的权利义务关系。合同法律关系是一种重要的法律关系。

2.1.1 合同法律关系三要素

合同法律关系包括合同法律关系主体、合同法律关系客体和合同法律关系内容三个要素。这三个要素构成了合同法律关系，缺少其中任何一个要素都不能构成合同法律关系，改变其中的任何一个要素也就改变了原来设定的合同法律关系。

1. 合同法律关系主体

合同法律关系主体是指参加合同法律关系，享有相应权利、承担相应义务的当事人。合同法律关系主体可以是自然人、法人和非法人组织。

（1）自然人。自然人是指基于出生而成为民事法律关系主体的有生命的人。作为法律关系主体的自然人必须具备相应的民事权利能力和民事行为能力。民事权利能力是指民事主体依法享有民事权利和承担民事义务的资格，自然人的民事权利能力一律平等。民事行为能力是指民事主体通过自己的行为取得民事权利和履行民事义务的资格。根据年龄和精神状况，自然人可以分为完全民事行为能力人、限制民事行为能力人和无民事行为能力人，如表 2-1 所示。

表 2-1　民事行为能力的分类

类　别	年龄和精神状况	特　征
完全民事行为能力人	18 周岁以上的成年人 16 周岁以上的成年人（以自己的劳动收入为主要生活来源）	具有完全民事行为能力，可以独立进行民事活动，承担民事义务
限制民事行为能力人	8 周岁以上不满 18 周岁的未成年人 不能完全辨认自己行为的成年人	实施民事法律行为由其法定代理人代理或者经其法定代理人同意、追认；但是，可以独立实施纯获利益的民事法律行为或者与其年龄、智力相适应的民事法律行为 可以独立实施纯获利益的民事法律行为或者与其智力、精神健康状况相适应的民事法律行为

（续）

类　　别	年龄和精神状况	特　　征
无民事行为能力人	不满 8 周岁的未成年人 不能辨认自己行为的成年人	由其法定代理人代理实施民事法律行为

【拓展思考 2-1】自然人与公民有无区别？

《民法典》第十三条：自然人从出生时起到死亡时止，具有民事权利能力，依法享有民事权利，承担民事义务。所有的公民都是自然人，但并不是所有的自然人都是某一特定国家的公民。公民属于政治学或公法上的概念，具有某一特定国家国籍的自然人称作公民。自然人既包括公民，也包括外国人和无国籍人，他们都可以作为合同法律关系的主体。

（2）法人。法人是具有民事权利能力和民事行为能力，依法独立享有民事权利和承担民事义务的组织。法人的民事权利能力和民事行为能力，从法人成立时产生，到法人终止时消灭。法人应当具备以下条件：

1）依法成立。法人不能自然产生，它的产生必须经过法定程序。法人的设立目的和方式必须符合法律规定，设立法人必须经过政府主管机关的批准或者核准登记。

2）有必要的财产或者经费。有必要的财产或者经费是法人进行民事活动的物质基础，它要求法人的财产或者经费必须与法人的经营范围或者设立的目的相适应，否则不能被批准设立或者核准登记。

3）有自己的名称、组织机构和场所。法人的名称是法人相互区别的标志和法人进行活动时使用的代号。法人的组织机构是指对内管理法人事务、对外代表法人进行民事活动的机构。法人的场所则是法人进行业务活动的所在地，也是确定法律管辖的依据。

4）能够独立承担民事责任。法人必须能够以自己的财产或者经费承担民事活动中的债务，在民事活动中给其他主体造成损失时能够承担赔偿责任。

法人的法定代表人是自然人依照法律或者法人章程的规定，代表法人从事民事活动的负责人。法人以其主要办事机构所在地为住所。法人终止，应当依法进行清算，停止清算范围外的活动。

【拓展思考 2-2】法人与法定代表人的区别。

法人与自然人不同，是一种无生命的社会组织体。法人的实质是一定社会组织在法律上的人格化，它必须通过自然人来表示它的意志，法定代表人由此产生。法定代表人就是能够代表法人的人，因此又称法人代表。法定代表人的权力是由法人赋予的，法人对法定代表人的正常活动承担民事责任。

（3）非法人组织。非法人组织是不具有法人资格，但是能够依法以自己的名义从事民事活动的组织。非法人组织包括个人独资企业、合伙企业、不具有法人资格的专业服务机构等。

【拓展思考 2-3】在合同法律关系主体中，法人与非法人组织有何不同？

能否独立承担民事责任，是区别法人与非法人组织的重要标志。法人有独立支配的财产，以自己的名义、用自己的财产独立承担民事责任；对于所负担的债务，以独立支配的财产承担有限清偿责任。非法人组织是依照法律的规定登记，非法人组织的财产不足以清偿债务的，由其出资人或者设立人承担无限责任。

2. 合同法律关系客体

合同法律关系客体是指参与合同法律关系的主体享有的权利和承担义务所共同指向的对象，是合同法律关系发生和存在的前提。合同法律关系的客体主要包括物、行为、智力成果。

（1）物。法律意义上的物是指可为人们控制并具有经济价值的生产资料和消费资料，可以分为动产和不动产、流通物和限制流通物、特定物和种类物等。

（2）行为。法律意义上的行为是指人的有意识的活动。在合同法律关系中，行为多表现为完成一定的工作或提供一定的劳务。

（3）智力成果。智力成果是指通过人的智力活动所创造出的精神成果，包括知识产权、技术秘密及在特定情况下的公知技术。

3. 合同法律关系内容

合同法律关系内容是指合同约定和法律规定的权利和义务。合同法律关系内容是合同的具体要求，决定了合同法律关系的性质。

（1）权利。权利是指合同法律关系主体在法定范围内，按照合同的约定，有权按照自己的意志做出某种行为。权利主体也可以要求义务主体做出或者不做出一定的行为，来实现自己的有关权利；当权利受到侵害时，有权受到法律保护。

（2）义务。义务是指合同法律关系主体必须按照法律规定或约定承担应负的责任。义务和权利是相互对应的，相应主体应自觉履行相应的义务，否则，义务人应承担相应的法律责任。

2.1.2 合同法律关系的产生、变更与消灭

合同法律关系并不是由建设法律规范本身产生的，而是只有在一定的情况和条件下，才能产生、变更与消灭。能够引起合同法律关系产生、变更与消灭的客观现象和事实，就是法律事实。法律事实包括行为和事件。

合同法律关系不会自然而然地产生，也不会凭法律规范规定就可在当事人之间发生具体的合同法律关系。只有一定的法律事实存在，才能在当事人之间发生一定的合同法律关系，或使原来的合同法律关系发生变更或消灭。

1. 行为

行为是指合同法律关系主体有意识的活动，能够引起合同法律关系发生变更和消灭的行为，包括作为和不作为两种表现形式。行为还可以分为合法行为和违法行为。

2. 事件

事件是指不以合同法律关系主体的主观意志为转移而发生的，能够引起合同法律关系产生、变更和消灭的客观现象。这些事件的出现与否，是当事人无法预见和控制的。

事件分为自然事件和社会事件两种。自然事件是指由于自然现象引起的客观事实，如地震、台风等。社会事件是指由于社会上发生了不以个人意志为转移的、难以预料的重大事件而形成的客观事实，如战争、罢工、禁运等。无论是自然事件还是社会事件，它们的发生都能引起一定的法律后果，即导致合同法律关系的产生或者迫使已经存在的合同法律关系发生变化。

2.1.3　诉讼时效

诉讼时效是指权利人在法定期间内不行使权利就丧失请求人民法院保护其民事权利的法律制度。

1. 一般诉讼时效

一般诉讼时效是指在一般情况下普遍适用的时效。这类时效不是针对某一特殊情况规定的，而是普遍适用的。《民法典》第一百八十八条规定："向人民法院请求保护民事权利的诉讼时效期间为三年。法律另有规定的，依照其规定。"这表明，我国民事诉讼的一般诉讼时效为 3 年。

2. 特别诉讼时效

《民法典》第五百九十四条规定："因国际货物买卖合同和技术进出口合同争议提起诉讼或者申请仲裁的期限为四年。"因其他合同争议提起诉讼或者申请仲裁的期限，依照有关法律的规定。

3. 最长诉讼时效

《民法典》第一百八十八条规定："自权利受到损害之日起超过二十年的，人民法院不予保护，有特殊情况的，人民法院可以根据权利人的申请决定延长。"

时效具有强制性，任何时效都由法律、法规强制规定的，任何单位或个人对时效的延长、缩短、放弃等约定都是无效的。

4. 诉讼时效的中断

诉讼时效因提起诉讼、当事人一方提出要求或者同意履行义务而中断，从中断时起，诉讼时效重新计算，原来经过的时效期间统归无效。

5. 诉讼时效的中止

在诉讼时效的最后 6 个月内，因不可抗力或者其他障碍不能行使请求权的，诉讼时效中止。从中止时效的原因消除之日起，诉讼时效继续计算。

【案例分析 2-1】

2000 年 5 月，家住浙江省湖州市 ZL 镇公园路 9 幢商住楼内的沈××等 9 位购房户，先后向湖州市消费者协会 ZL 分会投诉：他们于 1996 年 5 月向 ZL 镇某房地产开发公司所购的 9 间 3 层楼商住房，存在挑梁、墙体裂缝以及屋内漏水等严重质量问题，要求退房或赔偿损失。

消费者协会 ZL 分会受理投诉后，及时进行了调查了解。购房户要求每户赔偿 2 万元自行修房，而开发公司只同意补偿 5000 元，修理由公司负责。公司认为："宁愿修房花费 5 万元，不能多赔 5000 元。"沈××等人遂根据购房合同第 13 条第 3 款"房屋发生严重质量问题，有权退房"的约定要求退房。开发公司认为，该幢房屋经质监部门验收为合格工程，房屋渗水是通病，不存在严重质量问题，因此不同意退房。

本案中合同法律关系的三要素是什么？沈××等居民是 1996 年购房的，于 2000 年提出房屋质量有问题。如果沈××等居民选择诉讼途径解决纠纷，是否已超过诉讼时效？

【分析】

本案中的合同法律关系主体是沈××等 9 位购房户和 ZL 镇某房地产开发公司，合同法律关系客体是那9套存在质量问题的商品房。本案合同法律关系的内容是主体双方各自应当享受的权利和应当承担的义务。

没有超过诉讼时效，因为，诉讼时效的起始时间是从权利人知道或应当知道权利受到侵害之日起计算的。此外，根据《建筑工程质量管理条例》，屋面、外墙面及卫生间和有防水要求的房间的防渗漏的保修期为5年。因此，该商品房还在保修期内，开发商完全应当承担维修责任。

2.1.4 代理关系

1. 代理的概念和特征

代理是指代理人在代理权限范围内，以被代理人的名义实施的，其民事责任由被代理人承担的法律行为。公民、法人可以通过代理人实施民事法律行为。但是，依照法律规定或者按照双方当事人约定，应当由本人实施的民事法律行为，不得代理。代理具有以下特征：

（1）代理人必须在代理权限范围内实施代理行为。无论代理权的产生是基于何种法律事实，代理人都不得擅自变更或扩大代理权限。代理人超越代理权限的行为不属于代理行为，被代理人对此不承担责任。在代理关系中，委托中的代理人应该根据被代理人的授权范围进行代理，法定代理和指定代理中的代理人也应该在法律规定或者指定的范围权限内实施代理工作。

（2）代理人以被代理人的名义实施代理行为。代理人只有以被代理人的名义实施代理行为，才能为被代理人取得权利和义务。代理人以自己的名义所产生的行为是法律行为，不是代理行为，这种行为所设定的权利和义务只能由代理人自己承担。

（3）代理人在被代理人授权范围内独立地表达自己的意志。在被代理人的权限范围内，代理人以自己的意志积极地为被代理人实现其利益。它具体表现为代理人有权自行解决如何向第三人做出意思表示，或是否接受第三人的意思表示。

（4）被代理人对代理行为承担民事责任。代理是代理人以被代理人的名义实施法律行为，所在代理关系中设定的权利和义务，应当直接归属被代理人享有或承担。被代理人对代理人的代理行为承担责任，既包括对代理人在执行代理任务中的合法行为承担民事责任，也包括对代理人的不当代理行为承担民事责任。

2. 代理的种类

根据代理权限产生的依据不同，代理可以分为委托代理、法定代理。

（1）委托代理。委托代理是指基于被代理人对代理人的委托代理行为而产生的代理，只有在被代理人对代理人进行授权后，这种委托代理关系才真正成立。民事法律行为的委托代理，可以用书面形式，也可以用口头形式。法律规定用书面形式的，应当用书面形式。书面委托代理的授权委托书应当载明代理人的姓名或者名称、代理事项、权限和期间，并由委托人签名或盖章。委托书授权不明的，被代理人应当向第三人承担民事责任，代理人负连带责任。在委托代理中，被代理人可以随时撤销其授权委托，代理人也可以随时辞去所受委托，但代理人辞去其委托时，不能给被代理人和善意相对人造成损失，否则应负赔偿责任。

（2）法定代理。法定代理是指根据法律的直接规定而产生的代理。法定代理主要是为了维护无行为能力或限制行为能力人的利益而设立的代理方式。

【拓展思考 2-4】建设工程中有无代理行为？

建设工程活动中涉及的代理行为较多，如工程招标代理、材料设备采购代理以及诉讼代理等。又如，项目经理是施工企业的委托代理人，总监理工程师是监理单位的委托代理人。

3. 无权代理

无权代理是指行为人没有代理权而以他人名义进行民事、经济活动。无权代理包括以下三种情况：

（1）没有代理权的代理行为。

（2）超越代理权限的代理行为。

（3）代理权终止后的代理行为。

《民法典》第一百七十一条规定：行为人没有代理权、超越代理权或者代理权终止后，仍然实施代理行为，未经被代理人追认的，对被代理人不发生效力。相对人可以催告被代理人自收到通知之日起 30 日内予以追认，被代理人未做表示的，视为拒绝追认。行为人实施的行为被追认前，善意相对人有撤销的权力。撤销应当以通知的方式做出。

4. 代理关系的终止

（1）委托代理关系的终止。有下列情形之一的，委托代理终止：

1）代理期届满或者代理事项完成。

2）被代理人取消委托或者代理人辞去委托。

3）代理人或者被代理人死亡。

4）代理人丧失民事行为能力。

5）作为被代理人或者代理人的法人、非法人组织终止。

（2）法定代理关系的终止。有下列情形之一的，法定代理终止：

1）被代理人取得或者恢复完全民事行为能力。

2）被代理人或代理人死亡。

3）代理人丧失民事行为能力。

4）法律规定的其他形式。

2.2　合同担保

担保是指当事人根据法律法规或者双方约定，为促使债务人履行债务，实现债权人权利的法律制度。担保通常是由当事人双方订立担保合同，担保合同是主合同的从合同，被担保合同是主合同，主合同无效，从合同无效，但担保合同另有约定的按照约定。担保合同被确认无效后，债务人、担保人、债权人有过错的，应当根据其过错各自承担相应的民事责任。

担保活动应当遵循平等、自愿、公平、诚实信用的原则。

担保方式为保证、抵押、质押、留置和定金。

2.2.1　保证

1. 保证的概念和方式

保证是指保证人和债权人约定，当债务人不履行债务时，保证人按照约定履行债务或者承担责任的行为。保证法律关系必须有三方参加，即保证人、被保证人（债务人）和债权人。

保证的方式有两种，即一般保证和连带责任保证。一般保证是指当事人在保证合同中约定，债务人不能履行债务时，由保证人承担责任的保证。一般保证的保证人在主合同纠纷未经审判或者仲裁，就债务人财产依法强制执行仍不能履行债务前，有权拒绝向债权人承担保证责任。连带责任保证是指当事人在保证合同中约定保证人与债务人对债务承担连带责任的保证。连带责任保证的债务人在主合同规定的债务履行期届满没有履行债务的，债权人可以要求债务人履职其债务，也可以要求保证人在其保证范围内承担保证责任。当事人对保证方式没有约定或者约定不明确的，按照连带责任保证承担保证责任。

2. 保证人的资格

保证人是具有代为清偿债务能力的法人、其他组织或者公民。但是，以下情况不可以作为保证人：

（1）国家机关，但经国务院批准为使用外国政府或者国际经济组织贷款进行转贷的除外。

（2）学校、幼儿园、医院等以公益为目的的事业单位、社会团体。

（3）企业法人的分支机构、职能部门。但企业法人的分支机构有法人书面授权的，可以在授权范围内提供保证。

（4）银行等金融机构。

同一债务有两个以上保证人的，保证人应当按照保证合同约定的保证份额，承担保证责任。没有约定保证份额的，保证人承担连带责任，债权人可以要求任何一个保证人承担全部保证责任，保证人都负有担保全部债权实现的义务。已经承担保证责任的保证人，有权向债务人追偿，或者要求承担连带责任的其他保证人清偿其应当承担的份额。

3. 保证合同的内容

保证合同应包括以下内容：

（1）被保证的主债权种类、数额。

（2）债务人履行债务的期限。

（3）保证的方式。

（4）保证担保的范围。

（5）保证的期间。

（6）双方认为需要约定的其他事项。

4. 保证责任

保证合同生效后，保证人就应当在合同规定的保证范围和保证期间承担保证责任。

保证担保的范围包括主债权及利息、违约金、损害赔偿金及实现债权的费用。保证合同另有约定的，按照约定。债权人与保证人可以约定保证期间，但是约定的保证期间早于主债务履行期眼或者与主债务履行期限同时届满的，视为没有约定；没有约定或者约定不明确的，保证期间为主债务履行期限届满之日起 6 个月。债权人与债务人对主债务履行期限没有约定或者约定不明确的，保证期间自债权人请求债务人履行债务的宽限期届满之日起计算。

一般保证的保证人与债权人未约定保证期间的，保证期间为主债务履行期届满之日起 6 个月。在合同约定的保证期间和主债务履行期届满之日起的 6 个月内，债权人未对债务人提起诉讼或者申请仲裁的，保证人免除保证责任；债权人已提起诉讼或者申请仲裁的，保证期间适用诉讼时效中断的规定。连带责任保证的保证人与债权人未约定保证期间的，债权人有权自主债务履行期届满之日起 6 个月内要求保证人承担保证责任。在合同约定的保证期间和主债务履行期届满之日起的 6 个月内，债权人未要求保证人承担保证责任的，保证人免除保证责任。

保证期间，债权人依法将主债权转让给第三人的，保证人在原保证担保范围内继续承担保证责任。保证合同另有约定的，按照约定。保证期间，债权人许可债务人转让债务和债权人与债务人协议变更主合同的，应当取得保证人书面同意，保证人对未经其同意转让的债务，不再承担保证责任。

【拓展思考 2-5】 建设工程中有无保证情形？

建设工程中，保证是最为常见的一种担保方式。常见的建设工程保证担保有：投标保证，如投标保函、投标保证书；履约保证，如履约保函、履约保证书；预付款保证，如银行保函。银行出具的保证为保函；保险公司、信托公司、证券公司、实体公司或社会担保公司出具的保证为保证书。

【案例分析 2-2】

一小型工程，工期为一个月。如果乙方要求甲方采取的付款方式为银行保函：先预付工程款 50%，完工后 20 日向银行取回尾数，这样的方式行吗？

【分析】

保函并不是用来付款的，而是用来约束合同一方按时履约的。

如果甲方预付 50%工程款给乙方，那么甲方可能会要求乙方事先开出银行保函，用来保证乙方收到预付款后，能够按时遵照合同施工。

当然，如果乙方担心甲方拖欠剩余的 50%工程款，也可要求甲方开出银行保函，保证在完工后甲方支付足额的工程余款。

2.2.2 抵押

1. 抵押的概念

抵押是指债务人或者第三人向债权人以不转移占有的方式提供一定的财产作为抵押物，用以担保债务履行的担保方式。债务人不履行债务时，债权人有权依照法律规定以抵押物折价或者从拍卖、变卖抵押物的价款中优先受偿。其中债务人或者第三人称为抵押人，债权人称为抵押权人，提供担保的财产为抵押物。

2. 抵押物

债务人或者第三人提供担保的财产为抵押物。抵押人所担保的债权不得超出其抵押物的价值。下列财产可以作为抵押物：

（1）建筑物和其他土地附着物。

（2）建设用地使用权。

（3）海域使用权。

（4）生产设备、原材料、半成品、产品。

（5）正在建造的建筑物、船舶、航空器。

（6）交通运输工具。

（7）法律、行政法规未禁止抵押的其他财产。

《民法典》规定，以建筑物抵押的，该建筑物占用范围内的建设用地使用权一并抵押。以建设用地使用权抵押的，该土地上的建筑物一并抵押。抵押人未依据前款规定一并抵押的，未抵押的财产视为一并抵押。乡镇、村企业的建设用地使用权不得单独抵押。以乡镇、村企业的厂房等建筑物抵押的，其占用范围内的建设用地使用权一并抵押。但下列财产不得抵押：

（1）土地所有权。

（2）宅基地、自留地、自留山等集体所有土地的使用权，但是法律规定可以抵押的除外。

（3）学校、幼儿园、医疗机构等为公益目的成立的非营利法人的教育设施、医疗卫生设施和其他公益设施。

（4）所有权、使用权不明或者有争议的财产。

（5）依法被查封、扣押、监管的财产。

（6）法律、行政法规规定不得抵押的其他财产。

【拓展思考 2-6】建设工程中有无抵押情形？

常见的建设工程抵押担保有：以在建工程为抵押物向银行贷款；以建设单位其他房产作为抵押向金融机构融资。

3. 抵押的效力

抵押担保的范围包括主债权及利息、违约金、损害赔偿金和实现抵押权的费用。抵押合同另有约定的，按照约定。

抵押人有义务妥善保管抵押物并保证其价值。抵押期间，抵押人转让已办理登记的抵押物，应当通知抵押权人并告知受让人转让物已经抵押的情况，否则该转让行为无效。抵押人转让抵押物的价款，应当向抵押权人提前清偿所担保的债权或者向与抵押权人约定的第三人提存。超过债务的部分归抵押人所有，不足部分由抵押人清偿。转让抵押物的价款不得明显低于其价值，如果转让抵押物的价款明显低于其价值的，抵押权人可以要求抵押人提供相应的担保，抵押人不提供的，不得转让抵押物。如果抵押人的行为足以使抵押物价值减少的，抵押权人有权要求抵押人停止其行为。抵押物价值减少时，抵押权人有权要求抵押人恢复抵押物的价值，或者提供与减少的价值相当的担保。

抵押权与其担保的债权同时存在，债权消灭的，抵押权也消灭。抵押权不得与债权分离而单独转让或者作为其他债券的担保。

4. 最高额抵押

最高额抵押是指抵押人与抵押权人协议，在最高债权额限度内，以抵押物对一定期间内连续发生的债权作为担保。债权人与债务人就某项商品在一定期间内连续发生交易而签订的合同，可以附最高额抵押合同。最高额抵押的主合同债权不得转让。

5. 抵押权的实现

债务履行期届满抵押权人未受清偿的，可以与抵押人协议以抵押物折价或者以拍卖、变卖该抵押物所得的价款受偿。抵押权人和抵押人未就该抵押权实现方式达成协议的，抵押权人可以请求法院拍卖、变卖抵押财产。抵押财产折价或者变卖的，应当参照市场价格。抵押物折价或者拍卖、变卖后，其价款超过债权额数的部分归抵押人所有，不足部分由抵押人清偿。抵押权因抵押物灭失而消灭。因灭失所得的赔偿金，应当作为抵押财产。

【案例分析 2-3】

2014 年 11 月，周某准备开设一家影楼，因资金短缺，便以自有的价值 27 万元的住房作为抵押，向生意伙伴杨女士借款 25 万元。当时在借款协议上约定，周某 3 年后归还借款本息，到期若不能归还，就将周某的房产变卖后优先偿还。周某在拿到借款后，就将其房屋的产权证交给了杨女士，但杨女士却没能按法律规定，及时办理抵押物登记手续，可能以为自己拿到房产证就高枕无忧了。

时隔 1 年之后，周某便以自己的原房产证遗失为由补办了房产证，还将其房屋、影楼设备等全部卖给了刘某，并同刘某及时办理了房屋过户手续，而当时刘某也并不知道该房屋已被抵押。

周某在得到房款后于 2016 年 8 月因涉嫌诈骗潜逃，杨女士获悉后，以该房屋已抵押为由要求刘某退房，并将周某和刘某起诉到法院。法院该如何判决？

【分析】

依照我国法律规定，房屋抵押应当办理抵押物登记，抵押合同自登记之日起才开始生效。由于该房屋没办理抵押登记，抵押合同还未生效，也就不能对抗第三人，即刘某善意取得该房屋的所有权应予保护，杨女士要求刘某退房的请求被依法驳回。

2.2.3　质押

1. 质押的概念

质押是指债务人或者第三人将其动产或者权利移交债权人占有，用以保证债务履行的担保。质押后，当债务人不能履行债务时，债权人依法有权将该动产和权利优先清偿。债务人或第三人为出质人，债权人为质权人，移交的动产和权利为质物。质权是一种约定的担保物权，以转移占有为特征。出质人和质权人应当以书面形式订立质押合同。质押合同自质物移交于质权人占有时生效。质押担保的范围包括主债权及利息、违约金、损害赔偿金、质物保管费用和实现质权的费用。质押合同另有约定的，按照约定。

【拓展思考 2-7】 抵押与质押的区别。

（1）抵押标的为动产与不动产；质押标的为动产与权利。

（2）抵押物不移转占有；质物移转占有。抵押只有单纯的担保效力；质押中质权人既支配质物，又能体现留置效力。

（3）当事人可以自愿办理抵押登记的，抵押合同自签订之日起生效；当事人不必办理质押登记的，质押合同自质物或权利凭证交付之日起生效。

（4）抵押权的实现主要通过拍卖；质押则多直接变卖。

2. 质押的分类

质押可以分为动产质押和权利质押。

（1）动产质押。动产质押是指债务人或者第三人将其动产移交债权人占有，将该动产作为债权的担保。能够用作质押的动产没有限制。出质人和质权人在合同中不得约定在债务履行期届满质权人未受清偿时，质物的所有权转移为质权人所有。质权与其担保的债权同时存在，债权消灭的，质权也消灭。

（2）权利质押。权利质押一般是将权利凭证交付质权人的担保。下列权利可以质押：

1）汇票、支票、本票、债券、存款单、仓单、提单。

2）可以转让的基金份额、股权。

3）可以转让的注册商标专用权、专利权、著作权等知识产权中的财产权。

4）现有的以及将有的应收账款。

5）法律、行政法规规定可以出质的其他财产权利。

【拓展思考 2-8】动产质押与权利质押的区别。

（1）合同标的不同。动产质押的标的为有形的动产；权利质押的标的为无形的权利。

（2）标的物的移转占有方式不同。

（3）质押的实现方式不同。动产质押，质权以对动产的折价或拍卖、变卖的价金优先受偿；权利质押，质权人直接取代出质人的地位，行使出质人的权利。

【拓展思考 2-9】建设工程中有无质押情形？

常见的建设工程质押担保有：投标担保，如保兑支票、银行汇票或现金支票；履约担保，如保兑支票、银行汇票或现金支票。

2.2.4　留置

留置是指债权人按照合同约定占有债务人的财产，当债务人不能按合同约定期限履行债务时，债权人有权依法留置该财产并享有处置该财产得到优先受偿的权利。留置担保的范围包括主债权及利息、违约金、损害赔偿金、留置物保管费用和实现留置权的费用。留置权人负有妥善保管留置物的义务。因保管不善致使留置物灭失或者毁损的，留置权人应当承担民事责任。债权人与债务人应当在合同中约定，债权人留置财产后，债务人应当在不少于 2 个月的期限内履行债务。债权人与债务人在合同中未做约定的，债权人留置债务人财产后，应当确定 2 个月以上的期限，通知债务人在该期限内履行债务。债务人逾期仍不履行的，债权人可以与债务人协议以留置物折价，也可以依法拍卖、变卖留置物。留置物折价或者拍卖、变卖后，其价款超过债权数额的部分归债务人所有，不足部分由债务人清偿。

【案例分析 2-4】

甲公司与乙公司签订合同，由甲公司承包乙公司的工程项目，项目完工后，双方经过了验收，通过了质量检验，并对工程价款达成一致。此后，乙公司一直没有付款，甲公司几经催要，也未达到目的。甲公司遂对工程进行留置，拒绝向乙公司进行交付，于是乙公司向法院提起诉讼，要求甲公司依合同交付工程。甲公司的行为合法吗？

【分析】

（1）留置只适用于动产，不动产是不能进行留置的。甲公司与乙公司之间即使有工程款纠纷，也应通过其他法律途径解决，依法催讨，而不应采取留置工程的错误方式。

（2）《民法典》第八百零七条规定了发包人未按照约定支付价款的，承包人可以催告发包人在合理期限内支付价款。发包人逾期不支付的，除根据建设工程的性质不宜折价、拍卖外，承包人可以与发包人协议将该工程折价，也可以请求人民法院将该工程依法拍卖。建设工程的价款就该工程折价或者拍卖的价款优先受偿。

【拓展思考 2-10】在我国的担保方式中，抵押、质押、留置有何不同？

从概念、名称、范围和主要特点四个方面对抵押、质押、留置进行对比分析，如表 2-2

所示。

表 2-2　抵押、质押、留置对比分析表

类别方面	抵　押	质　押	留　置
概念	抵押是指债务人或者第三人向债权人以不转移占有的方式提供一定的财产作为抵押物，用以担保债务履行的担保方式	质押是指债务人或者第三人将其动产或者权利移交债权人占有，用以保证债务履行的担保方式	留置是指债权人按照合同约定占有债务人的财产，当债务人不能按合同约定期限履行债务时，债权人有权依法留置该财产并享有处置该财产得到优先受偿的权利
名称	抵押人（债务人）、抵押权人（债权人）、抵押物	出质人（债务人）、质权人（债权人）、质物	债务人、留置权人（债权人）、留置物
范围	抵押担保的范围包括主债权及利息、违约金、损害赔偿金和实现抵押权的费用	质押担保的范围包括主债权及利息、违约金、损害赔偿金、质物保管费用和实现质权的费用	留置担保的范围包括主债权及利息、违约金、损害赔偿金、留置物保管费用和实现留置权的费用
主要特点	①抵押财产不移转占有，抵押物仍由抵押人（债务人）占有 ②抵押标的为动产与不动产 ③当事人可以自愿办理抵押登记的，抵押合同自签订之日起生效 ④当事人办理抵押登记的，登记部门为抵押物的相应管理部门 ⑤抵押权一般是由当事人约定的 ⑥抵押物主要用于担保债权的实现 ⑦当债务已届清偿期而未清偿，抵押权人通知抵押人后，即可处置抵押物，实现债权，无须给抵押人规定清偿债务的期限	①质押财产移转占有，出质人只是质押财产的所有人 ②质押标的为动产与权利 ③当事人不必办理质押登记的，质押合同自质物或权利凭证交付之日起生效 ④以股票、知识产权出质的，当事人应向其相应的管理机构办理出质登记 ⑤质权一般是由当事人约定的 ⑥质权人占有质物，是基于担保债权的实现 ⑦质权的实现，是当债权已届清偿期而未受清偿，质权人通知出质人后，即可处置质物，实现债权，无须给出质人规定清偿债务的期限	①留置权为法定担保物权，这种物权只限于保管合同、运输合同、加工承揽合同和行纪合同 ②留置权人占有、扣留动产是基于债务人不如期履行约定义务 ③留置权的实现，须留置权人给债务人规定一定的期限，并通知债务人在此期限内清偿债务，当债务人不为清偿时，留置权人方可处置该留置物，实现债权

2.2.5　定金

定金是指当事人双方为了保证债务的履行，约定由当事人一方先行支付给对方一定数额的货币作为担保。定金的数额由当事人约定，但不得超过主合同标的额的20%；定金合同采用书面形式，并在合同中约定交付定金的期限，定金合同从实际交付定金之日起生效。债务人履行债务后，定金应当抵作价款或者收回。给付定金的一方不履行约定债务的，无权要求返还定金；收受定金的一方不履行约定债务的，应当双倍返还定金。

【拓展思考 2-11】建设工程中有无定金情形？

若投标保证采用现金，则担保形式表现为定金；若履约采用保留金，则担保方式表现为定金。

【案例分析 2-5】

2015 年 1 月，宁德市某医院对医院病房大楼建筑工程项目进行公开招标，××省第五工程公司作为投标人按照"投标须知前附表"和"投标须知"的要求，于 2015 年 2 月 18 日将 80 万元投标保证金汇入宁德市某医院指定的宁德市建设工程交易中心账户。××省第五工程公司参与了该工程项目招投标工作后，于 2015 年 2 月 25 日被推荐为第一中标候选人并公示。公示期间，由于××省第五工程公司提供的投标文件存在弄虚作假情形被发现，原××省第五工程公司作为第一中标候选人的资格被取消，其 80 万元投标保证金不予退还。

宁德市某医院不予退还××省第五工程公司的投标保证金是否合理？

【分析】

投标保证金主要用于保证投标人在递交投标文件后不得撤销投标文件，中标后不得无正当理由不与招标人订立合同，在签订合同时不得向招标人提出附加条件或者不按照招标文件要求提交履约保证金。否则，招标人有权不予返还其递交的投标保证金。

××省第五工程公司虽有弄虚作假行为，却不是中标人，不属于投标保证金担保的范围。因此，宁德市某医院不予退还××省第五工程公司投标保证金缺乏依据。

2.3　工程保险

保险是指投保人根据合同约定，向保险人支付保险费，保险人对于合同约定的可能发生的事故因其发生所造成的财产损失承担赔偿保险金责任，或者当被保险人死亡、伤残、疾病或者达到合同约定的年龄、期限时承担给付保险金责任的商业保险行为。保险是一种受法律保护的分散危险、消化损失的法律制度。保险的目的就是分散危险。保险制度上的危险就是损失发生的不确定性，其表现为：发生与否的不确定性；发生时间的不确定性；发生后果的不确定性。

由于建设项目是一个周期长、规模大、工艺复杂、工序较多的比较完备且复杂的系统，再加上工程项目的多主体性，这两方面就决定了建筑工程保险需要多险种配合才能满足这个庞大的工程项目系统的投保需求。所以，建筑工程保险是由众多项目参与主体保险以及工程项目全周期保险相互影响、互相配合而构成的，如表 2-3 和表 2-4 所示。

表 2-3　不同项目参与主体保险构成

参 与 主 体	险 种 名 称
建设单位	建筑工程一切险、安装工程一切险、工伤保险
施工单位	工伤保险、施工设备险、意外伤害险、货物运输险
监理单位	工程监理责任险
设计单位	工程设计责任险
咨询单位	咨询决策责任险

由此可见，在项目的施工阶段，主要涉及的险种有建筑工程一切险、安装工程一切险、机械设备险、意外伤害险、货物运输险等。下面主要介绍建筑工程一切险和安装工程一切险。

表 2-4　工程项目全周期保险构成

工程项目全周期的不同阶段	险种名称
工程决策阶段	咨询决策责任险
工程设计阶段	工程设计责任险
工程施工阶段	建筑工程一切险、安装工程一切险、意外伤害险、货物运输险、机械设备险、工程监理责任险、工程设计责任险
工程竣工阶段	工程质量险

2.3.1　建筑工程一切险及第三方责任险

建筑工程一切险是承保各类民用、工业和公用事业建筑工程项目，包括道路、桥梁、水坝、港口等，在建造过程中因自然灾害或意外事故而引起的一切损失险种。因在建工程抗灾能力差、危险程度高，一旦发生损失，不仅会对工程本身造成巨大的物质财产损失，甚至可能殃及邻近人员和财物。因此，建筑工程一切险作为转嫁工程风险、取得经济保障的有效手段，受到广大工程业主、承包人、分包人等工程有关人士的青睐。

建筑工程一切险往往还加保第三方责任险。第三方责任险是指凡在工程期间的保险有效期内，因在工地上发生意外事故造成在工地及邻近地区的第三方人身伤亡或财产损失，依法应由被保险人承担的经济赔偿责任。

1. 投保人（被保险人）**与保险人**

我国《建设工程施工合同（示范文本）》规定，在工程开工前，发包人应当为建设工程办理保险，支付保险费用。所以，应当由发包人投保建筑工程一切险。

建筑工程一切险的被保险人范围较宽。所有在工程进行期间，对该项工程承担一定风险的有关各方，均可作为被保险人。

2. 责任范围

保险人对表 2-5 中原因造成的损失和费用负责赔偿。

表 2-5　建筑工程一切险的责任范围

类　别	范　围
自然灾害	地震、海啸、雷电、飓风、台风、龙卷风、风暴、暴雨、洪水、水灾、冻灾、冰雹、地崩、山崩、雪崩、火山爆发、地面下陷下沉及其他人力不可抗拒的破坏力强大的自然现象
意外事故	不可预料的以及被保险人无法控制并造成物质损失或人身伤亡的突发性事件，包括火灾和爆炸

3. 除外责任

保险人对下列各项原因造成的损失不负赔偿责任：

（1）设计错误引起的损失和费用。

（2）自然磨损、内在或潜在缺陷、物质本身变化、自燃、自热、氧化、锈蚀、渗漏、鼠咬、虫蛀、大气（气候或气温）变化、正常水位变化或其他渐变原因造成的保险财产自身的损失和费用。

（3）因原材料缺陷或工艺不善引起的保险财产本身的损失以及为换置、修理或矫正这些缺点错误所支付的费用。

（4）非外力引起的机械或电气装置的本身损失，或施工用机具、设备、机械装置失灵造成的本身损失。

（5）维修保养或正常检修的费用。

（6）档案、文件、账簿、票据、现金、各种有价证券、图表资料及包装物料的损失。

（7）盘点时发现的短缺。

（8）领有公共运输行驶执照的，或已由其他保险予以保障的车辆、船舶和飞机的损失。

（9）除非另有约定，在被保险工程开始以前已经存在或形成的位于工地范围内或其周围的属于被保险人的财产的损失。

（10）除非另有约定，在本保险单保险期限终止以前，保险财产中已由工程所有人签发完工验收证书或验收合格或实际占有、使用或接收的部分。

4. 第三方责任险

建筑工程一切险如果加保第三方责任险，则保险人对下列原因造成的损失和费用负责赔偿：

（1）在保险期限内，因发生与所保工程直接相关的意外事故引起工地内及邻近区域的第三方人身伤亡、疾病或财产损失。

（2）对被保险人因上述原因而支付的诉讼费用以及事先经保险人书面同意而支付的其他费用。

5. 赔偿金额

在发生保险单内以下损失后，保险人按下列方式确定赔偿金额：

（1）可以修复的部分损失：以将保险财产修复至其基本恢复受损前状态的费用扣除残值后的金额为准。

（2）全部损失或推定全损：以保险财产损失前的实际价值扣除残值后的金额为准，但保险公司有权不接受被保险人对受损财产的委付。

（3）发生损失后，被保险人为减少损失而采取必要措施所产生的合理费用，保险人可予以赔偿。但本项费用以保险财产的保险金额为限。

保险人对每次事故引起的赔偿金额以法院或者政府有关部门根据现行法律裁定的应由被保险人偿付的金额为准。但在任何情况下，均不得超过保险单明细表中对应列明的每次事故赔偿限额。在保险期限内，保险人经济赔偿的最高限额责任不得超过本保险单明细表中列明的累计赔偿限额。

6. 保险期限

建筑工程一切险的保险责任自保险工程在工地动工或用于保险工程的材料、设备运抵工地之时起始，至工程所有人对部分或全部工程签发完工验收证书或验收合格，或工程所有人实际占有、使用或接受该部分或全部工程之时终止，以先发生者为准。但在任何情况下，保险人承担损害赔偿义务的期限不超过保险单明细表中列明的建筑期保险终止日。

2.3.2 安装工程一切险及第三方责任险

安装工程一切险是承包责任安保机械、设备、储油罐、钢结构工程、起重机以及包含机械工程因素的各种工程建造险种，以保障机器设备在安装、调试过程中，被保险人可能遭受的损失能够得到经济补偿。

安装工程一切险往往还加保第三方责任险。安装工程一切险的第三方责任险负责被保险人在保险期限内，因发生意外事故，造成在工地及邻近地区的第三责任人死亡、疾病或财产损失，依法应由被保险人赔偿的经济损失，以及因此而支付的诉讼费和经保险人书面同意支付的其他费用。

1. 责任范围

安装工程一切险与建筑工程一切险的责任范围一致。

2. 除外责任

下列原因造成的损失、费用，保险人不负责赔偿：

（1）设计错误、铸造或原材料缺陷或工艺不善引起的保险财产本身的损失以及为换置、修理或矫正这些缺点错误所支付的费用。

（2）自然磨损、内在或潜在缺陷、物质本身变化、自燃、自热、氧化、锈蚀、渗漏、鼠咬、虫蛀、大气（气候或气温）变化、正常水位变化或其他渐变原因造成的保险财产自身的损失和费用。

（3）由于超负荷、超电压、碰线、电弧、漏电、短路、大气放电及其他电气原因造成电气设备或电气用具本身的损失。

（4）施工用机具、设备、机械装置失灵造成的本身损失。

（5）维修保养或正常检修的费用。

（6）档案、文件、账簿、票据、现金、各种有价证券、图表资料及包装物料的损失。

（7）盘点时发现的短缺。

（8）领有公共运输行驶执照的，或已由其他保险予以保障的车辆、船舶和飞机的损失。

（9）除非另有约定，在保险工程开始以前已经存在或形成的位于工地范围内或其周围的属于被保险人的财产的损失。

（10）除非另有约定，在保险合同保险期间终止以前，保险财产中已由工程所有人签发完工验收证书或验收合格或实际占有或使用或接收部分的损失。

3. 第三方责任险

安装工程一切险如果加保第三方责任险，则保险人对下列原因造成的损失和费用负责赔偿：

（1）在保险期限内，因发生与保险单所承保工程直接相关的意外事故引起工地内及邻近区域的第三方人身伤亡、疾病或财产损失。

（2）对被保险人因上述原因而支付的诉讼费用以及事先经保险人书面同意而支付的其他费用。

4. 赔偿金额

在发生保险单内以下损失后，保险人按下列方式确定赔偿金额：

（1）可以修复的部分损失：以将保险财产修复至其基本恢复受损前状态的费用扣除残值后的金额为准。

（2）全部损失或推定全损：以保险财产损失前的实际价值扣除残值后的金额为准，但保险人有权不接受被保险人对受损财产的委付。

（3）任何属于成对或成套的设备项目，若发生损失，保险人的赔偿责任不超过该受损项目在所属整对或整套设备项目的保险金额中所占的比例。

（4）发生损失后，被保险人为减少损失而采取必要措施所产生的合理费用，保险人可予以赔偿。但本项费用以保险财产的保险金额为限。

保险人对每次事故引起的赔偿金额以法院或政府有关部门根据现行法律裁定的应由被保险人偿付的金额为准。但在任何情况下，均不得超过保险单明细表中对应列明的每次事故赔偿限额。在保险期限内，保险人在保险单项下对上述经济赔偿的最高赔偿责任不得超过保险单明细表中列明的累计赔偿限额。

5. 保险期限

安装工程一切险的保险期限通常应以整个工期为保险期限，一般是从被保险项目被卸至施工地点时生效，到工期预计竣工验收交付使用之日终止。如果验收完毕先于保险单列明的终止日，则验收完毕时保险期终止。

【拓展思考 2-12】建筑工程一切险与安装工程一切险的区别。

建筑工程一切险：

（1）标的从开工以后逐步增加，保险额也逐步提高。

（2）在一般情况下，自然灾害造成的建筑工程一切保险标的的损坏可能性比较大。

（3）建筑工程一切险范围内承保的安装工程一般是附带部分。其保险金额一般不超过整个工程项目保险金额的 20%。如果保险金额超过 20%，则按安装工程保险费率计算保险费；如果超过 50%，则应按安装工程险另行投保。

安装工程一切险：

（1）安装工程一切险所保的设备从一开始就存放于工地，保险公司承担着全部货价的风险，风险比较集中。在设备安装好后，试车、考核带来的危险以及在试车过程中发生机器损坏的危险是相当大的，这些危险在建筑工程一切险中是没有的。

（2）安装工程一切险的保险标的多数是建筑物内的安装设备，受自然灾害损坏的可能性较小，受人为事故损害的可能性较大。

（3）安装工程一切险范围内承保的建筑工程一般是附带部分，同样有保险金额不超过20% 和 50% 的规定。

2.4 合同公证的法律制度

在建设工程合同的订立和履行过程中，经常需要对合同进行公证。

2.4.1 合同公证的概念与原则

合同公证是公证机构根据当事人双方的申请，依照法定程序对合同的真实性与合法性予以证明的活动。为了规范公证活动，保障公证机构和公证员依法履行职责，预防纠纷，保障当事人的合法权益，第十届全国人民代表大会常务委员会第十七次会议于 2005 年 8 月 28 日颁布了《中华人民共和国公证法》（简称《公证法》），于 2017 年进行了第二次修正。

合同公证一般实行自愿公证的原则。

公证机构是依法设立，不以营利为目的，依法独立行使公证职能、承担民事责任的证明机构。公证机构按照统筹规划、合理布局的原则，可以在县、不设区的市、设区的市、直辖市或者市辖区设立。在设区的市、直辖市可以设立一个或者若干个公证机构。公证机构不按行政区划分层设立。全国设立中国公证协会，省、自治区、直辖市设立地方公证协会。公证机构受公证协会的监督。

2.4.2　公证的程序

当事人申请办理公证，可以向住所地、经常居住地、行为地或者事实发生地的公证机构提出。申请办理涉及不动产的公证，应当向不动产所在地的公证机构提出，公证可以委托他人办理公证，但遗嘱、生存、收养关系等应当由本人办理。

申请办理公证的当事人应当向公证机构如实说明申请公证事项的有关情况，提供真实、合法、充分的证明材料，提供的证明材料不充分的，公证机构可以要求补充。公证机构对申请公证的事项以及当事人提供的证明材料，按照有关办证规则需要核实或者对其有疑义的，应当进行核实，或者委托异地公证机构代为核实，有关单位或者个人应当依法予以协助。公证机构经审查，认为申请提供的证明材料真实、合法、充分，申请公证的事项真实、合法的，应当自受理公证申请之日起 15 个工作日内向当事人出具公证书。公证书由公证员签名或者加盖签名章并加盖公证机构印章。当事人应当按照规定支付公证费。公证机构应当将公证文书分类立卷，归档保存。

公证处对不真实、不合法的合同应当拒绝公证。

【拓展思考 2-13】合同公证与合同鉴证的相同点与不同点。

合同鉴证是合同管理机关根据当事人双方的申请对其所签订的合同进行审查，以证明其真实性与合法性，并督促当事人双方认真履行的法律制度。

合同公证与合同鉴证的相同点：都实行自愿申请原则；目的都是证明合同的合法性与真实性。

合同公证与合同鉴证的不同点：

（1）性质不同。合同鉴证是工商行政管理机关依据《合同鉴证办法》行使的行政管理行为；而合同公证则是司法行政管理机关领导下的公证机关依据《公证暂行条例》行使公证权所做出的司法行政行为。

（2）效力不同。按照《民事诉讼法》的规定，经过法定程序公证证明的法律行为、法律事实和文书，人民法院应当作为认定事实的根据。但有相反证据足以推翻公证证明的除外。对于追偿债款、物品的债权文书，经过公证后，文书还有强制执行的效力。而经过鉴证的合同则没有这样的效力，在诉讼中仍需要对合同进行质证，人民法院应当辨别真伪，审查确定其效力。经过公证的合同，其法律效力高于经过鉴证的合同。

（3）适应范围不同。公证作为司法行政行为，按照国际惯例，在我国域内和域外都有法律效力；而鉴证作为行政管理行为，其效力只能限于我国国内。

本章小结

本章介绍了合同法律基础，主要包括合同法律关系、合同公证制度、工程担保、工程保险。其中，合同法律关系主要包括合同法律关系的概念、构成、法律关系的产生、变更与消灭、代理关系；合同公证制度主要介绍《公证法》有关的公证制度；工程担保介绍了保证、抵押、质押、留置和定金五种担保方式；工程保险主要介绍了建筑工程一切险和安装工程一切险的概念、责任范围、赔偿金额以及保险期限。通过本章的学习，应熟练掌握合同法律基础，熟悉《民法典》《保险法》以及《公证法》的主要条款及约定。

思 考 题

1. 合同法律关系的构成有哪些？
2. 代理关系的种类有哪些？
3. 什么是无权代理？
4. 什么是公证？公证的程序是什么？
5. 我国担保的方式有哪些？
6. 哪些财产可以作为抵押物？
7. 什么是建筑工程一切险、安装工程一切险？

二维码形式客观题

 手机微信扫描二维码，可自行做客观题，提交后可参看答案。

第 3 章

建设工程合同管理基础

第十三届全国人民代表大会第三次会议于 2020 年 5 月 28 日通过的《中华人民共和国民法典》自 2021 年 1 月 1 日起实施。《民法典》作为新中国第一部以法典命名的法律，具有里程碑的意义。《民法典》共 7 编、1260 条，各编依次为总则、物权、合同、人格权、婚姻家庭、继承、侵权责任，以及附则。本章重点讲解《民法典》的合同编。

3.1　合同概述

《民法典》第四百六十四条规定："合同是民事主体之间设立、变更、终止民事法律关系的协议。婚姻、收养、监护等有关身份关系的协议，适用有关该身份关系的法律规定；没有规定的，可以根据其性质参照适用本编规定。"

因此，合同有广义和狭义之分。狭义的合同规范的是债权合同，是两个或两个以上的民事主体之间设立、变更、终止债权关系的协议（契约），是合同编的约束范围；广义的合同还应包括物权合同、身份合同（涉及《民法典》的物权编、人格权编、婚姻家庭编、继承编等），以及行政法中的行政合同和劳动法中的劳动合同等。

本书主要介绍狭义的合同。在市场经济中，财产的流转主要依靠合同。特别是工程项目，标的大、履行时间长、协调关系多，合同尤为重要。建筑市场中的各方主体都要依靠合同确立相互之间的关系，这些合同都属于《民法典》合同编规范的范畴。

【拓展思考 3-1】根据合同的定义，思考合同的特征与本质是什么？

合同是民事主体之间设立、变更、终止民事法律关系的协议。其特征如下：

(1) 合同的主体是民事主体，包括自然人、法人和非法人组织。

(2) 合同的内容是民事主体设立、变更、终止民事法律关系。

(3) 合同是协议，是民事主体之间就上述内容达成的协议。

因此，合同的本质是民事主体就民事权利义务关系的变动达成合意而形成的协议。

3.1.1　合同的法律特征

1. 合同是一种合法的民事法律行为

民事法律行为是指民事主体实施的能够设立、变更、终止民事权利义务关系的行为。民事法律行为以意思表示为核心，且按照意思表示的内容产生法律后果。作为民事法律行为，合同应当是合法的，即只有在合同当事人所做出的意思表示符合法律要求，才能产生法律约束力，受到法律保护。如果当事人的意思表示违法，即使双方已经达成协议，也不能产生当事人预期的法律效果。

2. 合同是两个或两个以上当事人意思表示一致的协议

合同是两个或两个以上的民事主体在平等自愿的基础上互相或平行做出意思表示，且意思表示一致而达成的协议。因此，合同的成立首先必须有两个或两个以上的合同当事人；其次，合同的各方当事人必须互相或平行做出意思表示；最后，各方当事人的意思表示一致。

3. 合同以设立、变更、终止财产性的民事权利义务关系为目的

当事人订立合同都有一定目的，为了各自的经济利益或共同的经济利益，即设立、变更、终止财产性的民事权利义务关系；同时，合同当事人为了实现或保证各自的经济利益或共同的经济利益，以合同的方式来设立、变更、终止财产性的民事权利义务关系。

4. 合同的订立、履行应当遵守法律、行政法规的规定

合同的主体必须合法，订立合同的程序必须合法，合同的形式必须合法，合同的内容必须合法，合同的履行必须合法，合同的变更、解除必须合法等。

5. 合同依法成立即具有法律约束力

所谓法律约束力，是指合同的当事人必须遵守合同的规定，如果违反，就要承担相应的法律责任。合同的法律约束力主要体现在以下两个方面：①不得擅自变更或解除合同；②违反合同应当承担相应的违约责任。除了不可抗力等法律规定的情况外，合同当事人不履行或者不完全履行合同时，必须承担违反合同的责任，即按照合同或法律的规定，由违反合同的一方承担违反合同的责任；同时，如果对方当事人仍要求违约方履行合同时，违反合同的一方当事人还应当继续履行。

3.1.2　合同的基本原则

1. 平等原则

《民法典》第四条规定："民事主体在民事活动中的法律地位一律平等。"

平等原则是指民事主体在从事民事活动时，相互之间在法律地位上都是平等的，合同权益受到法律的平等保护。平等原则是民法的前提和基础。民事主体的法律地位一律平等，具体体现有以下三点：

（1）体现为自然人的权利能力一律平等。

（2）体现为所有民事主体之间在从事民事活动时双方的法律地位平等。

（3）体现为所有民事主体的合法权益受到法律的平等保护。

2. 自愿原则

《民法典》第五条规定："民事主体从事民事活动，应当遵循自愿原则，按照自己的意思设立、变更、终止民事法律关系。"

自愿原则也称为意思自治原则，就是民事主体有权根据自己的意愿，自愿从事民事活动，按照自己的意思自主决定民事法律关系的内容及其设立、变更和终止，自觉承受相应的法律后果。自愿原则即意思自治原则，是民法的核心。

【拓展思考3-2】什么是法律规定范围内的"自愿"？

可以从以下四个方面来理解：

（1）民事主体有权自愿从事民事活动。民事主体参加或不参加某一民事活动由其自己根据自身意志和利益自由决定，其他民事主体不得干预，更不能强迫其参加。

（2）民事主体有权自主决定民事法律关系的内容。民事主体决定参加民事活动后，可以根据自己的利益和需要，决定与谁建立民事法律关系，并决定具体的权利、义务内容，以及民事活动的行为方式。

（3）民事主体有权自主决定民事法律关系的变动。民事法律关系的产生、变更、终止应由民事主体自己根据本人意志决定。

（4）民事主体应当自觉承受相应法律后果。

3. 公平原则

《民法典》第六条规定："民事主体从事民事活动，应当遵循公平原则，合理确定各方的权利和义务。"

公平原则要求民事主体从事民事活动时要秉持公平理念，公正、平允、合理地确定各方的权利和义务，并依法承担相应的民事责任。公平原则体现了民法促进社会公平正义的基本价值，对规范民事主体的行为发挥着重要作用。

4. 诚信原则

《民法典》第七条规定："民事主体从事民事活动，应当遵循诚信原则，秉持诚实，恪守承诺。"

诚实信用主要包括三层含义：一是诚实，要表里如一，因欺诈订立的合同无效或者可以撤销；二是守信，要言行一致，不能反复无常，也不能口惠而实不至；三是从当事人协商合同条款时起，就处于特殊的合作关系中，当事人应当恪守商业道德，履行相互协助、通知、保密等义务。

5. 守法与公序良俗原则

《民法典》第八条规定："民事主体从事民事活动，不得违反法律，不得违背公序良俗。"

守法与公序良俗原则也是现代民法的一项重要基本原则。公序良俗是指公共秩序和善良习俗。守法和公序良俗原则要求自然人、法人和非法人组织在从事民事活动时，不得违反各种法律的强制性规定，不违反公共秩序和善良习俗。

6. 绿色原则

《民法典》第九条规定："民事主体从事民事活动，应当有利于节约资源、保护生态环境。"

绿色原则贯彻宪法关于保护环境的要求，同时落实党中央关于建设生态文明、实现可持续发展理念的要求，将环境资源保护上升至民法基本原则的地位。

【拓展思考3-3】什么是法律的强制性规定？

法律的强制性规定是指国家通过强制手段来保障实施的那些规定，譬如纳税、工商登记，不得破坏竞争秩序等规定，基本上涉及的是国家和社会公共利益。

简单来说，法律中"禁止""不得""应当""必须"等表述的规定，即为法律的强制性规定。

3.1.3　合同的分类

对合同做出科学的分类，不仅有助于针对不同合同确定不同的规则，而且便于准确适用法律。一般来说，合同可做如下分类：

1. 要式合同与不要式合同

根据合同的成立是否需要特定的形式，合同可以分为要式合同与不要式合同。

要式合同是指法律要求必须具备特定形式（如书面、登记、审批等形式）才成立的合同。例如，《民法典》第七百八十九条规定："建设工程合同应当采用书面形式。"因此，建设工程合同是要式合同。

不要式合同是指法律不要求必须具备一定形式和手续的合同。除法律有特别规定以外，均为不要式合同。因此，实践中，不要式合同居多。

2. 双务合同与单务合同

根据当事人双方权利义务的分担方式，合同可以分为双务合同与单务合同。

双务合同是指当事人双方相互享有权利、承担义务的合同。在双务合同中，一方享有的权利正是对方所承担的义务，反之亦然，每一方当事人既是债权人又是债务人。例如，买卖、互易、租赁、承揽、运输、保险等合同均为双务合同。

单务合同是指只有一方当事人负担义务的合同。例如，赠予、借用合同等。

3. 有偿合同与无偿合同

根据当事人取得权利是否以偿付为代价，合同可以分为有偿合同与无偿合同。

有偿合同是指当事人一方享有合同规定的权利，须向另一方付出相应代价的合同。例如，买卖、租赁、运输、承揽等合同。有偿合同是商品交换最典型的合同形式。实践中，绝大多数合同是有偿合同。

无偿合同是指一方当事人享有合同规定的权益，但无须向另一方付出相应代价的合同。例如，无偿借用合同、赠予合同。

有些合同既可以是有偿的也可以是无偿的，由当事人协商确定，如委托、保管等合同。双务合同都是有偿合同；单务合同原则上为无偿合同，但有的单务合同也可为有偿合同，如有息贷款合同。

4. 有名合同与无名合同

根据法律是否赋予特定合同名称并设有专门规则，合同可以分为有名合同与无名合同。

有名合同也称典型合同，是指法律上已经确定一定的名称，并设定具体规则的合同。如《民法典》合同编第二分编明文规定的十九类合同：买卖合同，供用电、水、气、热力合同，赠予合同，借款合同，保证合同，租赁合同，融资租赁合同，保理合同，承揽合同，建设工程合同，运输合同，技术合同，保管合同，仓储合同，委托合同，物业服务合同，行纪合同，中介合同，合伙合同。

无名合同也称非典型合同，是指法律尚未规定，也未赋予其一定名称的合同，是《民法典》或者其他法律没有明文规定的合同。例如，我国社会生活中的肖像权使用合同，其内容是关于肖像权的使用及其报酬等事项，属无名合同。

5. 诺成合同与实践合同

根据合同的成立是否必须交付标的物，合同可以分为诺成合同与实践合同。

诺成合同又称不要物合同，是指当事人双方意思表示一致就可以成立的合同。大多数合同都属于诺成合同，如建设工程合同、买卖合同、租赁合同等。

实践合同又称要物合同，是指除当事人双方意思表示一致以外，尚须交付标的物才能成立的合同。例如，保管、借款、定金、寄存等合同。

6. 主合同与从合同

根据合同相互之间的主从关系，合同可以分为主合同与从合同。

主合同是指能够独立存在的合同；依附于主合同方能存在的合同为从合同。例如，发包人与承包人签订的建设工程施工合同为主合同。

从合同是指为确保主合同的履行，发包人与承包人签订的履约保证合同。

7. 格式合同与非格式合同

按条款是否预先拟定，合同可以分为格式合同与非格式合同。

格式合同也称定式合同、标准合同、附从合同。《民法典》第四百九十六条规定："格式条款是当事人为了重复使用而预先拟定，并在订立合同时未与对方协商的条款。"采用格式条款的合同称为格式合同。对于格式合同的非拟定条款的一方当事人而言，要订立格式合同，就必须接受全部合同条件；否则，就不订立合同。现实生活中的车票、船票、飞机票、保险单、提单、仓单、出版合同等都是格式合同。

对格式条款的理解发生争议的，应当按照通常理解予以解释。对格式条款有两种以上解释的，应当做出不利于提供格式条款一方的解释。格式条款和非格式条款不一致的，应当采用非格式条款。

3.1.4　合同的形式和内容

1. 合同的形式

合同的形式是指合同当事人双方对合同的内容、条款经过协商，做出共同的意思表示的具体方式。

《民法典》第四百六十九条规定："当事人订立合同，可以采用书面形式、口头形式或者其他形式。"

所谓口头形式，是指当事人以面对面的谈话或者以电话交流等方式形成民事法律行为的形式。口头形式的特点是直接、简便和快捷，现实生活中数额较小或者现款交易的民事法律行为通常都采用口头形式，如在自由市场买菜、在商店买衣服等。

除即时结清的合同或内容简单的合同可用口头形式外，一般合同应当采用书面形式。法律、行政法规规定采用书面形式的，应当采用书面形式。建设工程施工合同涉及的内容繁多，合同履行期较长，履约环境复杂，为便于明确各方的权利和义务，减少履行困难和争议，《民法典》第七百八十九条规定："建设工程合同应当采用书面形式。"

其他形式是指口头和书面形式之外的合同形式，即行为推定形式（默示形式）。行为推定形式是当事人未用语言文字表达其意思表示，而是仅用行为向对方表示要约，对方通过一定的行为做出承诺，从而使合同成立。例如，停车场收费；又如租期届满后，承租人继续交纳房租，出租人接受租金，由此可推知当事人双方做出了延长租期的法律行为。

【拓展思考3-4】合同的书面形式包括哪些形式？信件和数据电文是否是合同的书面形式？

《民法典》第四百六十九条规定："书面形式是合同书、信件、电报、电传、传真等可以有形地表现所载内容的形式。"根据这一定义，合同的书面形式至少包括三种形式：一是当事人共同签订的合同书；二是通过信件的方式共同协商双方的权利义务；三是通过数据电文的方式共同协商双方的权利义务，数据电文包括电报、电传、传真、电子数据和电子邮件。

2. 合同形式原则上不被法律所干涉

《民法典》中规定对于民事法律行为是采用书面形式、口头形式还是其他形式，由当事人自主选择，法律原则上不干涉。只有在法律、行政法规有规定和当事人有约定的情况下要求采用书面形式。当然，法律原则上不干涉合同形式并不排除对于一些特殊的合同，法律要求应当采用规定的形式（这种规定形式往往是书面形式），如建设工程合同。

法律原则上不干涉合同形式的一个重要体现还在于，即使法律、行政法规或当事人约定采用书面形式订立合同，当事人未采用书面形式，但一方已经履行了主要义务，对方接受的，该合同成立。采用书面形式订立合同的，在签字盖章之前，当事人一方已经履行主要义务，对方接受的，该合同成立。因为合同的形式只是当事人意思的载体，从本质上说，法律、行政法规在合同形式上的要求也是为了保障交易安全。如果在形式上不符合要求，但当事人已经有了交易事实，再强调合同形式就失去了意义。当然，在没有履行行为之前，合同形式不符合要求，则合同未成立。

【拓展思考 3-5】施工合同履行中，如果工程师发布口头指令，最后没有以书面形式确认，该口头指令是否构成合同的组成部分？

如果承包商实施了该口头指令，且有证据证明工程师确实发布过口头指令（当然，需要经过一定的程序），则应该认定口头指令的效力。口头指令构成合同的组成部分（通常表现为现场签证）。

3. 合同的内容

《民法典》遵循合同缔结自由原则，具体合同的内容由当事人协商约定，《民法典》第四百七十条规定了一般合同应包括的条款。

（1）当事人的姓名或者名称和住所。这是指自然人的姓名、住所以及法人与其他组织的名称、住所。合同中记载的当事人的姓名或者名称是确定合同当事人的标志；而住所则在确定合同债务履行地、法院对案件的管辖等方面具有重要的法律意义。

（2）标的。标的即合同法律关系的客体。标的可以是货物、劳务、工程项目或者货币等。标的是合同的核心，它是合同当事人权利和义务的焦点。尽管当事人双方签订合同的主观意向各有不同，但最后必须集中在一个标的上。因此，当事人双方签订合同时，首先要明确合同的标的，没有标的或者标的不明确，必然会导致合同无法履行，甚至产生纠纷。

（3）数量。合同标的的数量是衡量合同当事人权利义务大小、程度的尺度。因此，合同标的的数量一定要确切，并应当采用国家标准或行业标准中确定的，或者当事人共同接受的计量方法和计量单位。

（4）质量。质量是标的物价值和实用价值的集中表现，并决定着标的物的经济效益和社会效益，还直接关系到生产安全和人身健康。因此，在确定合同标的的质量标准时，应当在采用国家标准或行业标准的前提下，可根据合同约定另外确定标的的质量要求。

（5）价款和报酬。价款通常是指当事人一方为取得对方的标的物，而支付给对方一定数额的货币。报酬通常是指当事人一方为另一方提供劳务、服务等，从而向对方收取一定数额的货币报酬。

（6）履行期限、地点和方式。履行期限是指合同当事人履行合同和接受履行的时间。它直接关系到合同义务的完成时间，涉及当事人的权利期限，也是确定违约与否的因素之一。履行地点是指合同当事人履行合同和接受履行的地点。它是确定交付与验收标的地点的依据，有时是确定风险由谁承担的依据，以及标的物所有权是否转移的依据。履行方式是指合同当事人履行合同和接受履行的方式，包括交货方式、实施行为方式、验收方式、付款方式、结算方式、运输方式等。

（7）违约责任。违约责任是指合同当事人约定一方或双方不履行或不完全履行合同义务时，必须承担的法律责任。

（8）解决争议的方法。解决争议的方法是指合同当事人选择解决合同纠纷的方式、地点等。解决争议的方式一般分为四类：①争议发生后当事人双方自行协商解决；②调解；③提交仲裁机构；④向人民法院提起诉讼。如果当事人希望以仲裁作为解决争议的最终方式，则必须在合同中约定仲裁条款，因为仲裁是以自愿为原则的。

3.2　合同的订立

《民法典》第四百七十一条规定："当事人订立合同，可以采取要约、承诺方式或者其他方式。"要约与承诺是合同当事人订立合同必经的程序，也是当事人双方就合同的一般条款经过协商一致并签署书面协议的过程。订立合同的过程中，一方当事人提出要约，另一方当事人予以承诺，双方就交易目的及其实现达成合意，合同即告成立。因此，要约和承诺既是合同订立的方式，也是合同订立的两个阶段，其结果是合同成立。

3.2.1　要约

1. 要约的定义及其构成

《民法典》第四百七十二条规定："要约是希望与他人订立合同的意思表示。"该意思表示应当符合下列条件：

（1）内容具体确定。

（2）表明经受要约人承诺，要约人即受该意思表示约束。

【案例分析 3-1】

某超市想要购进一批毛巾，向几家毛巾厂发出电询：本超市欲购进毛巾，如果有全棉新款，请附图样与说明，本超市将派人前往洽谈购买事宜。于是有几家毛巾厂回电，称自己满足该超市的要求，并且附上了图样与说明。其中一家毛巾厂甲厂寄送了图样和说明后，又送了 100 条毛巾到该超市，但超市看货后并不满意，决定不购买甲厂的毛巾。甲厂的损失应该由谁承担？

【分析】

首先，电询是超市发出的，是特定的人发出的。但是，这份电询的内容并不具体确定：没有标的的数量、价款，也没有履行的期限。因此，这根本不是一份要约，而是一项要约邀请。超市不受该行为的约束。超市和甲厂之间没有法律上的关系，甲厂受到的损失应该自己承担。

2. 要约的方式

要约的方式主要有以下三种：

（1）书面形式，如寄送订货单、信函、传真、电子邮件等数据电文。

（2）口头形式，可以当面对话，也可以通过电话进行。

（3）行为，如建筑企业向原材料供应商发出一份采购订单。

除法律明确规定外，要约人可以视具体情况自主选择要约形式。

3. 要约的生效

要约的生效是指要约开始发生法律效力。《民法典》第一百三十七条规定："以对话方式做出的意思表示，相对人知道其内容时生效。以非对话方式做出的意思表示，到达相对人时生效。以非对话方式作出的采用数据电文形式的意思表示，相对人指定特定系统接收数据电文的，该数据电文进入该特定系统时生效；未指定特定系统的，相对人知道或者应当知道该数据电文进入其系统时生效。当事人对采用数据电文形式的意思表示的生效时间另有约定的，按照其约定。"

4. 要约的撤回和撤销

《民法典》第四百七十五条规定："要约可以撤回。要约的撤回适用本法第一百四十一条的规定。"第一百四十一条规定："行为人可以撤回意思表示。撤回意思表示的通知应当在意思表示到达相对人前或者与意思表示同时到达相对人。"

要约的撤销是指在要约发生法律效力之后，要约人使其丧失法律效力而取消要约的行为。要约可以撤销，但撤销要约的通知应当在受要约人发出承诺通知之前到达受要约人。有下列情形之一的，要约不得撤销：

（1）要约人确定了承诺期限或者以其他形式明示要约不可撤销。

（2）受要约人有理由认为要约是不可撤销的，并已经为履行合同做了准备工作。

【拓展思考 3-6】要约撤回和要约撤销的区别。

二者本质一致，都是否定已经发出去的要约。不同点在于：要约撤回发生在要约生效之前，而要约撤销发生在要约生效之后。

5. 要约的失效

要约失效是指要约丧失了法律上的拘束力，因而不再对要约人和受要约人具有拘束作用。在合同订立过程中有下列情形之一的要约失效：

（1）要约被拒绝。

（2）要约被依法撤销。

（3）承诺期限届满，受要约人未做出承诺。

（4）受要约人对要约的内容做出实质性变更。

6. 要约邀请

《民法典》第四百七十三条规定："要约邀请是指希望他人向自己发出要约的意思表示。拍卖公告、招标公告、招股说明书、债券募集办法、基金招募说明书、商业广告和宣传、寄送的价目表等为要约邀请。商业广告和宣传的内容符合要约条件的，构成要约。"

【案例分析 3-2】

百货商场通过电视、广播、报纸等媒体发布招租广告：将商场内部装修后分摊位出租，需要支付投资装修费 30000 元，每月租金 8000 元。孙女士得知此消息后，决定租赁两个柜台，于是到银行将还未到期的定期存款提前取出，损失利息几千元。可是就在孙女士准备租赁摊位时，百货商场又宣布：因未得到有关主管部门的批准，摊位不再招租，请已办理租赁手续的租户到百货商场双方协商处理；未办理手续的，百货商场不再接待。孙女士认为百货商场的这种做法太不负责任，所以要求百货商场赔偿自己的几千元利息损失以及预期收入数万元，百货商场拒绝赔偿。随后，孙女士向法院提起了诉讼，要求百货商场向其赔偿利息损失及预期的收入损失。案例中，百货商场的招租广告是否是要约？百货商场宣布不再招租的行为是否有效？

【分析】

根据《民法典》第四百七十二条规定，商业广告不是要约，而是要约邀请，但是广告内容是符合要约规定的，应视为要约。案例中，百货商场发布的招租广告符合要约的规定，属于要约，且此要约已通过新闻媒体发布，发布之日就应视为到达受要约人，要约生效，已不存在要约撤回的问题。

我国《民法典》规定，要约可以撤销，但对撤销要约有限制，有两种情形的要约不得撤销。本案中，一方面，百货商场通过新闻媒体这种特殊媒介发布要约广告，已经能够使人确信该要约是不可撤销的；另一方面，孙女士已经为履行合同做了相当多的准备工作，并付出了一定的经济支出，因此，就孙女士而言，该要约也是不可撤销的。综上所述，百货商场宣布撤销要约的行为无效。

3.2.2　承诺

1. 承诺的概念

承诺是受要约人同意要约的意思表示。承诺应当符合下列条件：

（1）承诺须由受要约人或者其代理人向要约人做出。承诺是受要约人的权利，在承诺期限内，要约人不得随意撤销要约，要约人一旦承诺，就成立合同，要约人不得否认。这种权利是直接由要约人赋予的。

（2）承诺是受要约人同意要约的意思表示。同意要约，是以接受要约的全部条件为内容的，是无条件的承诺，对要约的内容既不得限制，也不得扩张，更不能变更，受要约人必须同意要约的实质性内容。

若承诺对要约的内容做出实质性变更的，除要约人及时表示反对或者要约表明承诺不得对要约的内容做出任何变更的以外，该承诺有效，合同的内容以承诺的内容为准。

【拓展思考 3-7】什么是要约的实质性内容？

要约的实质性内容是指要约的标的、质量、数量、价款或报酬、履行期限、履行地点和方式、违约责任和解决争议的办法等。受要约人对要约的上述内容做变更，则不是承诺，而是受要约人向要约人发出的新要约。

【案例分析 3-3】

2 月 21 日，某市大山建筑原料厂（以下简称大山）向某市飞龙建筑材料厂（以下简称飞龙）发出一份报价单，在报价单中称：大山愿意向飞龙提供 100000t 石灰石，价格为 10元/t，价格中包括运费在内，在合同成立后两年内运送。3 月 1 日，飞龙向大山发出一份购买石灰石的订单：飞龙要求大山从 3 月 11 日开始提供石灰石，每天提供 1000t。按照该规定，100000t 石灰石应当在同年 6 月运完。但由于各种原因，大山未能在飞龙约定的时间内运完，而是直到 10 月才全部交完货。为此，飞龙以大山未能按照合同的约定履行给付义务为由，向法院起诉，要求大山赔偿其因此而遭受的损失。试分析案例中的要约与承诺：大山与飞龙之间的合同关系成立吗？大山是否应赔偿飞龙损失？

【分析】

大山向飞龙发出的报价单属于要约，但随后飞龙向大山发出的订单在履行期限方面不同于报价单，可见飞龙做出的是新要约而非承诺。

虽然大山未直接以通知的方式表示接受飞龙的要约而承诺，但其实际已履行了合同，所以应当认为合同已经成立。

基于上述分析，合同内容应以订单为准。大山未能按照合同的约定履行给付义务，已经构成违约，应当承担违约责任。

（3）承诺必须在规定的期限内到达要约人。承诺必须以明示的方式，在约定规定的期限内做出。要约没有规定承诺期限的，视要约的方式而定：要约以对话方式做出的，应当即时做出承诺，但当事人另有约定的除外；要约以非对话方式做出的，承诺应当在合理期限内到达。

这样的规定主要是表明承诺的期限应当与要约相对应。"合理期限"要根据要约发出的客观情况和交易习惯确定，应当注意双方的利益平衡。要约以信件或者电报做出的，承诺期限自信件载明的日期或者电报交发之日开始计算。信件未载明日期的，自投寄信件的邮戳日期开始计算。要约以电话、传真等快速通信方式做出的，承诺期限自要约到达受要约人时开始计算。

（4）承诺的方式必须符合要约的要求。《民法典》第四百八十条规定："承诺应当以通知的方式做出；但是，根据交易习惯或者要约表明可以通过行为做出承诺的除外。"承诺人承诺时须符合要约人规定的承诺方式。

2. 承诺生效

承诺生效，即承诺发生法律效力，承诺对承诺人和要约人产生法律约束力。承诺通知到达要约人时生效。承诺不需要通知的，应当根据交易习惯或者要约的要求做出承诺的行为时生效。

【拓展思考 3-8】世界各国的要约与承诺生效原则一致吗？

对于要约与承诺的生效，世界各国有不同的规定，主要有投邮主义、到达主义和了解主义。对于投邮主义，在现代信息交流方式中可做广义的理解：要约和承诺发出以后，只要要约和承诺已处于要约人和承诺人控制范围之外，要约、承诺即生效。到达主义则要求要约、承诺到达受要约人、要约人时生效。了解主义则不但要求对方收到要约、承诺的意思表示，而且要求真正了解其内容时，该意思表示才生效。生效原则不同，实践操作时差别明显。例如，只有到达主义可以允许承诺收回，而投邮主义则不可能撤回承诺。

目前，世界上大部分国家和《联合国国际货物销售合同公约》都采用到达主义，我国采用的也是到达主义。我国《民法典》规定，意思表示到达相对人时生效。承诺应当以通知的方式做出，根据交易习惯或者要约表明可以通过行为做出承诺的除外。承诺的通知送达要约人时生效。

3. 承诺的撤回

承诺的撤回是指在承诺没有发生法律效力前，承诺人宣告取消承诺的意思表示。鉴于承诺一经送达要约人即发生法律效率，合同也随之成立，所以撤回承诺的通知应当在承诺通知到达要约人之前或者与承诺通知同时到达要约人。若撤回承诺的通知晚于承诺通知到达要约人，此时承诺已然发生法律效力，合同已经成立，则承诺人就不得撤回其承诺，也因此，承诺只能撤回不能撤销。

4. 承诺超期

承诺超期，也即承诺的迟到，是指超过承诺期限到达要约人的承诺。《民法典》第四百八十七条规定：“受要约人在承诺期限内发出承诺，按照通常情形能够及时到达要约人，但是因其他原因致使承诺到达要约人时超过承诺期限的，除要约人及时通知受要约人因承诺超过期限不接受该承诺外，该承诺有效。”

【拓展思考 3-9】工程招标与投标中的要约邀请、要约、承诺分析。

招标行为的法律性质是要约邀请。首先，招标人是向不特定的人发布招标公告或投标邀请书，从众多投标人中寻找最佳合作者。其次，招标人发布招标公告或投标邀请书的直接目的在于邀请投标人投标，而不是直接与受邀请人签订合同，投标人投标之后并不当然要订立合同。虽然招标文件对招标项目有详细介绍，也提出了一系列条件，但它缺少合同成立的主要条件，比如价格，这些有待投标者提出。最后，如果投标人投标，招标人不同意投标人的条件，可以拒绝投标，而不用承担法律责任。招标行为一般没有法律约束力，招标人可以修改招标公告和招标文件，实际上，各国政府采购规则都允许对招标文件进行澄清和修改。但是，由于招标行为的特殊性，采购机构为了实现采购的效率和公平性等原则，在对招标文件进行修改时也要遵循一些基本原则。例如，各国政府采购规则都规定，修改应在投标有效期内进行，应向所有的投标商提供相同的修改信息，并不得在此过程中对投标商造成歧视。但这种约束力不是合同约束力。

投标行为的性质是一种要约。投标符合要约的所有条件：具有缔结合同的主观目的，投标人投标就是为了与招标人签订合同；投标文件中包含将来订立合同的具体条款，投标人根据招标人的条件提出自己订立合同的具体条件，只要招标人承诺（发出中标通知书）就可签订合同；作为要约的投标行为具有法律约束力，表现为投标是一次性的，同一投标人不能就同一个招标进行一次以上的投标；各个投标人对自己的报价负责；在投标文件发出后的投标有效期内，投标人不得随意修改投标文件的内容和撤回投标文件；一旦中标，投标人将受投标书的约束。

招标人向中标的投标人发出中标通知书的行为是承诺。采购机构一旦宣布确定中标人并向其发出中标通知书，就是招标人同意接受中标投标人的投标条件，即接受该投标人的要约的意思表示，属于承诺。中标通知书发出以后采购机构和中标人各自都有权利要求对方签订合同，也有义务与对方签订合同。

综上所述，招标是要约邀请，投标是要约，发出中标通知书是承诺。确定招投标的法律性质后，对招投标中的许多做法便可以理解了，比如说招标人可以拒绝所有投标重新招标；投标时应缴纳一定数额的投标保证金等。

3.2.3　缔约过失责任

1. 缔约过失责任的概念

缔约过失责任也称为先契约责任或者缔约过失中的损害赔偿责任，是指在合同缔结过程中，一方当事人违反了以诚实信用为基础的先契约义务，造成了另一方当事人的损害，因此应承担的法律后果。

2. 缔约过失责任的构成要件

（1）合同尚未成立。这是缔约过失责任和违约责任之间最重要的区别所在。缔约过失责任发生在合同订立的过程中；合同一旦成立，则当事人应当承担的是违约责任或者合同无效的法律责任。

（2）缔约一方当事人违反了诚实信用原则所要求的义务。由于合同未成立，因此当事人并不承担合同义务。但在缔约阶段，当事人为缔结契约而接触协商之际，已由原来的普通关系进入到一种特殊的关系（即信赖关系），双方均应依诚实信用原则互负一定的义务，一般称为附随义务或先合同义务，即互相协助、互相照顾、互相告知、互相诚实等义务。若当事人违背了其所负有的附随义务，并破坏了缔约关系，就构成了缔约过失，有可能承担责任。

（3）缔约另一方当事人的信赖利益遭受损失。信赖利益损失是指相对人因信赖合同会有效成立却由于合同最终不成立或无效而受到的利益损失。这种信赖利益必须是基于合理的信赖而产生的利益，即在缔约阶段因为一方的行为已使另一方足以相信合同能成立或生效。

（4）缔约当事人的过错行为与该损失之间有因果关系。也就是说，该损失是由违反先合同义务引起的。

3. 缔约过失责任的具体表现形式

（1）假借订立合同，恶意进行磋商。

（2）故意隐瞒与订立合同有关的重要事实或者提供虚假情报。

（3）有其他违背诚信原则的行为。

4. 缔约过失责任的法律特征

（1）是缔结合同过程中发生的民事责任。

（2）是以诚实信用原则为基础的民事责任。

（3）是以补偿缔约相对人损害后果为特征的民事责任。

【拓展思考 3-10】建筑工程招投标中缔约过失责任的表现形式有哪些？

1. 招标方缔约过失责任的主要表现形式

（1）招标人更改或者修改招标文件后未履行通知义务。

（2）招标人与投标人恶意串通。

（3）招标人泄露或者不正当使用非中标人的技术成果和经营信息。

（4）招标人违反附随义务。

（5）招标人违反公平、公正和诚实信用原则拒绝所有投标。

（6）招标人采用不公平合理的招标方式进行招标。

2. 投标方缔约过失责任的主要表现形式

（1）中标人借故拒绝签订合同。

（2）投标人串通投标。

（3）投标人以虚假手段骗取中标。

3.3　合同的效力

履行合同是指履行有效的合同。因此，判断合同是否有效是履行合同的前提。

3.3.1　合同成立

合同成立是指当事人完成了签订合同的过程，并就合同内容协商一致。合同成立是合同生效的前提条件。如果合同不成立，是不可能生效的。但合同成立也并不意味着合同就生效了。

1. 合同成立的要件

（1）存在订约当事人。合同成立首先应具备双方或者多方订约当事人，只有一方当事人不可能成立合同。例如，某人以某公司的名义与某团体订立合同，若该公司根本不存在，则可以认为只有一方当事人，合同不能成立。

（2）当事人必须就合同的主要条款协商一致。即合同必须是经过双方当事人协商一致的。所谓协商一致，就是指经过谈判、讨价还价后达成的相同的、没有分歧的看法。

（3）应经历要约和承诺两个阶段。《民法典》第四百七十一条规定："当事人订立合同，可以采取要约、承诺方式或者其他方式。"要约、承诺是合同成立的基本规则，也是合同成立必须经过的两个阶段。如果合同没有经过承诺，而只是停留在要约阶段，则合同未成立。

2. 合同成立的时间

合同成立的时间是由承诺实际生效的时间所决定的。这就是说，承诺在何时生效，当事人就应当在何时受合同关系的约束，因此承诺生效时间在《民法典》中具有极为重要的意义。

由于我国采取到达主义，规定意思表示到达相对人时生效。因此，承诺生效的时间以承诺到达要约人的时间为准，即承诺何时到达于要约人，便在何时生效。

（1）采用数据电文形式订立合同的，如果要约人指定了特定系统接收数据电文的，则受要约人承诺的数据电文进入该特定系统的时间，视为到达时间；未指定特定系统的，该数据电文进入要约人的任何系统的首次时间，视为到达时间。

（2）以直接对话方式做出承诺，应以收到承诺通知的时间为承诺生效时间，如果承诺不需要通知的，则受要约人可根据交易习惯或者要约的要求以行为的方式做出承诺，一旦实施承诺的行为，则应视为承诺的生效时间。

（3）如果合同必须以书面形式订立，则应以双方在合同书上签字或盖章的时间作为承诺生效时间。如果合同必须经批准或登记才能成立，则应以批准或登记的时间作为承诺生效的时间。

（4）需要签订确认书的情形。通常情况下，承诺到达要约人时合同即告成立，但有时，当事人在磋商中会提出以一方或双方签订最终的确认书，合同才能正式成立。《民法典》第四百九十一条规定："当事人采用信件、数据电文等形式订立合同要求签订确认书的，签订确认书时合同成立。"

【案例分析 3-4】

甲公司拟向乙公司购买一批钢材。双方经过口头协商，约定购买钢材100t，单价每吨3500元人民币，并拟定了准备签字盖章的买卖合同。乙公司签字盖章后，交给甲公司签字盖章。由于施工进度紧张，在甲公司催促下，乙公司在未收到甲公司签字盖章的合同的情形下，将100t钢材送到甲公司工地现场。甲公司接受了并投入工程使用。后因拖欠货款，双方产生了纠纷。甲、乙公司的买卖合同是否成立？

【分析】

双方当事人在合同中签字盖章十分重要。如果没有双方当事人的签字盖章，就不能最终确定当事人对合同的内容协商一致，也难以证明合同的成立有效。但根据合同形式的不要式原则，双方当事人的签字盖章仅是形式问题。如果一个以书面形式订立的合同已经履行，仅仅是没有签字盖章，就认为合同不成立，则违背了当事人的真实意思。当事人既然已经履行，合同当然依法成立。

【案例分析 3-5】

在案例分析3-2中，百货商场是否应当对孙女士的损失承担赔偿责任？

【分析】

从案例分析3-2的分析可以看出，百货商场宣布撤销要约的行为无效，合同已经成立。因此，百货商场应当对孙女士的损失承担赔偿责任。但是，赔偿的范围应当有所限制，包括实际损失和预期可得利益的损失。就本案例来说，几千元的利息是百货商场应当予以赔偿的，而孙女士所要求的预期利益的损失，因具有不确定性，不属于赔偿范围。

3. 合同成立的地点

合同成立的地点与时间常常是密切联系在一起的。《民法典》第四百九十二条规定："承诺生效的地点为合同成立的地点。"由于合同成立的地点有可能成为确定法院管辖权及选择法律的适用等问题的重要因素，因此，明确合同成立的地点十分重要。从原则上说，承诺生效的地点就是合同成立的地点，但也要根据合同为不要式或要式而有所区别。不要式合同应以承诺发生效力的地点为合同成立的地点，而要式合同则应以完成法定或约定形式的地点为合同成立的地点。我国《民法典》规定，当事人采用合同书形式订立合同的，双方当事人签字或者盖章的地点为合同成立的地点；而采用数据电文形式订立合同的，收件人的主营业地为合同成立的地点；没有主营业地的，其住所地为合同成立的地点。当事人另有约定的，按照其约定。

3.3.2 合同生效

合同生效与合同成立是两个不同概念。合同成立就是各方当事人的意思表示一致，达成合意。合同生效是指合同产生法律上的约束力。合同生效的要件有以下几方面：

（1）当事人具有相应的民事权利能力和民事行为能力。在建设工程合同中，合同当事人一般都具有法人资格，并且承包人还应具备相应的资质等级；否则，当事人就不具备相应的民事权利能力和民事行为能力，订立的建设工程合同无效。

（2）意思表示真实。双方签订合同时，必须出于自身真实的意思在合同上签字，没有重大误解，没有欺诈、胁迫等情况。

（3）内容合法。合同内容不违反法律或影响社会公共利益。

（4）合同形式合法。这里的形式包括订立合同的程序与合同的表现形式两层意思。这两方面都必须符合法律的规定，否则不能发生法律效力。

【案例分析 3-6】

A 建筑公司施工期紧迫，而事先未能签订好供货合同，施工过程中水泥短缺，急需 100t 水泥。该建筑公司同时向 B 水泥厂和 C 水泥厂发函，函件中称："如贵厂有 300 号水泥现货（袋装），吨价不超过 1500 元，请求接到信函 10 天内发货 100t。货到付款，运费由供货方自行承担。"

B 水泥厂接信当天回信，表示愿以吨价 1600 元发货 100t，并于第三天发货 100t 至 A 建筑公司，A 建筑公司于当天验收并接收了货物。

C 水泥厂接到要货的信件后，积极准备货源，于接信后第七天，将 100t 袋装 300 号水泥直接送至 A 建筑公司，结果遭到 A 建筑公司的拒收。理由是：本建筑工程仅需要 100t 水泥，至于给 C 水泥厂发函，只是进行询问，不具有法律约束力。C 水泥厂因遭受损失，遂向人民法院提起了诉讼。

B 水泥厂的发货行为属于什么法律性质？B 水泥厂与 A 建筑公司之间的合同何时成立？合同内容如何确定？C 水泥厂与 A 建筑公司之间是否存在生效的合同关系？A 建筑公司的拒收行为是否构成缔约过失责任？

【分析】

B 水泥厂的发货行为属于要约行为。B 水泥厂回信及随后的发货行为，应是对建筑公司发出的新要约，因为其内容构成了对建筑公司发出的要约的实质性变更。

B 水泥厂与 A 建筑公司之间的合同于后者接收货物时成立。合同内容除价款为吨价 1600 元外，其余以 A 建筑公司的第一份函件内容为准。面对 B 水泥厂 1600 元/t 的单价意思表示，A 建筑公司未表示异议，验收并接收了货物。A 建筑公司的验货与接货行为应视为承诺，故此时二者之间的合同即告成立，合同的内容当然以 B 水泥厂的回信为准。

C 水泥厂与 A 建筑公司之间存在生效的合同关系。本案例中，A 建筑公司发给 C 水泥厂的函电中，对标的、数量、规格、价款、履行期、履行地点等有明确规定，应认为内容确定。而且从其内容中可以看出，一经 C 水泥厂承诺，A 建筑公司即受该意思表示约束，所以构成有效的要约。且要约人 A 建筑公司未行使撤销权，则在其要约有效期内，A 建筑公司应受其要约的约束。

承诺的表示应当以通知的方式做出，但根据交易习惯或者要约表明可以通过行为做出承诺的除外。由于 A 建筑公司在其函件中要求受要约人在 10 天内直接发货，所以 C 水泥厂在接到信件 7 天后发货的行为是以实际履行行为而对要约的承诺，因此可以认定当事人之间存在生效的合同关系，A 建筑公司拒收行为构成违约责任而非缔约过失责任。

由于 A 建筑公司与 C 水泥厂的要约、承诺成立，二者之间存在有效的合同，A 建筑公司拒收行为构成违约。

在通常情况下，合同依法成立之时就是合同生效之时。

【案例分析 3-7】

某建筑工程采用邀请招标方式。业主在招标文件中要求：①项目在 21 个月内完成；②采用固定总价合同；③无调价条款。承包商投标报价为 364000 美元，工期为 24 个月。在投标书中承包商使用保留条款，要求取消固定价格条款，采用浮动价格。但业主在未同承包商谈判的情况下发出中标函，但说明同意 24 个月，仍坚持固定价格。承包商答复为：如业主坚持固定价格条款，则承包商在原报价的基础上再增加 75000 美元。在工程中由于工程变更，使合同工程量又增加了 70863 美元。工程最终在 24 个月内完成。最终结算，业主坚持按照总价 364000 美元并加上的工程量增加的部分结算，而承包商坚持总结算价款为 509863 美元（364000+75000+70863）。此合同有效还是无效？

【分析】

在本案例中，业主和承包商明显没有达成意思一致，也即意思表示有瑕疵，从而合同不成立。合同尚未成立，谈不上合同的生效与无效。合同生效才涉及合同效力问题。在这种情况下，可以向人民法院或仲裁机构提出申请变更或者撤销，借助工程造价司法鉴定。

有些合同在成立后，需要其他条件成就之后，才开始生效。当事人可以对合同生效约定附条件或者约定附期限。附条件合同包括附生效条件的合同和附解除条件的合同两类。附生效条件的合同，自条件成就时生效；附解除条件的合同，自条件成就时失效。当事人为了自己的利益不正当阻止条件成就的，视为条件已经成就；不正当促进条件成就的，视为条件不成立。附生效期限的合同，自期限届至时生效；附终止期限的合同，自期限届满时失效。

附条件合同的成立与生效不是同一时间，合同成立后虽然并未开始履行，但任何一方不得撤销要约和承诺，否则应承担缔约过失责任，赔偿对方因此而受到的损失；合同生效后，当事人双方必须忠实履行合同约定的义务，如果不履行或未正确履行义务，应按违约责任条款的约定追究责任。一方不正当阻止条件成就，视为合同已生效，同样要追究其违约责任。

【案例分析 3-8】

李先生在某保险公司连续 4 年投保车险，2017 年 3 月 23 日保险到期。在与保险公司正式员工刘某就续保内容以及保费达成一致后，3 月 22 日，他把即将到期的保单交于刘某办理续保。第二天，李先生打电话给刘某询问保单办理的情况，刘某当时表示续保手续已办妥，他正在出差，过两天即给李先生送去保单。

3 月 26 日，李先生驾车遇车祸致一人重伤。他到保险公司报案并通知刘某，刘某才急赴李先生家，并收取之前商定的保费，打了收条。李先生赔付受害人家属近 14 万元，但到保险公司索赔时，保险公司以没有续保为理由拒赔，刘某也拒不承认与李先生就续保达成过口头协议。保险公司拒赔的理由是否成立？李先生的续保合同生效时间是什么时候？

【分析】

刘某的行为代表了保险公司，既然是续保，而且内容和保费达成一致，表明保险公司对保险标的无异议，在合同订立上接受了李先生的要约，后来刘某收取了保费就是证据。根据《保险法》和《民法典》等法律法规规定，当事人对保险合同的生效可以约定附加条件，李先生的续保并未约定以付款为附加条件，而且，未能及时付款不是李先生的过错。李先生的真实意思表达是使保险合同延续下去，之前已经续保了 4 年，所以保险公司拒赔的理由是不成立的，李先生的续保应该有效。续保合同从 3 月 23 日生效。

3.3.3　无效合同

无效合同是指合同虽然已经成立，但因违反了法律、行政法规的强制性规定，或者损害了国家利益、集体利益、第三人利益和社会公共利益，而不为法律所承认和保护，不具有法律效力的合同。

1. 导致合同无效的原因

（1）《民法典》第一百五十三条规定："违反法律、行政法规的强制性规定的民事法律行为无效。但是，该强制性规定不导致该民事法律行为无效的除外。违背公序良俗的民事法律行为无效。"

（2）《民法典》第一百五十四条规定："行为人与相对人恶意串通，损害他人合法权益的民事法律行为无效。"

（3）《民法典》第一百四十六条规定："行为人与相对人以虚假的意思表示实施的民事法律行为无效。以虚假的意思表示隐藏的民事法律行为的效力，依照有关法律规定处理。"

【拓展思考 3-11】建设工程施工无效合同的情形有哪些？

《最高人民法院关于审理建设工程施工合同纠纷案件适用法律问题的解释》规定，建设工程施工无效合同的四种情况如下：

（1）承包人未取得建筑施工企业资质或者超越资质等级的。

（2）没有资质的实际施工人借用有资质的建筑施工企业名义的。

（3）建设工程必须进行招标而未招标或者中标无效的。

（4）承包人非法转包、违法分包建设工程的。

【案例分析 3-9】

某建筑公司在施工的过程中发现所使用的水泥混凝土的配合比无法满足强度要求，于是将该情况报告给了建设单位，请求改变配合比。建设单位经过与施工单位负责人协商，认为可以将水泥混凝土的配合比做一下调整。于是，双方就改变水泥混凝土配合比重新签订了一个协议，作为原合同的补充部分。该项新协议有效吗？

【分析】

无效。尽管该新协议是建设单位与施工单位协商一致达成的，但是由于违反法律强制性规定而无效。《建设工程勘察设计管理条例》第二十八条规定："建设单位、施工单位、监理单位不得修改建设工程勘察、设计文件；确需修改建设工程勘察、设计文件的，应当由原建设工程勘察、设计单位修改。经原建设工程勘察、设计单位书面同意，建设单位也可以委托其他具有相应资质的建设工程勘察、设计单位修改。修改单位对修改的勘察、设计文件承担相应责任。"所以，没有设计单位的参与，仅仅是建设单位与施工单位达成的修改设计的协议是无效的。

【案例分析 3-10】

2015 年 9 月，某钢铁总厂（甲方）与某建筑安装公司（乙方）签订建设工程施工合同，约定：甲方的 150m 高炉改造工程由乙方承建，2015 年 9 月 15 日开工，2016 年 5 月 1 日具备投产条件；从乙方施工到 1000 万元工作量的当月起，甲方按月计划报表的 50% 支付工程款，月末按统计报表结算。合同签订后，乙方按照约定完成工程，但甲方未支付全额工程款，截至 2016 年 12 月，尚欠乙方应付工程款 1117 万元。2017 年 2 月 3 日，乙方起诉甲方，要求支付工程款、延期付款利息及滞纳金。甲方主张，因合同中含有垫资承包条款，所以合同无效，甲方可以不承担违约责任。

【分析】

虽然垫资条款违反了政府行政主管部门的规定，但是不违反法律、行政法规的禁止性、强制性规定。

法律有广义和狭义之分，狭义的法律仅指全国人民代表大会及其常务委员会制定的规范性文件。而行政法规则是国务院制定的规范性文件。两者均属于广义的法律的一部分。《民法典》中"不违反法律、行政法规的强制性规定"中的"法律"指的是狭义的法律。部门规章、地方政府规章、地方性行政法规等虽然也属于广义的法律，违反其规定的合同不会导致合同无效。

无效合同的确认权归属人民法院或仲裁机构，合同当事人或其他任何机构无权认定合同无效。

无效合同自始没有法律约束力。合同部分无效，不影响其他部分效力的，其他部分仍然有效。合同无效，不影响合同中独立存在的有关解决争议方法的条款的效力。例如，合同成立后，合同中的仲裁条款是独立存在的，合同无效、变更、解除、终止，不影响仲裁协议的效力。如果当事人在施工合同中约定通过仲裁解决争议，不能认为合同无效导致仲裁条款无效。若因一方的违约行为，另一方按约定的程序终止合同而发生争议，仍然应当由双方选定的仲裁委员会裁定施工合同是否有效及对争议的处理。

2. 无效的免责条款

免责条款是指合同当事人在合同中约定免除或者限制其未来责任的合同条款。合同中的下列免责条款无效：

（1）造成对方人身伤害的。生命健康是不可转让、不可放弃的权利，因此，不允许当事人以免责条款的方式事先约定免除这种责任。

（2）因故意或者重大过失造成对方财产损失的。财产权是一种重要的民事权利，不允许当事人预先约定免除一方故意或重大过失而给对方造成损失的免责条款，否则会给当事人提供滥用权力的机会。

3. 合同无效的法律后果

《民法典》第一百五十七条对无效合同的处理做了原则性规定。

（1）返还财产。合同被确认为无效后，因该合同取得的财产，应当予以返还。

（2）折价补偿。不能返还或者没有必要返还的财产，应当折价补偿。例如，建设工程施工合同无效，但是工程已经竣工验收合格，如果采用返还财产、恢复原状处理原则，就要将工程拆除使之恢复到缔约之前。这样既不利于当事人，也会损害社会利益。

（3）赔偿损失。有过错的一方应当赔偿对方因此所受到的损失，双方都有过错的，应当各自承担相应的责任。

（4）收归国家所有。当事人恶意串通，损害国家、集体或者第三人利益的，因此取得的财产收归国家所有或者返还集体、第三人。

3.3.4　效力待定合同

效力待定合同是指合同已经成立，但合同效力能否产生尚不能确定的合同。《民法典》规定的效力待定合同有以下几种：

1. 限制民事行为能力人签订的合同

限制民事行为能力人未经其法定代理人事先同意，独立签订了依法不能独立签订的合同，则构成效力待定合同。限制民事行为能力人的判别如表 2-1 所示。

《民法典》第一百四十五条规定："限制民事行为能力人实施的纯获利益的民事法律行为或者与其年龄、智力、精神健康状况相适应的民事法律行为有效；实施的其他民事法律行为经法定代理人同意或者追认后有效。相对人可以催告法定代理人自收到通知之日起三十日内予以追认。法定代理人未做表示的，视为拒绝追认。民事法律行为被追认前，善意相对人有撤销的权利。撤销应当以通知的方式做出。"

2. 无权代理人订立的合同

《民法典》第一百七十一条规定："行为人没有代理权、超越代理权或者代理权终止后，仍然实施代理行为，未经被代理人追认的，对被代理人不发生效力。相对人可以催告被代理人自收到通知之日起三十日内予以追认。被代理人未做表示的，视为拒绝追认。行为人实施的行为被追认前，善意相对人有撤销的权利。撤销应当以通知的方式做出。行为人实施的行为未被追认的，善意相对人有权请求行为人履行债务或者就其受到的损害请求行为人赔偿。但是，赔偿的范围不得超过被代理人追认时相对人所能获得的利益。相对人知道或者应当知道行为人无权代理的，相对人和行为人按照各自的过错承担责任。"

【案例分析 3-11】

甲公司的经营范围为建材销售。一次，其业务员张某外出到乙公司采购一批装饰用的花岗岩时，发现乙公司恰好有一批铝材要出售，张某见其价格合适，就与乙公司协商：虽然此次并没有得到购买铝材的授权，但相信公司也很需要这批材料，愿与乙公司先签订买卖合同，等回公司后再确认。乙公司表示同意，于是双方签订了铝材买卖合同。张某回公司后未及时将此事报告公司，又被派出签订另外的合同。乙公司等候两天后，发现没有回复，遂特快信函催告甲公司于收到信函后 5 日追认并履行该合同。该信函由于传递的原因未能如期到达。第八日，甲公司收到该信函，因此时铝材由于市场原因价格上涨，遂马上电告乙公司，表示追认该买卖合同，乙公司却告知，这批铝材已经于第六日出售给了丙公司，并已经交货付款完毕。由于甲公司过期不予追认该合同，该合同已经失效。甲公司则认为，信函传递延迟的责任应由乙公司承担，因此，合同因追认而有效。双方发生争议。

在甲公司追认之前，张某代理甲公司与乙公司签订的铝材买卖合同效力如何？为什么？本案中，应支持谁的观点？为什么？

【分析】

该合同属于效力待定合同。无权代理人签订的合同为效力待定合同。本案例中，张某并无购买铝材的代理权，却代理甲公司签订购买铝材的合同，属于越权代理，该合同应经过被代理人甲公司的追认，才对甲公司发生效力。

应支持甲公司观点。意思表示经由传递机关传递时，因传递机关的原因未能按时传递给受领意思表示的相对人时，应由表意人承担不能传达的风险。本案例中，乙公司催告甲公司追认该合同效力的意思表示应于到达甲公司时发生效力，甲公司只要在乙公司确认的追认期限内予以追认，该追认即为有效追认。由于邮局的原因未能及时传达乙公司催告甲公司追认合同的意思表示，应为传达人的错误，而因传达人的错误导致的损失应由表意人承担。乙公司即为本案中的表意人，即应由乙公司承担不能及时传达的风险，故甲公司仍可在受领后的合理期间内追认该合同。甲公司追认了，故应支持甲公司的观点，该合同仍为有效合同。

3. 越权订立的合同

《民法典》第五百零四条规定："法人的法定代表人或者非法人组织的负责人超越权限订立的合同，除相对人知道或者应当知道其超越权限外，该代表行为有效，订立的合同对法人或者非法人组织发生效力。"

【案例分析 3-12】

甲与乙订立了一份建筑施工设备合同，合同价款 100 万元，乙已向甲交付了定金 20 万元，余款半年付清。合同约定，任何一方违约，支付违约金 5 万元，甲向乙交付了该设备，但约定在乙向甲付清余款前，甲保留设备所有权。若在未付清甲方设备的余款前，乙方能否与丙方签订预售合同，出售该设备？乙方与丙方的预售合同效力如何？

【分析】

不能出售。因为在设备款付清之前，设备的所有权、归属权属于甲，乙无权处分。因此，乙方与丙方的预售合同效力待定。

3.3.5 可变更、可撤销合同

可变更、可撤销合同是指合同已经成立，因为存在法定事由，允许当事人申请变更或撤销全部合同或部分条款的合同。对下列合同，当事人一方有权请求人民法院或者仲裁机构变更或撤销：

(1) 因重大误解订立的。

(2) 在订立合同时显示不公平的。

(3) 一方以欺诈、胁迫的手段或者乘人之危，使对方在违背真实意思的情况下订立的。

对于可变更、可撤销合同，当事人有权诉请法院或仲裁机构予以变更、撤销，当事人请求变更的，人民法院或者仲裁机构不得撤销。

【案例分析 3-13】

从事家电销售业务的甲到 A 商场购物，将一套售价 7200 元的音响看成了 1200 元一套。该柜台售货员乙参加工作不久，也将售价看成了 1200 元一套。于是，甲以 1200 元一套的价格购买了两套音响。A 商场发现后找到甲，要求甲支付差价或者退货。

【分析】

由于乙的销售行为是职务行为，可以代表商场，因此可以理解为甲与该商场都对这一买卖行为存在重大误解，故这一买卖合同是可变更或可撤销合同。因此，如果音响尚在甲处且完好无损，甲应当支付差价或者退货。

如果音响又由甲销售给丙，且无法找到丙，这意味着这一可变更或可撤销合同已经给当事人造成损失。有过错一方应当承担赔偿责任，如果是双方共同过错，则应当共同承担赔偿责任。当然，在买卖合同中，对价格的重大误解，卖方（A商场）应当承担主要甚至全部过错。如果考虑甲是从事家电销售业务的，可以认为其有丰富的经验，也可以要求其承担一定的责任。

有下列情形之一的，撤销权消灭：

（1）当事人自知道或者应当知道撤销事由之日起一年内、重大误解的当事人自知道或者应当知道撤销事由之日起九十日内没有行使撤销权。

（2）当事人受胁迫，自胁迫行为终止之日起一年内没有行使撤销权。

（3）当事人知道撤销事由后明确表示或者以自己的行为表明放弃撤销权。

当事人自民事法律行为发生之日起五年内没有行使撤销权的，撤销权消灭。

可变更、可撤销合同被撤销后，其法律后果与无效合同相同：返还财产、折价补偿、赔偿损失、收归国家所有。

【拓展思考3-12】无效合同与可撤销合同有什么区别？

无效合同与可撤销合同都会因被确认无效或被撤销而使合同不发生效力，从法律后果上来看，具有同一性。但二者之间的区别也比较明显：①从内容上看，可撤销合同主要涉及意思表示不真实的问题，据此，法律将是否主张撤销的权利留给撤销人；而无效合同在内容上往往违反法律的禁止性规定和社会公共利益，此类合同具有明显的违法性，因此对无效合同效力的确认不能由当事人选择；②可撤销合同未被撤销前仍然是有效的；无效合同从订立之初就是没有法律效力的；③对可撤销合同来说，撤销权的行使必须符合一定的期限，超过该期限，合同即有效。

3.4 合同的履行

合同的履行是指合同当事人应当按照约定全面履行自己的义务。合同的履行，就其实质来说，是合同当事人在合同生效后，全面、适当地完成合同义务的行为。当事人应当遵循诚信原则，根据合同的性质、目的和交易习惯履行通知、协助、保密等义务。当事人在履行合同过程中，应当避免浪费资源、污染环境和破坏生态。

3.4.1 合同履行的一般原则

1. 全面、适当履行原则

全面、适当履行原则是指合同当事人双方应当按照合同约定全面履行自己的义务，包括履行义务的主体、标的、数量、质量、价款或者报酬以及履行方式、地点、期限等，都应当按照合同的约定全面履行。

2. 诚实信用原则

诚实信用原则是《民法典》的一项十分重要的原则，它贯穿于合同的订立、履行、变更、终止等全过程，根据合同的性质、目的和交易习惯履行合同义务。

3. 协作履行原则

协作履行原则是指当事人不仅适当履行自己的合同义务，而且应根据合同的性质、目的和交易习惯，善意地履行通知、协助和保密等附随义务。在建筑工程合同、技术开发合同、技术转让合同、提供服务合同等场合，债务人实施给付行为也需要债权人的积极配合；否则，合同的内容也难以实现。

4. 经济合理原则

经济合理原则要求当事人在履行合同的同时追求经济效益，付出最小的成本，取得最佳的合同收益。

5. 绿色原则

履行合同应当避免浪费资源、污染环境和破坏生态，遵循绿色原则。

3.4.2　合同履行中条款空缺的法律适用

合同条款空缺是指合同生效后，合同中约定的条款存在缺陷或者空白，使得当事人无法按照所签订的合同履约的法律事实。

当事人订立合同时，对合同条款的约定应当明确、具体，以便于合同履行。由于有些当事人的合同法律知识欠缺、对事物认识上的错误以及疏忽大意等原因，而出现某些条款欠缺或者条款约定不明确，致使合同难以履行，为了维护合同当事人的正当权益，法律规定允许当事人之间可以约定，采取措施，补救合同条款空缺的问题。

1. 协议补充

合同生效后，当事人就质量、价款或者报酬、履行地点等内容没有约定或者约定不明确的，可以补充协议。

2. 不能达成补充协议时，按照合同有关条款或者交易习惯确定

（1）质量要求不明确的，按照国家标准、行业标准履行；没有国家标准、行业标准的，按照通常标准或者符合合同目的的特定标准履行。例如，建筑工程合同中的质量标准，大多数是强制性的国家标准，这就要求当事人的约定不能低于国家标准。

（2）价款或者报酬不明确的，按照订立合同时履行的市场价格履行；依法应当执行政府定价或者政府指导价的，按照规定履行。例如，建筑工程施工合同中，合同的履行地点是不变的，始终是工程所在地。因此，当合同没有明确约定价款或者报酬时，应当执行工程所在地的市场定价。

（3）履行地点不明确，给付货币的，在接受货币一方的所在地履行；交付不动产的，在不动产所在地履行；其他标的，在履行义务一方所在地履行。

（4）履行期限不明确的，债务人可以随时履行，债权人也可以随时要求履行，但应当给对方必要的履行时间。

（5）履行方式不明确的，按照有利于实现合同目的的方式履行。

（6）履行费用的负担不明确的，由履行义务一方负担。

3. 合同中规定执行政府定价或政府指导价的法律规定

《民法典》第五百一十三条规定："执行政府定价或者政府指导价的，在合同约定的交付期限内政府价格调整时，按照交付时的价格计价。逾期交付标的物的，遇价格上涨时，按照原价格执行；价格下降时，按照新价格执行。逾期提取标的物或者逾期付款的，遇价格上涨时，按照新价格执行；价格下降时，按照原价格执行。"

3.4.3　合同履行中的抗辩权

抗辩权是指在双务合同中，当事人一方有依法对抗对方要求或否认对方权利主张的权利。它包括同时履行抗辩权、先履行抗辩权和不安抗辩权三种。

1. 同时履行抗辩权

同时履行抗辩权是指合同当事人互负债务，没有先后履行顺序的，应当同时履行。一方在对方履行之前有权拒绝其履行要求；一方在对方履行债务不符合规定时，有权拒绝其相应的履行要求。因此，同时履行抗辩权的成立要件为：①双方基于同一双务合同且互负债务；②在合同中未约定履行顺序；③当事人另一方未履行债务；④对方的对待给付是可能履行的义务；⑤双方互负的债务均已届清偿期。倘若对方所负债务已经没有履行的可能性，即同时履行的目的已不可能实现时，则不发生同时履行抗辩权问题，当事人可依照法律规定解除合同。

例如，施工合同中期付款时，对承包人施工质量不合格部分，发包人有权拒绝支付该部分的工程款；反之，如果建设单位拖欠工程款，则承包人也放慢施工进度，甚至可以停工，产生的后果由违约方承担。

2. 先履行抗辩权

先履行抗辩权是指合同的当事人互负债务，有先后履行顺序，应当先履行的一方未履行的，后履行一方有权拒绝其履行请求。先履行一方履行债务不符合约定的，后履行一方有权拒绝其相应的履行请求。因此，先履行抗辩权的成立要件为：①双方基于同一双务合同且互负债务；②履行债务有先后顺序；③有义务先履行债务的一方未履行或者履行不符合约定；④应当先履行的债务是可能履行的。

例如，材料供应合同按照约定应由供货方先行支付订购的采购后，采购方再行付款结算，若合同履行过程中供货方支付的材料质量不符合约定的标准，采购方有权拒付货款。

3. 不安抗辩权

不安抗辩权是指合同中约定了履行的顺序，合同成立后发生了应当后履行合同的一方财务状况恶化的情况，应当先履行合同的一方在对方未履行或者提供担保前有权拒绝先为履行。因此，不安抗辩权的成立要件为：①双方基于同一双务合同且互负债务；②履行债务有先后顺序且履行顺序在先的当事人行使；③履行顺序在后的一方履行能力明显下降，有丧失或者可能丧失履行债务能力的情形。

先履行合同的一方有确切证据证明对方有下列情形之一的，可以中止履行：①经营状况严重恶化；②转移财产、抽逃资金，以逃避债务；③丧失商业信誉；④有丧失或者可能丧失履行债务能力的其他情形。当事人依照上述规定中止履行的，应当及时通知对方，对方提供适当担保时，应当恢复履行。中止履行后，对方在合理期限内未恢复履行能力并且未提供适当担保的，中止履行的一方可以解除合同。当事人没有确切证据中止履行的，应当承担违约责任。

【案例分析 3-14】

2010 年年底，某发包人与某施工承包人签订施工承包合同，约定施工到月底结付当月工程进度款。2011 年年初承包人接到开工通知后随即进场施工，截至 2011 年 4 月，发包人均结清当月应付工程进度款。承包人计划 2011 年 5 月完成当月工程款为 1200 万元，此时承包人获悉，法院在另一诉讼案中对发包人实施保全措施，查封了其办公场所；同月，承包人又获悉，发包人已经严重资不抵债。2011 年 5 月 3 日，承包人向发包人发出书面通知称："鉴于贵公司工程款支付能力严重不足，本公司决定暂时停止本工程施工，并愿意与贵公司协商解决后续事宜。"施工承包人这么做是否得当？他行使了什么权利来维护自身的合法权益？

【分析】

上述情况属于有证据证明发包人经营状况严重恶化，承包人可以中止施工，并有权要求发包人提供适当担保，并可根据是否获得担保再决定是否中止合同。这属于行使不安抗辩权的典型案例。

3.4.4　合同不当履行的处理

1. 因债权人致使债务人履行困难的处理

合同生效后，当事人不得因姓名、名称的变更或法定代表人、负责人、承办人的变动而不履行合同义务。债权人分立、合并或者变更住所应当通知债务人。如果没有通知债务人，会使债务人不知向谁履行债务或者不知在何地履行债务，致使履行债务发生困难。出现这种情况，债务人可以中止履行或者将标的物提存。

2. 提前或部分履行的处理

债权人可以拒绝债务人提前或部分履行债务，由此增加的费用由债务人承担，但不损害债权人利益，债权人同意的情况除外。

3. 合同不当履行中的保全措施

保全措施是指为防止因债务人的财产不当减少而给债权人带来危害时，允许债权人为确保其债权的实现而采取的法律措施。保全措施包括代位权和撤销权两种。

（1）代位权。它是指债权人为了保障其权利不受损害，而以自己的名义代替债务人行使债权的权利。《民法典》第五百三十五条规定："因债务人怠于行使其债权或者与该债权有关的从权利，影响债权人的到期债权实现的，债权人可以向人民法院请求以自己的名义代位行使债务人对相对人的权利，但是该权利专属于债务人自身的除外。代位权的行使范围以债权人的到期债权为限。债权人行使代位权的必要费用，由债务人承担。相对人对债务人的抗辩，可以向债权人主张。"例如，建设单位拖欠施工单位的工程款，施工单位拖欠施工人员工资，因施工单位不向建设单位追讨，同时也不给施工人员发放工资，则施工人员有权向人民法院请求以自己的名义直接向建设单位追讨。

【案例分析 3-15】

2009 年 1 月 1 日，被告金某向第三人张某借款人民币 30000 元。2010 年 3 月 28 日，第三人向原告徐某借款人民币 75000 元。同年 4 月 4 日，被告又向第三人借款人民币 40000 元。上述债款均未约定还款期限。2012 年 10 月间，第三人向被告催讨，但被告没有归还。而原告向第三人催讨未果后，可否行使代位权？

【分析】

借款未约定期限，则在第三人向被告主张权利时，该债权到期。同样，原告对第三人享有的债权在其向第三人主张权利时即到期。第三人不履行其对原告的到期债权，又不以诉讼方式或者仲裁方式向被告主张其享有的到期债权，致使原告对其到期债权未能实现。现原告请求被告直接归还其人民币 70000 元，行使代位权，是合法的，应予以支持。

（2）撤销权。它是指债权人对债务人危害其债权实现的不当行为，有请求人民法院予以撤销的权利。《民法典》第五百三十八条规定："债务人以放弃其债权、放弃债权担保、无偿转让财产等方式无偿处分财产权益，或者恶意延长其到期债权的履行期限，影响债权人的债权实现的，债权人可以请求人民法院撤销债务人的行为。"撤销权的行使范围以债权人的债权为限。债权人行使撤销权的必要费用，由债务人负担。《民法典》第五百四十一条规定："撤销权自债权人知道或者应当知道撤销事由之日起一年内行使。自债务人的行为发生之日起五年内没有行使撤销权的，该撤销权消灭。"

3.5　合同的变更和转让

3.5.1　合同履行中的债权转让和债务转移

合同内可以约定，履行过程中由债务人向第三人履行债务或由第三人向债权人履行债务，但合同当事人之间的债权和债务关系并不因此而改变。

1. 债务人向第三人履行债务

合同内可以约定由债务人向第三人履行部分义务。例如，发包方与空调供应商签订 5 台空调的采购合同。合同约定，空调供应商向施工现场甲方代表办公室交付 2 台，向现场监理机构办公室供应 3 台。这种情况的法律特征表现为：

（1）第三人不是合同的当事人。这种合同的主体不变，仍然是原合同中的债权人和债务人，第三人只是作为接受债权的人，债权的转让在合同内有约定，但不改变当事人之间的权利义务关系。

（2）合同的当事人合意由第三人接受债务人的履行。这种合同往往是基于债权人方面的各种原因，所以，债权人应当经过债务人的同意，向第三人履行的约定而生效力。

（3）债务人必须向债权人指定的第三人履行合同义务，否则，不能产生履行的效力。同时，在合同履行期限内，第三人可以向债务人请求履行，债务人不得拒绝。

（4）向第三人履行原则上不能增加履行难度和履行费用，如果增加履行费用，可以由双方当事人协商确定，若协商不成，则应当由债权人承担增加的费用。

2. 由第三人向债权人履行债务

合同内可以约定由第三人向债权人履行部分义务，如施工合同的分包。这种情况的法律特征表现为：

（1）部分义务由第三人履行属于合同内的约定，但当事人之间的权利义务关系并不因此而改变。

（2）在合同履行期限内，债权人可以要求第三人履行债务，但不能强迫第三人履行债务。

（3）第三人不履行债务或履行债务不符合约定，仍由合同当事人的债务方承担违约责任，即债权人不能直接追究第三人的违约责任。

3.5.2　合同的变更

合同的变更是指合同依法成立后尚未履行或尚未完全履行时，由于客观情况发生了变化，使原合同已不能履行或不应履行，经双方当事人同意，依照法律规定的条件和程序，对原合同条款进行的修改和补充。

合同变更有广义与狭义之分。广义的合同变更包括了合同三要素（即主体、客体和内容），至少一项要素发生变更；狭义的合同变更不包括合同主体的变更。上述合同的变更定义是狭义的。

合同变更分为约定变更和法定变更。

（1）约定变更。《民法典》第五百四十三条规定："当事人协商一致，可以变更合同。"

（2）法定变更。法律也规定了在特定条件下，当事人可以不必经过协商而变更合同。例如，《民法典》第八百二十九条规定："在承运人将货物交付收货人之前，托运人可以要求承运人中止运输、返还货物、变更到达地或者将货物交给其他收货人，但是应当赔偿承运人因此受到的损失。"

合同的变更效力仅及于发生变更的部分，已经发生变更的部分以变更后的为准；已经履行的部分不因合同变更失去法律依据；未变更的部分继续原有的效力。同时，合同变更不影响当事人要求索赔损失的权利。例如，合同因欺诈而被法院或者仲裁庭变更，在被欺诈人遭受损失的情况下，合同变更后继续履行，但不影响被欺诈人要求欺诈人赔偿的权利。

3.5.3　合同的转让

合同的转让是指在合同依法成立后，改变合同主体的法律行为，即合同当事人一方依法将其合同债权和债务全部或部分转让给第三方的行为。它主要包括债权转让、债务转移、债权债务一并转让三种类型。合同转让是合同变更的一种特殊形式，它不是变更合同中规定的权利义务内容，而是变更合同主体，即广义的合同变更。

1. 债权转让

债权转让是指在不改变合同权利义务内容的基础上，享有权利的当事人将其权利转让给第三人享有。债权人可以将合同的权利全部或者部分转让给第三人，但有下列情形之一的除外：①根据债权性质不得转让；②按照当事人约定不得转让；③依照法律规定不得转让。

若债权人转让权利，债权人应当通知债务人。未经通知，该转让对债务人不发生效力。除非经受让人同意，债权人转让权利的通知不得撤销。

债权让与后，该债权由原债权人转移给受让人，受让人取代让与人（原债权人）成为新债权人，依附于主债权的从权利也一并转移给受让人，如抵押权、留置权等。为保护债务人利益，不致其因权利转让而蒙受损失，凡债务人对让与人的抗辩权（如同时履行的抗辩权等），可以向受让人主张。

【案例分析 3-16】

甲公司为某住宅小区的建设单位，乙公司是该项目的施工单位，某采石场是为乙公司提供建筑石料的材料供应商。

2015 年 10 月 18 日，住宅小区竣工。按照施工合同约定，甲公司应该于 2015 年 10 月 31 日之前向乙公司支付工程款；而按照材料供应合同约定，乙公司应向采石场支付材料款。

2015 年 10 月 28 日，乙公司负责人与采石场负责人协议并达成一致意见，由甲公司代替乙公司向采石场支付材料款。乙公司将协议的内容通知了甲公司。

2015 年 10 月 31 日，采石场请求甲公司支付材料款，但是甲公司却以未经同意为由拒绝支付。甲公司的拒绝应该予以支持吗？

【分析】

不应该予以支持。债权转让的时候无须征得债务人的同意，只要通知债务人即可。该案例中，乙公司已经将债权转让事宜通知了债务人甲公司，所以该转让行为是有效的，甲公司必须支付材料款。

2. 债务转移

债务转移是指合同债务人与第三人之间达成协议，并经债权人同意，将其义务全部或部分转移给第三人的法律行为。有效的合同转让将使转让人（原债务人）脱离原合同，受让人取代其法律地位而成为新的债务人。但是，在债务部分转让时，只发生部分取代，而由转让人和受让人共同承担合同债务。

《民法典》第五百五十一条规定："债务人将债务的全部或者部分转移给第三人的，应当经债权人同意。债务人或者第三人可以催告债权人在合理期限内予以同意，债权人未做表示的，视为不同意。"债权人同意是债务转移的重要生效条件。债务人转移债务后，原债务人享有的对债权人的抗辩权也随债务转移而由新债务人享有，新债务人可以主张原债务人对债权人的抗辩权。与主债务有关的从债务，如附随于主债务的利息债务，也随债务转移而由新债务人承担。

被转移的债务应具有可转移性。如下合同不具有可转移性：

（1）某些合同债务与债务人的人身有密切联系，如以特别人身信任为基础的合同（如委托监理合同）。

（2）当事人特别约定合同债务不得转移的。

（3）法律强制性规范规定不得转让债务的，如建设工程施工合同中，主体结构不得分包。

【案例分析 3-17】

2012 年 6 月，常某将其位于即墨市烟青路的某电镀厂有偿转让给孙某，因为常某尚欠张某 28000 元货款，经张某与孙某及常某协商同意，由孙某从应付给常某的电镀厂转让款中扣除 28000 元，在 2012 年 6 月 12 日前直接给付张某。常某与孙某均签字同意。这一债务转移成立吗？

【分析】

本案例中，债务转移是三个当事人共同协商的，其中，张某是债权人。因此，经过债权人同意，此债务转移已经成立，张某有权向孙某主张权利。

3. 债权债务一并转让

《民法典》第五百五十五条规定："当事人一方经对方同意，可以将自己在合同中的权利和义务一并转让给第三人。"

经对方同意是债权债务一并转让的必要条件。因为债权债务一并转让包含了债权的转让，而债务转移要征得债权人的同意。

《民法典》第六十七条规定："法人合并的，其权利和义务由合并后的法人享有和承担。法人分立的，其权利和义务由分立后的法人享有连带债权，承担连带债务，但是债权人和债务人另有约定的除外。"因此，企业的合并与分立涉及债权债务一并转让。当事人订立合同后合并的，由合并后的法人或者其他组织行使合同权利，履行合同义务。当事人订立合同后分立的，除债权人和债务人另有约定的以外，由分立的法人或者其他组织对合同的权利和义务享有连带债权，承担连带责任。企业合并或者分立，原企业的合同权利义务将全部转移给新企业，这属于法定的债权债务一并转让，因此，不需要取得合同相对人的同意。

3.6 合同的终止和解除

3.6.1 合同的终止

合同的终止是指合同权利和合同义务归于消灭，合同关系不复存在。合同终止使合同的担保等附属于合同的权利义务也归于消灭。合同终止不影响合同中结算、清理条款和独立存在的解决争议方法的条款（如仲裁条款）的效力。

根据《民法典》第五百五十七条规定，有下列情形之一的，合同的权利义务终止：

（1）债务已经履行。

（2）合同解除。

（3）债务相互抵销。

（4）债务人依法将标的物提存。

（5）债权人免除债务。

（6）债权债务同归于一人。

（7）法律规定或者当事人约定终止的其他情形。

债权人免除债务人部分或者全部债务的，合同的权利义务部分或者全部终止；债权和债务同归于一人的，合同的权利义务终止，但涉及第三方利益的除外。

合同权利义务的终止，不影响合同中结算和清理条款的效力以及通知、协助、保密等义务的履行。

3.6.2 合同的解除

合同的解除是指合同有效成立后，因当事人一方或双方的意思表示，使合同关系归于消灭的行为。合同解除分为协议解除与单方解除，单方解除又分为约定解除和法定解除。

协议解除是指当事人双方就消灭有效合同达成意思表示一致。当事人可以约定解除合同的条件，解除合同的条件成就时，解除权人可以解除合同。

单方解除是指解除权人行使解除权将合同解除的行为，不必经过对方当事人同意，只要解除权人将解除合同的意思表示直接通知对方，或通过人民法院或仲裁机构向对方主张，即可发生合同解除的效果。

约定解除的条件：在合同有效成立后、尚未履行完毕之前，当事人就解除合同协商一致的，可以解除合同；当事人事先约定可以解除合同的事由，当该事由发生时，赋予一方合同解除权。

法定解除的条件：因不可抗力致使不能实现合同目的；在履行期届满之前，当事人一方明确表示或者以自己的行为表明不履行主要债务；当事人一方延迟履行主要债务，经催告后在合理期限内仍未履行；当事人一方延迟履行债务或者有其他违约行为致使不能实现合同目的；法律规定的其他情形。

主张解除合同的，应当通知对方。合同自通知到达对方时解除。对方有异议的，可以请求人民法院或者仲裁机构确认解除合同的效力。

合同解除后，尚未履行的，终止履行；已经履行的，根据履行情况和合同性质，当事人可以要求恢复原状、采取其他补救措施，并有权要求赔偿损失。

【拓展思考 3-13】 合同终止和合同解除的区别。

1. 二者的效力不同

合同解除既能向过去发生效力，使合同关系溯及既往地消灭，发生恢复原状的效力，也能向将来发生效力；而合同终止只是使合同关系消灭，向将来发生效力，不发生恢复原状的效力。

2. 二者的适用范围不同

合同解除通常被视为对违约的一种补救措施，是对违约方的制裁，因此，合同解除一般适用于违约场合；合同终止虽然也适用于一方违约的情形，但主要适用于非违约方的情形，如合同因履行、双方协商一致、抵销等终止。由此可见，合同终止的适用范围要比合同解除的适用范围更广。

3.7　违约责任

违约责任是指合同当事人一方不履行合同义务或履行合同义务不符合合同约定的，应依法承担的民事责任。《民法典》第五百七十七条规定："当事人一方不履行合同义务或者履行合同义务不符合约定的，应当承担继续履行、采取补救措施或者赔偿损失等违约责任。"

违约责任的构成要件包括主观要件和客观要件。作为合同当事人，在履行合同中不论其主观上是否有过错，即主观上有无故意或过失，只要造成违约的事实，均应承担违约法律责任。

【案例分析 3-18】

9 月 1 日，甲向乙发出一份欲出售木材的要约，要约中对木材的型号、质量、价格、数量等内容皆做了规定，且规定了乙应在 10 日内给予答复。9 月 4 日，乙收到此要约后，准备了价款，腾出了仓库，为履行合同做了必要的准备。9 月 7 日，甲向乙发出了一份撤销要约的通知，9 月 10 日到达乙处。甲的行为是否需要承担责任？甲应承担的是缔约过失责任还是违约责任呢？

【分析】

甲在要约中已确定了承诺期限，此要约属于不得撤销的要约，甲撤销要约的通知不生效力，但合同尚未成立，因此，甲应承担缔约过失责任。

3.7.1 违约责任的承担方式

1. 继续履行

继续履行是指合同当事人一方明确表示或者以自己的行为表明不履行合同义务的，对方有权要求其在合同履行期限满后继续按照原合同约定的主要条件履行合同义务的行为。继续履行是合同当事人一方违约时，其承担违约责任的首选方式。

对继续履行的适用，《民法典》区分了金钱债务和非金钱债务两种情况。对金钱债务，如果当事人一方未支付价款、报酬、租金、利息，或者不履行其他金钱债务的，对方可以请求其支付。而对非金钱债务，当事人一方不履行非金钱债务或者履行非金钱债务不符合规定的，对方可以请求履行，但有下列情形之一的除外：

（1）法律或事实上不能履行。

（2）债务的标的不适于强制履行或履行费用过高。

（3）债权人在合理期限内未要求履行。

继续履行可以与违约金、赔偿损失和定金罚责并用。如施工合同中约定了延期竣工的违约金，由于承包人的原因没有按时完成施工任务，承包人应当支付延期竣工的违约金，但发包人仍然有权利要求承包人继续施工。

2. 采取补救措施

采取补救措施是指合同当事人违反合同的事实发生后，为防止损失发生或者扩大，由违反合同一方依照法律规定或者约定采取的修理、更换、重新制作、退货、减少价格或者报酬等措施，以给非违约方弥补或者挽回损失的责任形式。采取补救措施的责任形式，主要发生在质量不符合约定的情况下。建设工程合同中，采取补救措施是施工单位承担违约责任的常用方式。

3. 赔偿损失

当事人一方不履行合同义务或者履行合同义务不符合约定的，在履行义务或者采取补救措施后，对方还有其他损失的，应当赔偿损失。赔偿损失额应当相当于因违约所造成的损失，包括合同履行后可以获得的利益，但不得超过违反合同一方订立合同时预见到或者应当预见到的因违反合同可能造成的损失。

当事人一方违约后，对方应当采取适当措施防止损失的扩大；没有采取适当措施致使损失扩大的，不得就扩大的损失请求赔偿。当事人因防止损失扩大而支出的合理费用，由违约方负担。

合同的变更和解除，不影响当事人要求赔偿损失的权利。

4. 违约金

违约金是指当事人通过协商预先确定的，在违约发生后做出的独立于履行行为以外的给付。

当事人可以在合同中约定违约金，未约定则不产生违约金责任，且违约金的约定不应过高或者过低。违约金有法定违约金和约定违约金之分。法定违约金是指由法律直接规定违约金的数额、固定比率，或者由法律直接规定违约金的比例幅度。约定违约金是指数额和支付条件都是由当事人双方约定的违约金。

【案例分析 3-19】

案例分析 3-6 中，C 水泥厂能否请求 A 建筑公司支付违约金？

【分析】

C 水泥厂不可以请求 A 建筑公司支付违约金，但可以请求其赔偿因其拒收行为而导致 C 水泥厂的损失。由于双方当事人没有约定违约金或损失赔偿额的计算方法，所以人民法院应根据实际情况确定损失赔偿额，其数额应相当于因 A 建筑公司违约而给 C 水泥厂所造成的损失。

5. 定金

定金是指合同当事人约定的，一方向另一方交付一定数额的金钱作为合同的担保，在一方不履行合同时，应当承受定金罚责的合同制度。

如果当事人在合同中约定了定金条款，当事人可以依照《民法典》约定一方向对方给付定金作为债权的担保。债务人履行债务的，定金应当抵作价款或者收回。给付定金的一方不履行债务或者履行债务不符合约定，无权请求返还定金；收受定金的一方不履行债务或者履行债务不符合约定，致使不能实现合同目的的，应当双倍返还定金。

违约金与定金是不可并用的，合同当事人在同时约定违约金和定金的情形下，一方当事人违反合同约定构成违约时，只能就违约金与定金中的一项进行选择，不能同时适用。而且，就违约金与定金的选择，其权利在于守约方，即只有守约方具有选择适用违约金或是定金的权利，作为违约方不具有选择权。

除了以上五种形式外，视具体情况还可以采取其他一些补救措施，包括防止损失扩大、暂时中止合同、要求适当履行、解除合同以及行使担保。

【案例分析 3-20】

案例分析 3-12 中，如果甲方违约未交付设备，乙方最多可主张多少赔偿？为什么？

【分析】

最多可主张赔偿 40 万元。违约金条款与定金条款并存时当事人只能择一适用。甲方违约，按定金双倍返还原则，乙方可以得到 40 万元；按违约金原则，乙方能得到 25 万元（5+20）。

【案例分析 3-21】

某施工单位（以下简称甲公司）与某材料供应商（以下简称乙公司）签订了一个砂石料的购买合同，合同中约定了违约金的比例。为了确保合同的履行，双方还签订了定金合同，甲公司交付了 5 万元定金。

2015 年 4 月 5 日是双方合同中约定的交货的日期。但是，乙公司却没能按时交货。甲公司要求其支付违约金并返还定金。但是乙公司认为，如果甲公司选择适用了违约金条款，就不可以要求返还定金了。乙公司的观点正确吗？

【分析】

乙公司违约，甲公司既可以选择定金条款，也可以选择违约金条款。甲公司选择了违约金条款，并不意味着定金不可以收回。定金无法收回的情况仅仅发生在支付定金的一方不履行约定债务的情况下。本案例中，甲公司不存在这种前提条件，因此，甲公司的定金可以收回。

3.7.2　不可抗力及违约责任的免除

1. 不可抗力

不可抗力是指不能预见、不能避免并不能克服的客观情况。不可抗力包括如下情况：

（1）自然事件，如地震、洪水、火山爆发、海啸等。

（2）社会事件，如战争、暴乱、骚乱、特定的政府行为等。

《民法典》第一百八十条规定："因不可抗力不能履行民事义务的，不承担民事责任。法律另有规定的，依照其规定。"

【案例分析 3-22】

刘先生参加了某旅行社新疆旅游团，9月26号到新疆阿勒泰，前往喀纳斯湖，但在前往途中，导游告诉旅客，由于喀纳斯湖从前一天起就下大雨，如果继续旅行，安全无法保障，于是旅行团返回机场。游客纷纷要求旅行社给说法，而旅行社认为旅行中止的原因是天气的原因引起的，属于不可抗力，拒绝赔偿。旅行社认为的不可抗力中止观点是否正确？为什么？案例中谁应承担责任？为什么？

【分析】

大雨致旅行不安全而中止确实属于不可抗力，游客向旅行社要求赔偿，旅行社是可以免责的。但作为一个有经验的旅行社，尽管行程是事先制定的，也应考虑到气候对景点旅游的影响，合同中应约定不可抗力消除后继续旅行。因此，对受气候影响很大的景点，参团时应注意查看不可抗力条款的约定。

2. 责任承担

因不可抗力不能履行合同的，根据不可抗力的影响，部分或者全部免除责任，但是法律另有规定的除外。当事人延迟履行后发生不可抗力的，不能免除责任。《民法典》第五百九十条规定："因不可抗力不能履行合同的，应当及时通知对方，以减轻可能给对方造成的损失，并应当在合理期限内提供证明。"

3. 违约责任的免除

违约责任的免除是指在履行合同的过程中，因出现法定的免责条件或者合同约定的免责事由导致合同不履行的，合同债务人将免除合同履行义务。

（1）约定的免责。合同中可以约定在一方违约的情况下免除其责任的条件，这个条款称为免责条款。免责条款并非全部有效，《民法典》第五百零六条规定，合同中的下列免责条款无效：

1）造成对方人身损害的。

2）因故意或者重大过失造成对方财产损失的。

（2）法定的免责。法定的免责是指出现了法律规定的特定情形，即使当事人违约也可以免除违约责任。《民法典》第五百九十条规定："当事人一方因不可抗力不能履行合同的，根据不可抗力的影响，部分或者全部免除责任，但是法律另有规定的除外。因不可抗力不能履行合同的，应当及时通知对方，以减轻可能给对方造成的损失，并应当在合理期限内提供证明。当事人延迟履行后发生不可抗力的，不免除其违约责任。"

3.8　合同争议的解决

合同争议也称合同纠纷，是指合同当事人对合同规定的权利和义务产生不同的理解。合同争议的解决方式有和解、调解、仲裁和诉讼四种。

3.8.1　合同争议的解决方式

1. 和解

和解是指合同纠纷当事人在自愿友好的基础上，互相沟通、互相谅解，从而解决纠纷的一种方式。

合同纠纷时，当事人应首先考虑通过和解解决纠纷。因为通过和解解决纠纷有如下优点：①简便易行，能经济、及时地解决纠纷；②有利于维护合同双方的合作关系，使合同能更好地履行；③有利于和解协议的执行。

2. 调解

调解是指合同当事人对合同所约定的权利、义务发生争议，经过和解后，不能达成和解协议时，在经济合同管理机关或有关机关、团体等的主持下，通过对当事人进行说服教育，促使双方互相做出适当的让步，平息争端，自愿达成协议，以求解决经济合同纠纷的方法。

3. 仲裁

仲裁也称"公断"，是指当事人双方在争议发生前或争议发生后达成协议，自愿将争议交给第三者做出裁决，并负有自动履行义务的一种解决争议的方式。这种争议解决方式必须是自愿的，因此必须有仲裁协议。如果当事人之间有仲裁协议，争议发生后又无法通过和解和调解解决，则应及时将争议提交仲裁机构仲裁。

4. 诉讼

诉讼是指合同当事人依法请求人民法院行使审判权，审理双方之间发生的合同争议，做出有国家强制保证实现其合法权益，从而解决纠纷的审判活动。合同双方当事人如果未约定仲裁协议，则只能以诉讼作为解决争议的最终方式。

【拓展思考 3-14】分析诉讼与仲裁的区别。

诉讼与仲裁都属法律程序：双方当事人在诉讼或仲裁过程中都处于平等地位；二者做出的裁决都具有法律效力；诉讼或仲裁活动都独立进行。但是，二者仍有明显的区别：

1. 启动的前提不同

仲裁：首先，必须有双方达成将纠纷提交仲裁的一致的意思表示（通过专门的仲裁协议或合同中的仲裁条款）。达成一致意思表示的时间可以在纠纷发生前、纠纷中，也可以在纠纷发生之后。其次，双方还必须一致选定具体的仲裁机构。只有满足上述条件，仲裁机构才予以受理。

诉讼：只要一方认为自己的合法权益受到侵害，即可以向法院提起诉讼，而无须征得对方同意。由此，诉讼的条件要宽泛得多。

2. 受案的范围不同

仲裁机构一般只受理民商、经济类案件（婚姻、收养、监护、抚养、继承纠纷不在此列），不受理刑事、行政案件。

所有案件，当事人均可诉讼。

3. 管辖的规定不同

仲裁机构之间不存在上下级之间的隶属关系，仲裁不实行级别管辖和地域管辖。当事人可以在全国范围内任意选择裁决水平高、信誉好的仲裁机构，不论纠纷发生在何地、争议的标的有多大。

人民法院分为四级，上级法院对下级法院具有监督、指导的职能，诉讼实行级别管辖和地域管辖。根据当事人之间发生争议的具体情况来确定由哪一级法院及哪个地区的法院管辖。无管辖权的法院不得随意受理案件，当事人也不得随意选择。

4. 选择裁判员的权利不同

在仲裁中，当事人约定由三名或一名仲裁员组成仲裁庭。

诉讼之中，当事人无权选择审判员。但是，在法定的情况下，可以要求审判员回避，或者要求将审判由简易程序（只有一名审判员）转入普通程序（由三名审判员组成合议庭）。

5. 开庭的公开程度不同

仲裁一般不公开进行，但当事人可协议公开，涉及国家秘密的除外。

人民法院审理，一般应当公开进行，但涉及国家秘密、个人隐私或法律另有规定的，不公开审理。离婚案件、涉及商业秘密的案件，当事人申请不公开审理的，可以不公开审理。

6. 终局的程序不同

仲裁实行一裁终局制，仲裁庭开庭后做出的裁决是最终裁决，立即生效。但劳动争议仲裁是个例外，当事人不服仲裁裁决的，还可以向法院提起诉讼。

诉讼则实行两审终审制，一个案件经过两级人民法院审理，即告终结，发生法律上的效力。当然也存在特例，如选民资格案件、宣告失踪和宣告死亡案件、认定公民无民事行为能力和限定民事行为能力案件、认定财产无主案件实行一审终审制。

7. 强制权力的不同

当事人拒不履行仲裁机构做出的裁决时，仲裁机构无权强制执行，只能由一方当事人持裁决书申请人民法院执行。

人民法院做出的生效判决，当事人拒不履行义务时，人民法院可以自行决定或者依当事人的申请，采取强制执行的措施。

3.8.2　合同争议解决方式的选择

和解、调解有利于消除合同当事人的对立情绪，能够较经济、及时地解决纠纷。仲裁、诉讼是使纠纷的解决具有法律约束力，是纠纷的最有效的解决方式，但相对于和解、调解，必须付出仲裁费和诉讼费等相应费用和一定的时间。合同纠纷解决的路径选择如图 3-1 所示。

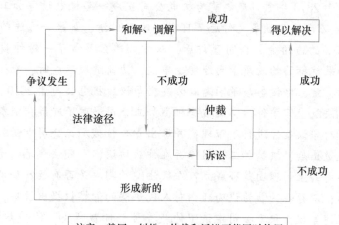

图3-1　合同纠纷解决的路径选择

3.8.3　合同争议解决方式的约定

根据《民法典》的规定，争议的解决方式是经济合同的必备条款之一。但是，很多经济合同在争议的解决方式的约定方面都不规范，这会给以后处理经济合同纠纷造成麻烦。

【拓展思考3-15】分析下列约定的不合理性。

1. 提交仲裁委员会仲裁或依法向人民法院起诉

这种约定有两处错误：①要么选仲裁，要么选诉讼，只能选择其一，约定成"仲裁或诉讼"就不明确了；②提交仲裁委员会仲裁还必须写明仲裁委员会的具体名称，如成都仲裁委员会、上海仲裁委员会等。

2. 提交成都仲裁委员会仲裁，仲裁不成再向人民法院起诉

仲裁的特点之一就是方便快捷、一裁生效。仲裁裁决书与法院判决书具有同等法律效力，如一方不自觉履行，另一方可申请人民法院强制执行。约定了仲裁就排除了人民法院的管辖，因此不存在"仲裁不成再向人民法院起诉"的说法。

3. 提交××市××县仲裁委员会仲裁

按照《仲裁法》规定，设区的市才能设立仲裁委员会，各县区和不设区的市则不能设立。因此"××县"是没有仲裁委员会的。当然，为了方便各县的当事人，仲裁委员会将逐步在各县设立仲裁中心，就近立案、就近开庭。

规范的约定应当是：

(1) 在履行本合同过程中发生的纠纷由各方友好协商，协商不成提交××仲裁委员会仲裁。

(2) 在履行本合同过程中发生的纠纷由各方友好协商，协商不成依法向人民法院起诉。

签订合同时，两种约定二选一即可。

【案例分析3-23】

2010年1月12日，机电公司与机械加工公司签订了一份机电设备加工合同，合同约

定，机械加工公司于 2010 年 2 月底之前为机电公司完成一套机电设备加工任务，部分原材料及加工费总计 66 万元，于设备交付后 7 日内一次性付清，如果一方违约，应向对方支付合同标的额总价 10% 的违约金。合同签订后，双方又单独签订了一份仲裁协议，约定在合同履行过程中，如果就标的物的质量问题发生争议，协商解决不成时，应提交甲仲裁委员会仲裁。合同履行后，就机电设备质量问题双方发生争议。机电公司于 2010 年 5 月 10 日向人民法院起诉，人民法院受理案件后，向被告机械加工公司送达了起诉状副本，并在被告进行实体答辩的情况下对争议案件进行了审理，并做出责令机械加工公司重新加工设备并支付违约金的判决。判决做出后，机械加工公司以存在仲裁协议，人民法院无权受理为由上诉。试分析：机械加工公司的上诉理由是否成立？人民法院的判决是否有效？如果机械加工公司在接到起诉状副本后，以存在仲裁协议为理由对人民法院的管辖权提出抗辩，人民法院应当如何处理？如果就上述争议，机电公司申请甲仲裁委员会仲裁解决，仲裁委员会受理案件后，经过审理做出责令机械加工公司重新加工设备并支付违约金的仲裁裁决，那么，该仲裁裁决是否有效？

【分析】

机械加工公司的上诉理由不能成立，人民法院做出的一审判决为有效。在本案中，双方当事人之间订立了独立的仲裁协议书，本不应当就该争议向人民法院起诉，但是，机电公司起诉时并未表明有仲裁协议，人民法院受理时也不知，此时，作为被告的机械加工公司却应诉答辩，意味着双方愿意放弃仲裁协议，而接受人民法院的司法管辖权。

如果机械加工公司在接到起诉状副本后，以存在仲裁协议为由对人民法院的管辖权提出抗辩，人民法院应当裁定驳回起诉。因为当事人之间有效仲裁协议的存在排除了人民法院的司法管辖权，当事人的起诉不符合法定的起诉条件。

该仲裁裁决就机电设备质量问题部分做出的裁决为有效；而就违约金部分做出的裁决为无效。这是因为，当事人之间订立的仲裁协议不仅对仲裁机构产生授权的法律效力，而且同时也限定了仲裁权行使的范围。在本案例中，仲裁协议是就标的物质量问题的约定，而不涉及违约金问题，因此，该仲裁裁决为部分有效，部分无效。

本章小结

本章介绍了合同管理的相关基本知识，重点及难点有：合同订立的两阶段；合同成立与生效的区别；合同履行中的抗辩权，合同履行过程中不当履行的处理；合同的变更和转让；合同的终止和解除；违约责任；合同争议的解决方式等。掌握合同管理的基础知识，有助于理解掌握后续建设工程合同管理的相关知识。

思 考 题

1. 《民法典》合同编第二分编明文规定的合同类型有哪些？
2. 哪些情形下订立的合同为效力待定合同？
3. 建设工程中哪些状况下签订的合同为无效合同？建设工程合同无效的处理办法有哪些？

4. 合同当事人在哪些情形下可以行使不安抗辩权？
5. 在什么情况下合同可以终止履行？
6. 什么是违约责任？承担违约责任的方式有哪些？
7. 合同争议的解决方式有几种？

二维码形式客观题

 手机微信扫描二维码，可自行做客观题，提交后可参看答案。

第4章
建设工程招标与投标管理

招投标是一种有序的市场竞争交易方式，也是规范选择交易主体、订立交易合同的法律程序。在大宗货物的买卖、工程建设项目的发包与承包以及服务项目的采购中采用招投标，能够有组织地、相对成熟地、规范地通过竞争机制有效优选中标者。

目前，我国已经建立起比较完善的招标投标法律体系，形成了包括法律、行政法规、部门规章及地方性法规规章在内的招投标管理制度。

4.1　建设工程招标方式

《招标投标法》第十条规定："招标分为公开招标和邀请招标。公开招标，是指招标人以招标公告的方式邀请不特定的法人或者其他组织投标；邀请招标，是指招标人以投标邀请书的方式邀请特定的法人或者其他组织投标。"招标项目应依据法律规定条件，项目的规模，技术、管理特点要求，投标人的选择空间，以及实施的紧迫程度等因素选择合适的招标方式。依法必须招标的项目一般应采用公开招标，如符合条件，确实需要采用邀请招标方式的，须经有关行政主管部门审核批准。

1. 公开招标

公开招标也称无限竞争性招标。采用这种招标方式时，招标人通过报纸、电视、广播等新闻媒体发布招标公告，说明招标项目的名称、性质、规模等要求事项，公开邀请不特定的法人或其他组织来参加投标竞争。凡是对该项目感兴趣的、符合规定条件的承包商、供应商，均可自愿参加竞标。公开招标的方式被认为是最系统、最完整以及规范性最好的招标方式。

优点：能够最大限度地选择投标商，竞争性更强，择优率更高，同时也可以在较大程度上避免招标活动中的贿标行为。

缺点：资格审查及评标的工作量大、耗时长、费用高。

2. 邀请招标

邀请招标也称有限竞争性招标或选择性招标。招标人不公开发布公告，而是根据项目要求和掌握的承包商的资料等信息，向有承担该项工程施工能力的三个以上（含三个）承包人发出投标邀请书。收到投标邀请书的承包人才有资格参加投标。

优点：招标工作量小、周期短、费用低，合同履行有保证。

缺点：真正有竞争力的潜在投标人可能未被邀请，有可能达不到预期的竞争效果或理想的价格。

3. 公开招标与邀请招标的区别

（1）发布信息的方式不同。公开招标采用公告的形式发布；邀请招标采用投标邀请书的形式发布。

（2）选择的范围不同。公开招标针对的是一切潜在的对招标项目感兴趣的法人或其他组织，招标人事先不知道投标人的数量；邀请招标则针对已经了解的法人或其他组织，事先已经知道投标人的数量。

（3）竞争的范围不同。公开招标的竞争范围较广，竞争性体现得也比较充分，容易获得最佳招标效果；邀请招标中投标人的数量有限，竞争的范围有限，有可能将某些在技术上或报价上更有竞争力的承包商漏掉。

（4）公开的程度不同。公开招标中，所有的活动都必须严格按照预先指定并为人们所知的程序和标准公开进行；邀请招标的公开程度要弱一些。

（5）时间和费用不同。邀请招标不需要发公告，招标文件只送几家，缩短了整个招投标时间，其费用也相对减少；公开招标的程序复杂、耗时较长，费用也比较高。

【拓展思考 4-1】建筑领域里还有一种使用较为广泛的采购方法，被称为议标。为何《招标投标法》没有将议标纳入招投标采购方式？

议标也称谈判招标或指定性招标，是指招标人只邀请少数几家承包商，采购人和被采购人分别就承包范围内的有关事宜，通过一对一谈判而最终达到采购目的的一种采购方式。

从实践上看，公开招标和邀请招标的采购方式要求对报价及技术性条款不得谈判，议标则允许就报价等进行一对一的谈判。因此，有些项目，如一些小型建设项目采用议标方式目标明确、省时省力、比较灵活；对服务招标而言，由于服务价格难以公开确定，服务质量也需要通过谈判解决，采用议标方式不失为一种恰当的采购方式。但议标因不具有公开性和竞争性，采用时容易产生幕后交易，暗箱操作，滋生腐败，难以保障采购质量。《招标投标法》根据招标的基本特性和我国实践中存在的问题，未将议标作为一种招标方式予以规定。因此，议标不是一种法定招标方式。依照《招标投标法》的规定，凡属必须招标的项目以及自愿采用招标方式进行采购的项目，都不得采用议标的方式。

【拓展思考 4-2】工程量清单招标是建设工程招投标的一种形式。是否所有的工程项目招投标都必须采用工程量清单招标？

工程量清单招标是招投标发展到一定水平，为推进和完善招投标制度、改进行政监督机制、引导招投标向市场经济过渡，进而实现与国际惯例接轨，所采取的一种比较科学、合理的招投标形式。

《建设工程工程量清单计价规范》（GB 50500—2013）规定："使用国有资金投资的建设工程发承包，必须采用工程量清单计价。招标工程量必须作为招标文件的组成部分，其准确性和完整性应由招标人负责。"

因此，并不是所有的工程项目招标都必须采用工程量清单招标。只有使用国有资金投资的建设工程发承包，才必须采用工程量清单计价。但是，非强制性清单招标的项目，一旦选择采用工程量清单招标，则必须严格按照规范要求进行。

4.2 建设工程招标的范围和标准

4.2.1 建设工程强制招标的范围

《招标投标法》第三条规定，在中华人民共和国境内进行下列工程建设项目包括项目的勘察、设计、施工、监理以及与工程建设有关的重要设备、材料等的采购，必须进行招标：

（1）大型基础设施、公用事业等关系社会公共利益、公众安全的项目。

（2）全部或者部分使用国有资金投资或者国家融资的项目。

（3）使用国际组织或者外国政府贷款、援助资金的项目。

2018 年 3 月，经国务院批准，国家发展和改革委员会发布的《必须招标的工程项目规定》进一步规定：

（1）全部或者部分使用国有资金投资或者国家融资的项目包括：

1）使用预算资金 200 万元人民币以上，并且该资金占投资额 10%以上的项目。

2）使用国有企业事业单位资金，并且该资金占控股或者主导地位的项目。

（2）使用国际组织或者外国政府贷款、援助资金的项目包括：

1）使用世界银行、亚洲开发银行等国际组织贷款、援助资金的项目。

2）使用外国政府及其机构贷款、援助资金的项目。

（3）不属于以上两条规定情形的大型基础设施、公用事业等关系社会公共利益、公众安全的项目，必须招标的具体范围由国务院发展改革部门会同国务院有关部门按照确有必要、严格限定的原则制定，报国务院批准。

4.2.2 建设工程强制招标的规模

上述范围内的各类工程建设项目，包括项目的勘察、设计、施工、监理以及与工程建设有关的重要设备、材料等的采购，达到下列标准之一的，必须进行招标：

（1）施工单项合同估算价在 400 万元人民币以上。

（2）重要设备、材料等货物的采购，单项合同估算价在 200 万元人民币以上。

（3）勘察、设计、监理等服务的采购，单项合同估算价在 100 万元人民币以上。

（4）同一项目中可以合并进行的勘察、设计、施工、监理以及与工程建设有关的重要设备、材料等的采购，合同估算价合计达到前款规定标准的，必须招标。

4.2.3 可不招标的建设项目

（1）《招标投标法》第六十六条规定："涉及国家安全、国家秘密、抢险救灾或者属于利用扶贫资金实行以工代赈、需要使用农民工等特殊情况，不适宜进行招标的项目，按照国家有关规定可以不进行招标。"

（2）《招标投标法实施条例》第九条规定，除《招标投标法》第六十六条规定的可以不进行招标的特殊情况外，有下列情形之一的，可以不进行招标：

1）需要采用不可替代的专利或者专有技术。

2）采购人依法能够自行建设、生产或者提供。

3）已通过招标方式选定的特许经营项目投资人依法能够自行建设、生产或者提供。

4）需要向原中标人采购工程、货物或者服务，否则将影响施工或者功能配套要求。

5）国家规定的其他特殊情形。

（3）2013 年 4 月修订的《工程建设项目施工招标投标办法》（七部委 30 号令）第十二条规定，依法必须进行施工招标的工程建设项目有下列情形之一的，可以不进行施工招标：

1）涉及国家安全、国家秘密、抢险救灾或者属于利用扶贫资金实行以工代赈、需要使用农民工等特殊情况，不适宜进行招标。

2）施工主要技术采用不可替代的专利或者专有技术。

3）已通过招标方式选定的特许经营项目投资人依法能够自行建设。

4）采购人依法能够自行建设。

5）在建工程追加的附属小型工程或者主体加层工程，原中标人仍具备承包能力，并且其他人承担将影响施工或者功能配套要求。

6）国家规定的其他情形。

（4）2013 年 4 月修订的《工程建设项目勘察设计招标投标办法》（八部委 2 号令）第四条规定，按照国家规定需要履行项目审批、核准手续的依法必须进行招标的项目，有下列情形之一的，经项目审批、核准部门审批、核准，项目的勘察设计可以不进行招标：

1）涉及国家安全、国家秘密、抢险救灾或者属于利用扶贫资金实行以工代赈、需要使用农民工等特殊情况，不适宜进行招标。

2）主要工艺、技术采用不可替代的专利或者专有技术，或者其建筑艺术造型有特殊要求。

3）采购人依法能够自行勘察、设计。

4）已通过招标方式选定的特许经营项目投资人依法能够自行勘察、设计。

5）技术复杂或专业性强，能够满足条件的勘察设计单位少于 3 家，不能形成有效竞争。

6）已建成项目需要改、扩建或者技术改造，由其他单位进行设计影响项目功能配套性。

7）国家规定其他特殊情形。

（5）《建设项目可行性研究报告增加招标内容以及核准招标事项暂行规定》（中华人民共和国国家发展计划委员会第 9 号令）第五条规定，属于下列情况之一的建设项目可以不进行招标。但在报送可行性研究报告中须提出不招标申请，并说明不招标原因：

1）涉及国家安全或者有特殊保密要求的。

2）建设项目的勘察、设计、采用特定专利或者专有技术的，或者其建筑艺术造型有特殊要求的。

3）承包商、供应商或者服务提供者少于 3 家，不能形成有效竞争的。

4）其他原因不适宜招标的。

【拓展思考 4-3】强制招标的建设工程，哪些可以邀请招标？哪些必须公开招标？

（1）《招标投标法》第十一条规定："国务院发展计划部门确定的国家重点项目和省、自治区、直辖市人民政府确定的地方重点项目不适宜公开招标的，经国务院发展计划部门或者省、自治区、直辖市人民政府批准，可以进行邀请招标。"

（2）《招标投标法实施条例》第八条规定，国有资金占控股或者主导地位的依法必须进行招标的项目，应当公开招标；但有下列情形之一的，可以邀请招标：

1）技术复杂、特殊要求或者受自然环境限制，只有少量几家潜在投标人可供选择。

2）采用公开招标方式的费用占项目合同金额的比例过大。

第2）项所列情形，属于按照国家有关规定需要履行项目审批、核准手续的项目，由项目审批、核准部门在审批、核准项目时做出认定；其他项目由招标人申请有关行政监督部门做出认定。

（3）《工程建设项目施工招标投标办法》第十一条规定，依法必须进行公开招标的项目，有下列情形之一的，可以邀请招标：

1）项目技术复杂或有特殊要求，或者受自然地域环境限制，只有少量潜在投标人可供选择。

2）涉及国家安全、国家秘密或者抢险救灾，适宜招标但不宜公开招标。

3）采用公开招标方式的费用占项目合同金额的比例过大。

第2）项所列情形，属于按照国家有关规定需要履行项目审批、核准手续的项目，由项目审批、核准部门在审批、核准项目时做出认定；其他项目由招标人申请有关行政监督部门做出认定。

全部使用国有资金投资或者国有资金投资占控股或者主导地位的并需要审批的工程建设项目的邀请招标，应当经项目审批部门批准，但项目审批部门只审批立项的，由有关行政监督部门批准。

（4）《工程建设项目勘察设计招标投标办法》第十一条规定，依法必须进行公开招标的项目，在下列情况下可以进行邀请招标：

1）技术复杂、有特殊要求或者受自然环境限制，只有少量潜在投标人可供选择。

2）采用公开招标方式的费用占项目合同金额的比例过大。

第2）项所列情形，属于按照国家有关规定需要履行项目审批、核准手续的项目，由项目审批、核准部门在审批、核准项目时做出认定；其他项目由招标人申请有关行政监督部门做出认定。

强制招标的建设项目，若不属于上述邀请招标范围，则必须公开招标。

实践中，世界各国或国际组织对这两种招标方式的选择不尽一致。有的是将决定权交给招标人，由招标人根据项目的特点自主选择，只要不违反法律规定，最大限度地实现"公开、公平、公正"即可。例如，《欧盟采购指令》规定，如果采购金额达到法定招标限额，采购单位有权在公开和邀请招标中自由选择。在欧盟的成员中，邀请招标得到广泛采用。有的则是对这两种招标方式进行限制，要求尽量采用其中的一种，而这种限制大部分是要求采用公开招标。例如，世界银行《采购指南》把国际竞争性招标（公开招标）作为最能充分实现资金的经济和效率要求的方式，要求借款国以此作为最基本的采购方式，只有在国际竞争性招标不是最经济和有效的情况下，才可采用邀请招标。

4.2.4 政府行政主管部门对招投标活动的监督

《招标投标法》的基本宗旨是：招投标活动是当事人在法律规定的范围内自主进行的市场行为，但必须接受政府主管部门的监督。

1. 依法核查必须采用招标方式选择承包单位的建设项目

正如前文所述，《招标投标法》等相关招投标法律法规规定了强制招标的范围及规模。任何单位和个人不得将必须进行招标的项目化整为零或者以其他方式规避招标。如果发生此类情况，可以暂停项目执行或者暂停资金拨付，并对单位负责人或者其他直接负责人依法给予行政处分或纪律处分。

2. 招标备案制度

招标备案是招投标活动过程中的一种监督管理的制度，包括事前、事中及事后备案。《招标投标法》第十二条第三款规定："依法必须进行招标的项目，招标人自行办理招标事宜的，应当向有关行政监督部门备案。"《房屋建筑和市政基础设施工程施工招标投标管理办法》第十一条规定："招标人自行办理施工招标事宜的，应当在发布招标公告或者发出投标邀请书的5日前，向工程所在地县级以上地方人民政府建设行政主管部门备案。"

招标人在招标前需向建设行政主管部门办理申请招标手续。招标备案文件应说明招标工作范围、招标方式、计划工期、对投标人的资格要求、招标项目的前期准备工作的完成情况、自行招标还是委托招标等内容。获得认可后，才可以开展招标工作。

招标有关文件也需要核查备案。工程建设项目按投资主体划分，分为国家投资的工程建设项目和非国家投资的工程建设项目。国家投资的工程建设项目备案要求包括招标公告或者资格预审文件、资格预审结果、评标报告、中标通知书、承包合同、招标委托代理合同（用于委托招标的项目）。非国家投资的工程建设项目备案的要求，可参照国家投资项目招标备案要求执行。备案材料和备案时间的要求，各地方政府部门不尽相同，在递交备案材料时，应按当地政府部门的规定进行。

3. 对招标活动的现场监督

全部使用国有资金投资或者国有资金投资占控股或者主导地位，依法必须进行施工招标的工程项目，应当进入有形建筑市场进行招投标活动。有形建筑市场既为招投标提供场所，又可以行使主管部门对招投标活动的有效监督。

【拓展思考4-4】什么是有形建筑市场？

有形建筑市场即建筑工程交易中心，是经政府主管部门批准，为建设工程交易活动提供服务的场所。

各地市在使用招标方式采购越来越普及的过程中，相继建立了由建设行政主管部门监督的建设工程交易中心或由财政行政主管部门监督的政府采购交易中心或两家或几家共同监督的公共资源采购交易中心。《招标投标法实施条例》将其统称为"招标投标交易场所"。

有形建筑市场有三个功能：①为建设工程招投标活动提供设施齐全、服务规范的场所；②为建设工程交易各方提供信息服务；③为政府主管部门实施监督和管理提供条件。

《招标投标法实施条例》规定，招标投标交易场所不得与行政监督部门存在隶属关系。设区的市级以上地方人民政府可以根据实际需要建立统一规范的招标投标交易场所。同时规定，招标投标交易场所不得以营利为目的。

4. 查处招投标活动中的违法活动

《招标投标法》明确提出，国务院规定的有关行政监督部门有权依法对招投标活动中的违法行为进行查处。视情节和对招标的影响程度，承担后果责任的形式可以分为：判定招标无效、责令改正重新招标；对单位负责人或其他直接责任者给予行政处分；没收非法所得，并处以罚金；构成犯罪的，依法追究刑事责任。

4.3 建设工程施工招标

4.3.1 招标资格

1. 招标人自行招标

2013 年 4 月修订的《工程建设项目自行招标试行办法》（国家计委 5 号令）第四条规定，招标人自行办理招标事宜，应当具有编制招标文件和组织评标的能力，具体包括：

（1）具有项目法人资格（或者法人资格）。

（2）具有与招标项目规模和复杂程度相适应的工程技术、概预算、财务和工程管理等方面专业技术力量。

（3）有从事同类工程建设项目招标的经验。

（4）拥有 3 名以上取得招标职业资格的专职招标业务人员。

（5）熟悉和掌握《招标投标法》及有关法规规章。

利用招标方式选择承包单位属于招标单位自主的市场行为，因此，《招标投标法》规定，招标人具有编制招标文件和组织评标能力的，可以自行办理招标事宜，向有关行政监督部门进行备案即可。如果招标单位不具备上述要求，则需委托具有相应资质的中介机构代理招标。

2. 招标代理机构

工程招投标代理机构是接受被代理人的委托，为其办理工程的勘察、设计、施工、监理以及与工程建设有关的重要设备、材料采购等招标或投标事宜的社会组织。其中，被代理人一般是指工程项目的所有者或经营者，即建设单位或承包单位。

《招标投标法》第十三条规定，招标代理机构应当具备下列条件：

（1）有从事招标代理业务的营业场所和相应资金。

（2）有能够编制招标文件和组织评标的相应专业力量。

《中央投资项目招标代理资格管理办法》（国家发展和改革委员会第 13 号令）将中央投资项目招标代理资格分为甲级、乙级和预备级。

招标代理机构可承担的招标事宜包括：拟订招标方案，编制和出售招标文件、资格预审文件；审查投标人资格；编制招标控制价；组织投标人踏勘现场；代替招标人主持开标；评标、协助招标人定标；草拟合同；招标人委托的其他事项。

委托代理机构招标是招标人的自主行为，任何单位和个人不得强制委托代理或指定招标代理机构。招标人委托的代理机构应尊重招标人的要求，在委托范围内办理招标事宜，并遵守《招标投标法》对招标人的有关规定。

3. 招标项目应具备的条件

工程项目的建设应当按照建设管理程序进行。为了保证工程项目的建设符合国家或地方的总体发展规划，以及能使招标后工作顺利进行，不同标的招标均需满足相应的条件。《工程建设项目施工招标投标办法》第八条规定，依法必须招标的工程建设项目，应当具备下列条件才能进行施工招标：

（1）招标人已经依法成立。

（2）初步设计及概算应当履行审批手续的，已经批准。

（3）有相应资金或资金来源已经落实。

（4）有招标所需的设计图及技术资料。

4.3.2　工程项目施工招标程序

1. 建设工程项目报建

工程建设项目由建设单位或其代理机构在工程项目可行性研究报告或其他立项文件被批准后，须向当地建设行政主管部门或其授权机构进行报建备案，交验工程项目立项的批准文件，包括银行出具的资信证明以及批准的建设用地等其他有关文件。

报建内容包括工程名称、建设地点、投资规模、资金来源、当年投资额、工程规模、结构类型、发包方式、计划开竣工日期、工程筹建情况等。

报建时交验的文件资料包括立项批准文件或年度投资计划、固定资产投资许可证、建设工程规划许可证、资金证明。

建设单位填写统一格式的"工程建设项目报建登记表"，如表 4-1 所示。

表 4-1　工程建设项目报建登记表　　　　编号：招第（　　）号

建设单位	
工程名称	
工程地点	
工程规模 （结构、层数、面积）	
项目总投资	
资金来源	政府投资　%；自筹　%；贷款　%；外资　%
批准文件名称	
批准立项机关	
发包方式	

工程筹建情况：（城建手续、施工图、资金、现场情况）
城建手续已办理；施工图已审查；资金已到位；现场"三通一平"，具备开工条件

法定代表人： 经办人： 电话：	建设单位： （章） 　　　　　　　年　月　日

报建管理机构审核意见：

　　　　　　　　　　　　　　　　　　　　　　　　　年　月　日

工程项目报建备案的目的是便于当地建设行政主管部门掌握工程建设的规模，规范工程实施阶段程序的管理，加强工程实施过程的监督。建设工程项目报建备案后，具备招标条件的建设工程项目，即可开始办理招标事宜。凡未报建的工程项目，不得办理招标手续和发放施工许可证。

2. 审查招标人的招标资质

组织招标有两种情况：招标人自己组织招标或委托招标代理机构代理招标。对于招标人自行办理招标事宜的，必须满足一定的条件，并向其行政监督机关备案，行政监督机关对招标人是否具备自行招标的条件进行监督。对委托的招标代理机构，也应检查其相应的代理资质。

建设单位或中介机构统称为"招标单位"。

3. 招标申请

招标单位填写"建设工程施工招标申请表"，连同"工程建设项目报建登记表"报招标管理机构审批。

招标申请表包括以下内容：工程名称、建设地点、招标建设规模、结构类型、招标范围、招标方式、要求施工企业等级、施工前期准备情况（土地征用、拆迁情况、勘察设计情况、施工现场条件等）、招标机构组织情况等。

4. 编制资格预审文件和招标文件

招标申请批准后，即可编制资格预审文件和招标文件。

（1）资格预审文件。公开招标对投标人的资格审查，有资格预审和资格后审两种。资格预审是指在发售招标文件前，招标人对潜在的投标人进行资质条件、业绩、技术、资金等方面的审查；资格后审是指在开标后评标前对投标人进行的资格审查。只有通过资格预（后）审的潜在投标人，才可以参加投标（评标）。我国通常采用资格预审的方法。采用资格预审的招标单位可参照标准范本《标准施工招标资格预审文件》（2013年版）编制资格预审文件。

（2）招标文件。招标文件的主要内容包括投标人须知、评标办法、合同条款及格式、工程量清单、图样、技术标准和要求、投标文件格式、投标人须知前附表规定的其他材料。招标单位可参照标准范本《标准施工招标文件》（2013年版）编制招标文件。

【拓展思考4-5】资格预审与资格后审的区别。

二者的区别如表4-2所示。

表4-2 资格预审与资格后审的区别

资格审查	审查时间	载明的文件	内容与标准
资格预审	投标前	资格预审文件	相同
资格后审	开标后评标前	招标文件	

5. 发布招标公告

资格预审文件和招标文件须报招标管理机构审查，经审查同意后可刊登资格预审公告和招标公告。根据《标准施工招标资格预审文件》的规定，若在公开招标过程中采用资格预审程序，可用资格预审公告代替招标公告。

6. 投标人资格预审

公开招标进行资格预审时，通过对申请单位填报的资格预审文件和资料进行评比和分析，确定出合格的申请单位短名单。将短名单报招标管理机构审查核准。待招标管理机构核准同意后，招标单位向所有合格的申请单位发出资格预审合格通知书。

7. 发售招标文件和有关资料

招标人应按规定的时间和地点向经审查合格的投标人发售招标文件及有关资料。不进行资格预审的，发售给愿意参加投标的单位。招标人应当确定投标人编制投标文件所需要的合理时间：依法必须进行招标的项目，自招标文件开始发出之日起至投标人提交投标文件截止之日止，最短不得少于 20 日。

招标文件发出后，招标人不得擅自变更其内容。确需进行必要的澄清、修改或补充，须报招标管理机构审查同意后，在招标文件要求提交投标文件截止时间至少 15 日前，以书面形式通知所有招标文件收受人。该澄清、修改或补充的内容是招标文件的组成部分，对招标人和投标人都有约束力。

8. 组织投标人踏勘现场，召开投标答疑会

招标文件发放后，招标人要在招标文件规定的时间内，根据招标项目的具体情况，组织潜在投标人踏勘项目现场，向其介绍工程场地和相关环境的有关情况，并对招标文件进行答疑。踏勘现场的目的在于使投标人了解工程现场和周围环境情况，获取对投标有帮助的信息，并据此做出关于投标策略和投标报价的决定；同时，还可以针对招标文件中的有关规定和数据，通过现场踏勘进行详细的核对，对现场实际情况与招标文件不符之处向招标人书面提出。对于潜在投标人在阅读招标文件和现场踏勘中提出的疑问，招标人可以以书面形式或召开投标答疑会的方式解答，但需同时将解答以书面方式通知所有购买招标文件的潜在投标人。该解答的内容为招标文件的组成部分。潜在投标人依据招标人介绍情况做出的判断和决策，由投标人自行负责。招标人不得组织单个或者部分投标人踏勘项目现场。

9. 接收投标人递交的投标书

在投标截止时间前，招标单位做好投标文件的接收工作。在接收中应注意核对投标文件是否按规定进行密封和签字盖章，并做好接收时间的记录等。

10. 开标

开标是招标过程中的重要环节。应在招标文件规定的时间、地点和投标单位法定代表人或授权代理人在场的情况下举行开标会议。开标一般在当地有形建筑市场进行。开标会议由招标人或招标代理机构组织并主持，招标管理机构到场监督。招标人在招标文件要求提交投标文件的截止时间前收到的所有投标文件，开标时都应当众予以拆封；如果是在招标文件所要求的提交投标文件的截止时间以后收到的投标文件，则不予开启，应原封不动地退回。

11. 评标

开标环节结束后，进入评标阶段。评标由招标人依法组建的评标委员会负责，评标委员会由招标人的代表和有关经济、技术方面的专家组成。与投标人有利害关系的人不得进入相关项目的评标委员会，评标委员会的名单在中标结果确定之前应保密。招标人应采取必要措施，保证评标在严格保密的情况下进行。评标委员会在完成评标后，应向招标人提交书面评标报告，并推荐合格的中标候选人。整个评标过程应当在招投标管理机构的监督下进行。

12. 发出中标通知书

评标结束后，招标人以评标委员会提供的评标报告为依据，对评标委员会所推荐的中标候选人进行比较，确定中标人。招标人也可以授权评标委员会直接确定中标人，定标应当择优。

评标确定中标人后，招标人应当向中标人发出中标通知书，同时将中标结果通知所有未中标的投标人。

13. 与中标人签订合同

招标人和中标人应当在投标有效期内并在自中标通知书发出之日起30日内，按照招标文件和中标人的投标文件订立书面合同。

【拓展思考4-6】投标保证金的概念。

投标保证金是指在招标投标活动中，投标人随投标文件一同递交给招标人的一定金额的投标责任担保。它主要保证：投标人在递交投标文件后（开标后）不得撤销投标文件；中标后不得无正当理由而不与招标人订立合同；在签订合同时不得向招标人提出附加条件；中标后按照招标文件要求提交履约保证金。

【案例分析4-1】

某市越江隧道工程全部由政府投资，该项目为该市建设规划的重要项目之一，且已列入地方年度固定资产投资计划，概算已经主管部门批准，征地工作尚未全部完成，施工图及有关技术资料齐全。现决定对该项目进行施工招标。

因估计除本市施工企业参加投标外，还可能有外省市施工企业参加投标，故业主委托咨询单位编制了两个标底，准备分别用于对本市和外省市施工企业投标价的评定。

业主对投标单位就招标文件所提出的所有问题统一做了书面答复，并以备忘录的形式分发给各投标单位，为简明起见，采用表格形式（见表4-3）。在书面答复投标单位的提问后，业主组织各投标单位进行了施工现场踏勘。在投标截止日期前10天，业主书面通知各投标单位，由于某种原因，决定将收费站工程从原招标范围内删除。

表4-3　答疑备忘录

序　　号	问　　题	提问单位	提问时间	答　　复
1				
⋮				
n				

该项目施工招标存在哪些不当之处？

【分析】

有五个不当之处：

（1）本项目征地工作尚未全部完成，尚不具备施工招标的必要条件，因此尚不能进行施工招标。

（2）不应编制两个标底，因为根据规定，一个工程只能编制一个标底，不能对不同的投标单位采用不同的标底进行评标。《招标投标法》第十八条规定："招标人不得以不合理的条件限制或者排斥潜在投标人，不得对潜在投标人实行歧视待遇。"

（3）业主对投标单位的提问只能针对具体的问题做出明确答复，但不应提及具体的提问单位（投标单位），也不必提及提问的时间。《招标投标法》第二十二条规定："招标人不得向他人透露已获取招标文件的潜在投标人的名称、数量以及可能影响公平竞争的有关招标投标的其他情况。"

（4）在投标截止日期前 10 天，将收费站工程从原招标范围内删除。《招标投标法》第二十三条规定："招标人对已发出的招标文件进行必要的澄清或者修改的，应当在招标文件要求提交投标文件截止时间至少十五日前，以书面形式通知所有招标文件收受人。该澄清或者修改的内容为招标文件的组成部分。"因此，该项目应将投标截止日期延长。

（5）在书面答复投标单位的提问后，业主才组织各投标单位进行施工现场踏勘。现场踏勘应安排在书面答复投标单位提问之前，因为投标单位对施工现场条件也可能提出问题。

4.3.3　资格预审文件的编制

1. 资格预审的程序

（1）发出资格预审公告。采用资格预审的，招标人应发布资格预审公告。资格预审公告应当在国务院发展改革部门依法指定的媒介发布。在不同媒介发布的同一招标项目的资格预审公告的内容应当一致。指定媒介发布依法必须进行招标的项目的境内资格预审公告，不得收取费用。

（2）发售资格预审文件。招标人应当按照资格预审公告规定的时间、地点发售资格预审文件。资格预审文件的发售期不得少于 5 日。招标人发售资格预审文件收取的费用应当限于补偿印刷、邮寄的成本支出，不得以营利为目的。招标人应当合理确定提交资格预审申请文件的时间，自资格预审文件停止发售之日起不得少于 5 日。

资格预审结束后，招标人应当及时向资格预审申请人发出资格预审结果通知书。未通过资格预审的申请人不具有投标资格。通过资格预审的申请人少于 3 个的，应当重新招标。

招标人可以对已发售的资格预审文件进行必要的澄清或者修改。澄清或者修改的内容可能影响资格预审申请文件编制的，招标人应当在提交资格预审申请文件截止时间至少 3 日前，以书面形式通知所有获取资格预审文件的潜在投标人；不足 3 日的，招标人应当顺延提交资格预审申请文件的截止时间。潜在投标人或者其他利害关系人对资格预审文件有异议的，应当在提交资格预审申请文件截止时间 2 日前提出；招标人应当自收到异议之日起 3 日内做出答复；做出答复前，应当暂停招投标活动。招标人编制的资格预审文件的内容违反法律、行政法规的强制性规定，违反公开、公平、公正和诚实信用原则，影响资格预审结果的，依法必须进行招标的项目的招标人应当在修改资格预审文件后重新招标。

（3）对潜在投标人资格的审查。资格预审的内容包括基本资格审查和专业资格审查两部分。基本资格审查是指对申请人的合法地位和信誉等的审查；专业资格审查是指对已经具备基本资格的申请人履行拟定招标采购项目能力的审查。

国有资金占控股或者主导地位的依法必须进行招标的项目，招标人应当组建资格审查委员会，按照资格预审文件规定的标准和方法，对提交资格预审申请书的潜在投标人资格进行审查。

【拓展思考 4-7】资格预审委员会如何组建？

《招标投标法》对资格评审委员会的组建未做具体规定。

《标准施工招标资格预审文件》（2013年版）则规定，资格预审申请文件由招标人组建的审查委员会负责审查。审查委员会参照《招标投标法》第三十七条规定组建。

《招标投标法实施条例》第十八条规定："国有资金占控股或者主导地位的依法必须进行招标的项目，招标人应当组建资格审查委员会审查资格预审申请文件。资格审查委员会及其成员应当遵守《招标投标法》和本条例有关评标委员会及其成员的规定。"

《招标投标法》第三十七条规定："评标由招标人依法组建的评标委员会负责。依法必须进行招标的项目，其评标委员会由招标人的代表和有关技术、经济等方面的专家组成，成员人数为五人以上单数，其中技术、经济等方面的专家不得少于成员总数的三分之二。"

结论：资格预审评审委员会成员资格、人员的构成以及专家选择方式，依照《招标投标法》的规定执行。

（4）发出资格预审合格通知书。资格预审结束后，招标人应当及时向资格预审申请人发出资格预审结果通知书。告知获取招标文件的时间、地点和方法，同时向未通过资格预审的申请人书面告知其资格预审结果。未通过资格预审的申请人不具有投标资格。

2. 资格预审文件范本的使用

可根据现行的标准文本《标准施工招标资格预审文件》（2013年版）和《中华人民共和国房屋建筑和市政工程标准施工招标资格预审文件》（2010年版）编写资格预审文件。主要内容包括：

第一章　资格预审公告

第二章　申请人须知

第三章　资格审查办法（合格制、有限数量制）

第四章　资格预审申请文件格式

第五章　项目建设概况

《中华人民共和国房屋建筑和市政工程标准施工招标资格预审文件》是《标准施工招标资格预审文件》的配套文件，其第二章"申请人须知"和第三章"资格审查办法"正文部分均直接引用《标准施工招标资格预审文件》相同序号的章节，适用于一定规模以上，且设计和施工不是由同一承包人承担的房屋建筑和市政工程施工招标的资格预审。

招标人编制的施工招标资格预审文件应不加修改地引用《标准施工招标资格预审文件》中的"申请人须知"（申请人须知前附表除外）、"资格审查办法"（资格审查办法前附表除外），《标准施工招标资格预审文件》中的其他内容，供招标人参考。

【拓展思考4-8】资格审查办法的合格制和有限数量制的区别。

合格制是指凡符合规定审查标准的申请人均通过资格预审，不限制人数。

有限数量制是指审查委员会依据规定的审查标准和程序，对申请人进行初步审查和详细审查，通过资格预审的申请人不超过资格审查办法前附表规定的数量。对采用有限数量制资格预审方法的，如果通过详细审查的申请人不少于3个且没有超过资格预审文件事先规定数量的，均为资格预审合格人，不再进行评分；如果通过详细审查的申请人数量超过资格预审文件事先规定数量的，应对通过详细审查的申请人进行评分，按照资格预审文件事先规定数量，按得分排序，由高到低确定规定数量的资格预审合格人。

一般情况下应当采用合格制，凡符合资格预审文件规定的资格条件的资格预审申请人，都可通过资格预审；潜在投标人过多的，可采用有限数量制。

关于合格申请人的数量选择问题，建设部在《关于加强房屋建筑和市政基础设施工程项目施工招标投标行政监督工作的若干意见》中规定："依法必须公开招标的工程项目的施工招标实行资格预审，并且采用经评审的最低投标价法评标的，招标人必须邀请所有合格申请人参加投标，不得对投标人的数量进行限制。依法必须公开招标的工程项目的施工招标实行资格预审，并且采用综合评估法评标的，当合格申请人数量过多时，一般采用随机抽签的方法，特殊情况也可以采用评分排名的方法选择规定数量的合格申请人参加投标。其中，工程投资额 1000 万元以上的工程项目，邀请的合格申请人应当不少于 9 个；工程投资额 1000 万元以下的工程项目，邀请的合格申请人应当不少于 7 个。"

4.3.4　招标文件的编制

招标文件是由招标单位或其委托的咨询代理机构编制发布的。它不仅规定了完整的招标程序，而且还提出了各项技术标准和交易条件，拟列了合同的主要条款，是建设工程招投标活动中的重要文件。它不仅是投标人编制投标文件和报价的重要依据，也是评标委员会评审的依据，同时也是签订合同的基础。

1. 招标文件范本的使用

为规范招标文件的内容和格式，节约招标文件编写的时间，提高招标文件的质量，国家有关部门分别编制了工程施工招标文件范本。

《房屋建筑和市政工程标准施工招标文件》（2010 年版）：适用于一定规模以上，且设计和施工不是由同一承包商承担的工程施工招标。

《标准施工招标文件》（2013 年版）：适用于依法必须招标的工程建设项目。

《简明标准施工招标文件》（2012 年版）：适用于工期不超过 12 个月，技术相对简单且设计和施工不是由同一承包人承包的小型项目施工招标。

《标准设计施工总承包招标文件》（2012 年版）：适用于设计施工一体化的总承包招标。

国务院有关行业主管部门可根据《标准施工招标文件》并结合本行业施工招标特点和管理需要，编制行业标准施工招标文件。行业标准施工招标文件重点对"专用合同条款""工程量清单""图样""技术标准和要求"做出具体规定。

行业标准施工招标文件和招标人编制的施工招标文件，应不加修改地引用《标准施工招标文件》中的"投标人须知"（投标人须知前附表和其他附表除外）、"评标办法"（评标办法前附表除外）、"通用合同条款"。《标准施工招标文件》中的其他内容，供招标人参考。

根据《房屋建筑和市政工程标准施工招标文件》和《标准施工招标文件》，招标文件的主要内容有：

招标公告

第一章　投标须知

第二章　合同主要条款及附件

第三章　技术规范

第四章　投标文件（格式）

第五章　图样和技术资料（另附）

第六章　工程量清单

第七章　评标办法

第八章　附件

2. 招投标相关法规中关于招标文件的规定

（1）根据《招标投标法》规定，招标文件的内容大致可分为以下三类：

1）关于编写和提交投标文件的规定。载入这些内容的目的是尽量减少承包商或供应商由于不明确如何编写投标文件而处于不利地位或投标文件遭到拒绝的可能。

2）关于对投标人资格审查的标准及投标文件的评审标准和方法。这是为了提高招标过程的透明性和公平性，所以非常重要。

3）关于合同的主要条款，其中主要是商务性条款。这有利于投标人了解中标后签订合同的主要内容，明确双方的权利义务。招标人应当在招标文件中规定实质性要求和条件，并用醒目的方式标明。

（2）招标示范文本仅有通用合同条件，并没有协议书和专用合同条款，采用时需要当事人自行配套制定。在招标示范文本的实际操作中，根据当事人意思自治的原则和选择权，只要当事人协商一致，移植 2017 年版施工合同示范文本的协议书和专用条款内容，不失为一种便捷有效的方法。当然，在具体操作时，还应考虑政府投资和国有投资项目的具体情况和地方政府的有关规定，有针对性地移植。

（3）施工招标项目工期超过 12 个月的，招标文件可以规定工程造价指数体系、价格调整因素和调整方法。

（4）招标文件中建设工期比工期定额缩短 20% 以上的，投标报价中可以计算赶工措施费。

（5）在招标文件中应明确投标价格的计算依据，主要有以下几个方面：工程量清单（如果有）；工程计价类别；执行的人工、材料、机械设备政策性调整文件。

（6）质量标准必须达到国家施工验收规范合格标准，对于质量要求达到优良标准的，应计取补偿费用，补偿费用的计算方法应按国家或地方有关文件的规定执行，并在招标文件中明确。

（7）由于施工单位原因造成不能按合同工期竣工的，计取赶工措施费的需扣除，同时还应补偿由于误工给建设单位带来的损失。其损失费用的计算方法应在招标文件中明确。

（8）如果建设单位要求按合同工期提前竣工交付使用，应考虑计取提前工期奖，提前工期奖的计算方法应在招标文件中明确。

（9）在招标文件中应明确投标保证金的数额及支付方式。

【拓展思考 4-9】投标保证金的额度。

《中华人民共和国招标投标法实施条例》第二十六条规定："招标人在招标文件中要求投标人提交投标保证金的，投标保证金不得超过招标项目估算价的 2%。"

《工程建设项目施工招标投标办法》第三十七条规定："投标保证金不得超过项目估算价的百分之二，但最高不得超过八十万元人民币。"

《工程建设项目勘察设计招标投标办法》第二十四条规定："招标文件要求投标人提交投标保证金的，保证金数额不得超过勘察设计估算费用的百分之二，最多不超过十万元人民币。"

【拓展思考 4-10】投标保证金的形式。

投标保证金的形式可以是现金、支票、银行汇票、银行本票、投标保函、投标保证书。

不同的形式与担保方式的对应，可参看 2.2 节 "合同担保" 的相关内容进行理解。

投标保证金应按招标文件中投标人须知前附表的规定及 "投标文件格式" 中规定的形式递交，作为其投标文件的组成部分。

3. 招标公告

按照《招标投标法》的规定，依法必须招标项目的招标公告应当在国家指定的媒介发布。对不是必须招标的项目，招标人可以自由选择招标公告的发布媒介。目前，各级政府指定发布招标公告的媒介很多，主要有：

（1）经国务院授权由原国家计委指定招标公告的发布媒介。按照 2013 年 4 月修订的《招标公告发布暂行办法》（原国家发展计划委员会令第 4 号）的规定，《中国日报》《中国经济导报》《中国建设报》和中国采购与招标网（http：//www.chinabidding.com.cn）为发布依法必须招标项目的招标公告媒介。其中，依法必须招标的国际招标项目的招标公告应在《中国日报》上发布。招标人或招标代理机构在媒介发布招标公告时，应当注意：

1）招标公告的发布应当充分公开，任何单位和个人不得非法限制招标的发布地点和发布范围。

2）指定媒介发布依法招标项目的招标公告，不得收取费用，但发布国际招标公告的除外。

3）招标公告内容应当真实、准确和完整。

4）对拟发布的招标公告文本应当由招标人或招标代理机构主要负责人签名并加盖公章。

5）招标人或招标代理机构应至少在一家指定的媒介发布招标公告。指定报纸在发布招标公告的同时，应将公告如实抄送中国采购与招标网（http：//www.chinabidding.com.cn）。

6）在两个以上媒介发布同一招标项目的招标公告的内容应相同。

7）对使用国际组织或者外国政府贷款、援助资金的招标项目，贷款方、资金提供方对招标公告的发布另有规定的，适用其规定。

（2）其他有关部门指定的招标公告发布媒介。

1）建设部规定依法必须进行施工公开招标的工程项目，除了应当在国家或者地方指定的报纸、信息网络或者其他媒介发布招标公告外，还应同时在中国工程建设和建筑业信息网上发布招标公告。

2）商务部规定招标人或招标机构除应在国家指定的媒介以及招标网上发布招标公告外，也可同时在其他媒介上刊登招标公告，并指定中国国际招标网（http：//www.chinabidding.com.）为机电产品国际招标业务提供服务的专门网络。

3）财政部指定的全国政府采购信息的发布媒介是《中国财经报》、中国政府采购网（http：//www.ccgp.gov.cn）和《中国政府采购》杂志。

（3）地方政府指定的招标公告发布媒介。《招标公告发布暂行办法》第二十条规定："各地方人民政府依照审批权限审批的依法必须招标的民用建筑项目的招标公告，可在省、自治区、直辖市人民政府发展改革部门指定的媒介发布。" 各省级政府发展改革部门一般都指定了招标公告的发布媒介。

【案例分析 4-2】

某大型工程项目由政府投资建设，业主委托某招标代理公司代理施工招标。招标代理公司确定该项目采用公开招标方式招标。业主对招标代理公司提出以下要求：为了避免潜在的投标人过多，项目招标公告只在本市日报上发布，且采用邀请招标方式招标。业主对招标代理公司提出的要求是否正确？

【分析】

业主提出"项目招标公告只在本市日报上发布"不正确。《招标公告发布暂行办法》规定了发布依法必须招标项目的招标公告的媒介。招标人或其委托的招标代理机构应至少在一家指定的媒介发布招标公告。

业主提出"采用邀请招标方式招标"不正确。全部或部分使用国有资金投资或者国家融资的项目应当采用公开招标方式招标。如果采用邀请招标方式招标，应由相关部门批准。

4. 投标邀请书

投标邀请书是指采用邀请招标方式的招标人，向三个以上具备承担招标项目的能力、资信良好的特定的法人或者其他组织发出投标邀请的通知。投标邀请书通常包括项目名称、被邀请人名称、招标条件、项目概况与招标范围、投标人资格要求、招标文件的获取、投标文件的递交、确认和联系方式等内容。大部分内容与招标公告相同，唯一的区别是：投标邀请书无须说明发布公告的媒介，但对投标人增加了在收到投标邀请书后的约定时间内，以传真或快递方式予以确认是否参加投标的要求。

5. 投标人须知

投标人须知是招标文件中很重要的一部分内容，投标者在投标时必须仔细阅读和理解，按须知中的要求进行投标。其内容包括总则、招标文件、投标、开标、评标、合同授予、重新招标和不再招标、纪律和监督与需要补充的其他内容等。

一般在投标人须知前有一张前附表。前附表将投标人须知中重要的条款规定的内容用表格的形式列出来，将投标人须知中的关键内容和数据摘要列表，起到强调和提醒作用，为投标人迅速掌握投标人须知的内容提供方便，与招标文件相关章节的内容完全一致。

6. 合同主要条款及附件

为了提高效率，招标人可以使用施工合同示范文本编制招标项目的合同条款。

7. 技术规范

技术规范的内容主要包括各项工艺指标、施工要求、材料检验标准，以及各分部、分项工程施工成型后的检验手段和验收标准等。有些项目根据所需行业的习惯，将工程子目的计量支付内容也写进技术标准和要求中。项目的专业特点和所引用的行业标准的不同，决定了不同项目的技术标准和要求存在区别。同样的一项技术指标，可引用的行业标准和国家标准可能不止一个，招标文件编制者应结合本项目的实际情况加以引用。如果没有现成的标准可以引用，一些大型项目还有必要将其作为专门的科研项目来研究。

招标文件规定的工程项目的材料、设备、施工各项技术标准应符合国家强制性标准。招标文件中规定的各项技术标准均不得要求或标明某一特定的专利、商标、名称、设计、原产地或生产供应者，不得含有倾向或者排斥潜在投标人的其他内容。如果必须引用某一生产供应者的技术标准才能准确或清楚地说明拟招标项目的技术标准，则应当在参照后面加上

"或相当于"的字样。相关技术规范由投标人自行购买，并承担费用。

8. 投标文件（格式）

投标文件的格式包括商务标投标文件的格式和技术标部分的格式。其主要作用是为投标人编制投标文件提供固定的格式和编排顺序，以规范投标文件的编制，同时便于评标委员会评标。

9. 图样和技术资料（另附）

图样和技术资料是编制工程量清单及投标报价的重要依据，是合同文件的重要组成部分，也是施工及验收的依据。通常招标时的图样并不是工程所需的全部图样，在投标人中标后还会陆续颁发新的图样以及对招标时图样的修改。因此，在招标文件中，除了附上招标图样外，还应列明图样目录，以方便施工过程中进行合同管理的设计变更、索赔工作。

10. 工程量清单

《建设工程工程量清单计价规范》（GB 50500—2013）规定，采用工程量清单方式招标，工程量清单必须作为招标文件的组成部分，其准确性和完整性由招标人负责。

11. 评标办法

《招标投标法》规定，评标委员会应当按照招标文件确定的评标标准和方法，对招标文件进行评审和比较。

12. 附件

包括三个附件：附件一，开标程序；附件二，中标候选人公示；附件三，中标通知书。附件用以方便招标人和投标人规范招投标行为。

13. 编制招标文件应注意的问题

（1）招标文件应体现工程建设项目的特点和要求。招标文件牵涉的专业内容比较广泛，具有明显的多样性和差异性，编写一套适用于具体工程建设项目的招标文件，需要具有较强的专业知识和一定的实践经验，还要准确把握项目的专业特点。编制招标文件时，必须认真阅读研究有关设计与技术文件，与招标人充分沟通，了解招标项目的特点和需求，包括项目概况、性质、审批或核准情况、标段划分计划、资格审查方式、评标方法、承包模式、合同计价类型、进度时间节点要求等，并充分反映在招标文件中。

（2）招标文件必须明确投标人实质性响应的内容。投标人必须完全按照招标文件的要求编写投标文件，如果投标人没有对招标文件的实质性要求和条件做出响应，或者响应不完全，都可能导致投标人投标失败。所以，招标文件中需要投标人做出实质性响应的所有内容，如招标范围、工期、投标有效期、质量要求、技术标准和要求等应具体、清晰、无争议，且以醒目的方式提示，避免使用原则性的、模糊的或者容易引起歧义的语句。

（3）防范招标文件中的违法、歧视性条款。编制招标文件必须熟悉和遵守招投标的法律法规，并及时掌握最新规定和有关技术标准，坚持公平、公正、遵纪守法的要求。严格防范招标文件中出现违法、歧视、倾向条款限制、排斥或保护潜在投标人，并要公平合理划分招标人和投标人的风险责任。只有招标文件客观与公正，才能保证整个招投标活动的客观与公正。

（4）保证招标文件格式、合同条款的规范一致。编制招标文件应保证格式文件、合同条款规范一致，从而保证招标文件逻辑清晰、表达准确，避免产生歧义和争议。招标文件合同条款部分如采用通用合同条款和专用合同条款形式编写的，正确的合同条款编写方式为：

"通用合同条款"全文引用，不得删改；"专用合同条款"按其条款编号和内容，根据工程实际情况进行修改和补充。

（5）电子招标。招标人可以通过信息网络或者其他媒介发布电子招标文件，电子招标文件应当与书面纸质招标文件一致，具有同等法律效力。按照《工程建设项目施工招标投标办法》和《工程建设项目货物招标投标办法》规定，当电子招标文件与书面招标文件不一致时，应以书面招标文件为准。

（6）总承包招标的规定。招标人可以依法对工程以及与工程建设有关的货物、服务全部或者部分实行总承包招标。以暂估价形式包括在总承包范围内的工程、货物、服务属于依法必须进行招标的项目范围且达到国家规定规模标准的，应当依法进行招标。

（7）两阶段招标的规定。对技术复杂或者无法精确拟定技术规格的项目，招标人可以分两阶段进行招标：第一阶段，投标人按照招标公告或者投标邀请书的要求提交不带报价的技术建议，招标人根据投标人提交的技术建议确定技术标准和要求，编制招标文件；第二阶段，招标人向在第一阶段提交技术建议的投标人提供招标文件，投标人按照招标文件的要求提交包括最终技术方案和投标报价的投标文件。招标人要求投标人提交投标保证金的，应当在第二阶段提出。

（8）标段的划分。招标人对招标项目划分标段的，应当遵守《招标投标法》的有关规定，不得利用划分标段限制或者排斥潜在投标人。依法必须进行招标的项目的招标人，不得利用划分标段规避招标。招标人应当合理划分标段、确定工期，并在招标文件中载明。

（9）备选方案。招标人可以要求投标人在提交符合招标文件规定要求的投标文件外，提交备选投标方案，但应当在招标文件中做出说明，并提出相应的评审和比较办法。

14. 招标文件的发出

招标人应当按招标公告规定的时间、地点发出招标文件。自招标文件开始发出之日起至停止发出之日止，最短不得少于 5 日。招标文件发出后，不予退还。政府投资项目的招标文件应当自发出之日起至递交投标文件截止时间止，以适当方式向社会公开，接受社会监督。对招标文件的收费应当限于补偿印刷及邮寄等方面的成本支出，不得以营利为目的。

15. 招标文件的澄清与修改

（1）招标文件的澄清。投标人应仔细阅读和检查招标文件的全部内容，如发现缺页或附件不全，应及时向招标人提出，以便补齐；如有疑问，应在投标人须知前附表规定的时间前以书面形式（包括信函、电报、传真等可以有形地表现所载内容的形式）要求招标人对招标文件予以澄清。招标文件的澄清将在投标人须知前附表规定的投标截止时间 15 日前以书面形式发给所有购买招标文件的投标人，但不指明澄清问题的来源。如果澄清发出的时间距投标截止时间不足 15 日，相应延长投标截止时间。

（2）招标文件的修改。在投标截止时间 15 日前，招标人可以书面形式修改招标文件，并通知所有已购买招标文件的投标人。如果修改招标文件的时间距投标截止时间不足 15 日，相应延长投标截止时间。

16. 施工招标终止

招标人终止招标的，应当及时发布公告，或者以书面形式通知被邀请的或者已经获取资格预审文件、招标文件的潜在投标人。已经发售资格预审文件、招标文件或者已经收取投标保证金的，招标人应当及时退还所收取的资格预审文件、招标文件的费用，以及所收取的投标保证金及银行同期存款利息。

4.3.5　招标控制价的编制

1. 招标控制价的概念

《建设工程工程量清单计价规范》（GB 50500—2003）中第一次出现"招标控制价"这个概念。在《建设工程工程量清单计价规范》（GB 50500—2013）中，招标控制价的定义是：招标人根据国家或省级、行业建设主管部门颁发的有关计价依据和办法，以及拟定的招标文件和招标工程量清单，结合工程具体情况编制的招标工程的最高投标限价。

2. 招标控制价的编制原则

（1）招标控制价应由具有编制能力的招标人或受其委托具有相应资质的工程造价咨询人编制和复核。

（2）工程造价咨询人接受招标人委托编制招标控制价，不得再就同一工程接受投标人委托编制投标报价。

（3）招标控制价应按照规范及相关规定编制，不应上浮或下调。《建设工程质量管理条例》第十条规定："建设工程发包单位，不得迫使承包方以低于成本的价格竞标。"故招标人应在招标文件中如实公布招标控制价，不得对所编制的招标控制价进行上浮或下调。

（4）当招标控制价超过批准的概算时，招标人应报原概算审批部门审核。因为我国对国有资金投资项目的投资控制实行的是投资概算审批制度，项目投资原则上不能超过批准的投资概算。因此，在工程招标发包时，若编制的招标控制价超过批准的概算，招标人应当将其报原概算审批部门重新审核。

（5）招标人应在发布招标文件时公布招标控制价，同时应将招标控制价及有关资料报送工程所在地或有该工程管辖权的行业管理部门工程造价管理机构备查。招标控制价的公开性决定了招标控制价不同于标底，无须保密。自 2014 年 2 月 1 日起施行的《建筑工程施工发包与承包计价管理办法》（住房和城乡建设部令第 16 号）第八条规定："最高投标限价应当依据工程量清单、工程计价有关规定和市场价格信息等编制。招标人设有最高投标限价的，应当在招标时公布最高投标限价的总价，以及各单位工程的分部分项工程费、措施项目费、其他项目费、规费和税金。"

（6）投标人经复核认为招标人公布的招标控制价未按照计价规范的规定进行编制的，应在招标控制价公布后 5 日内向招投标监督机构和工程造价管理机构投诉。投诉人投诉时，应当提交由单位盖章和法定代表人或其委托人签名或盖章的书面投诉书。投诉人不得进行虚假、恶意投诉，阻碍招投标活动的正常进行。

工程造价管理机构接到投诉书后，应在 2 个工作日内进行审查。工程造价管理机构应在不迟于结束审查的次日将是否受理投诉的决定书面通知投诉人、被投诉人以及负责该工程招投标监督的招投标管理机构。工程造价管理机构受理投诉后，应立即对招标控制价进行复查，组织投诉人、被投诉人或其委托的招标控制价编制人等单位人员对投诉问题逐一核对。有关当事人应予以配合，并应保证所提供资料的真实性。工程造价管理机构应在受理投诉的 10 日内完成复查，特殊情况下可适当延长，并做出书面结论通知投诉人、被投诉人以及负责该工程招投标监督的招投标管理机构。

当招标控制价及复查结论与原公布的招标控制价误差超过 ±3% 时，应当责令招标人改正。招标人根据招标控制价复查结论需要重新公布招标控制价的，其最终公布时间至招标文件要求提交投标文件截止时间不足 15 日的，应相应延长投标文件的截止时间。

【拓展思考 4-11】是否所有的工程量清单招标项目都必须编制招标控制价？

《建设工程工程量清单计价规范》（GB 50500—2013）规定："使用国有资金投资的建设工程发承包，必须采用工程量清单计价。招标工程量必须作为招标文件的组成部分，其准确性和完整性应由招标人负责。国有资金投资的建设工程招标，招标人必须编制招标控制价。"

4.3.6　禁止肢解发包

根据《建设工程质量管理条例》的规定，肢解发包是指建设单位将应当由一个承包单位完成的建设工程分解成若干部分发包给不同的承包单位的行为。

《建筑法》第二十四条规定："提倡对建筑工程实行总承包，禁止将建筑工程肢解发包。"

【拓展思考 4-12】什么是"应当由一个承包单位完成的建设工程"？

法律、行政法规并未对此进行明确定义，反而有些地方性规定界定了这个问题。

地方性法规《上海市建筑市场管理条例》规定："建设单位或者总承包单位发包施工项目的，以建设工程中的单项工程为最小标的。""施工总包单位可以单位工程为最小标的，分包给其他施工单位。"制定类似地方性法规的有湖南、辽宁、黑龙江、贵阳、深圳、沈阳、哈尔滨等省市。

也有不同的地方性规定。《云南省建筑市场管理条例》第十八条规定："发包方或其代理人，可以将一个建设工程发包给一个总承包单位，也可以将其中的单位工程分别发包，但不得将一个单位工程肢解发包。"

4.4　建设工程施工投标

投标是指投标人根据招标文件的要求，编制并提交投标文件，响应招标、参加投标竞争的活动。投标既是建筑企业取得工程施工合同的主要途径，又是建筑企业经营决策的重要组成部分。它是针对招标的工程项目，力求实现决策最优化的活动。

4.4.1　投标资格

1. 投标人资格

《招标投标法》规定，投标人是响应招标、参加投标竞争的法人或者其他组织。投标人应当具备承担招标项目的能力；国家有关规定对投标人资格条件或者招标文件对投标人资格条件有规定的，投标人应具备规定的资格。

不同行业及不同主体对投标人资格条件有不同的规定。

《工程建设项目施工招标投标办法》规定了投标人应具备以下五个方面的资格能力：

（1）具有独立订立合同的权利。

（2）具有履行合同的能力，包括专业、技术资格和能力，资金、设备和其他物质设施状况，管理能力，经验、信誉和相应的从业人员。

（3）没有处于被责令停业，投标资格被取消，财产被接管、冻结，破产状态。

（4）在最近三年内没有骗取中标和严重违约及重大工程质量问题。

（5）国家规定的其他资格条件。

《中华人民共和国政府采购法》（2014 年修订）规定了供应商参加政府采购活动应当具备的六个条件：

（1）具有独立承担民事责任的能力。

（2）具有良好的商业信誉和健全的财务会计制度。

（3）具有履行合同所必需的设备和专业技术能力。

（4）有依法缴纳税收和社会保障资金的良好记录。

（5）参加政府采购活动前三年内，在经营活动中没有重大违法记录。

（6）法律、行政法规规定的其他条件。

2. 联合体投标

《招标投标法》第三十一条规定："两个以上法人或者其他组织可以组成一个联合体，以一个投标人的身份共同投标。"

《招标投标法实施条例》第三十七条规定："招标人应当在资格预审公告、招标公告或者投标邀请书中载明是否接受联合体投标。"

《招标投标法》也明确规定，招标人不得强制投标人组成联合体共同投标，不得限制招标人之间的竞争。

招标人接受联合体投标并进行资格预审的，联合体应当在提交资格预审申请文件前组成。资格预审后联合体增减、更换成员的，其投标无效。

联合体各方在同一招标项目中以自己的名义单独投标或者参加其他联合体投标的，相关投标均无效。

联合体各方均应具备承担招标项目的能力和资格条件。同一专业的单位组成的联合体，按照资质等级低的单位确定联合体的资质等级。联合体的资质等级采取就低不就高的原则，是为了促使高资质、高水平的投标人实现强强联合，优化资源配置，并防止出现"挂靠"现象，以保证招标质量和建设工程的顺利实施。对于联合体承担招标项目的能力和资质等级认定，应当由联合体成员按照招标文件的相应要求提交各自的有关资料。

组建联合体时，应依据《招标投标法》和有关合同法律的规定共同投标协议，明确约定各方拟承担的工作和责任，并将共同投标协议连同投标文件一并提交招标人（否则资格预审会以废标处理）。联合体中标的，联合体各方应共同与招标人签订合同，就中标项目向招标人承担连带责任。

联合体各方应指定一方作为联合体牵头人，授权其代表所有联合体成员负责投标和合同实施阶段的主办、协调工作，并应当向招标人提交由所有联合体成员法定代表人签署的授权书。

【拓展思考 4-13】联合体投标优势分析。

（1）融资能力增强。大型项目需要有巨额的履约保证金和周转资金，如果承包商资金不足，则无法承担这类项目。即使某一投标承包商资金雄厚，承担一个项目后也很难再承担其他项目。采用联合体形式可以增强融资能力，减轻每一家投标承包商的资金负担，实现以较少资金参加大型项目的目的，或者并行承包多个项目。

（2）分散风险。大型项目建设周期长、占用资金多，因此其风险因素很多。如果风险由一家投标承包商承担，则是很危险的，所以采用联合体的形式可以分散风险。

（3）弥补技术力量的不足。大型项目需要很多专门技术，而技术力量单一或经验少的承包商是不能承担的。形成联合体后，各个承包商之间的技术专长可以互相取长补短，使联合体的整体技术水平提高、经验增加，从而能够解决这类问题。

（4）报价互查。联合体报价有时是合伙人先各自单独制定，然后汇总构成总报价的。因此，要想算出正确和适当的价格，必须互查报价，以免漏报和错报。有时价格则是合伙人之间互相交流和研究后制定的。总之，联合体可以提高报价的可靠性，提高竞争力。

（5）确保按期完工。联合体通过对合同的共同承担，提高了项目完工的可靠性，也使项目合同、各项保证、融资贷款等的安全度得到提高。

4.4.2　工程项目施工投标程序

1. 投标前的准备工作

（1）建立广泛的信息来源渠道以获取拟招标的项目信息。信息获得的渠道很多：各级基本建设管理部门，包括计委、建委、经委等；建设单位及主管部门，各地勘察设计单位，各类咨询机构，各种工程承包公司，城市综合开发公司、房地产公司、行业协会等；各类刊物、广播、电视、互联网等多种媒体。

（2）对拟招标项目及其相关信息进行整理分析。从这些渠道中获取的信息是繁杂的，为提高中标率和获得良好的经济效益，除获知哪些项目拟进行招标外，投标人还应从战略角度对企业的经营目标、内部条件、外部环境等方面的信息进行收集整理分析。只有做到知己知彼，才能做出投标与否的正确决策。

1）项目情况。包括项目的基本情况和项目环境。项目的基本情况包括项目的性质、发包范围、规模和工期、技术的复杂程度、质量要求等；项目环境包括项目所在地区的气象和水文资料，施工现场的地形、土质、地下水位、交通运输，给水排水、供电、通信条件，项目所在地区的经济条件等。如果是国际工程，还要调查更多的情况，包括政治、经济、法律、社会等方面。

2）承包商自身情况。包括本公司的施工能力和特点，针对本项目在技术上有何优势，有无从事过类似工程的经验；针对项目的工程特点，本公司的管理经验和管理能力如何；投标项目对本公司今后业务发展的影响；本公司的设备和机械状况；有无垫付资金的来源，可投入本工程的流动资金情况；本公司的市场应变能力如何；本公司的综合盈利能力如何等。

3）业主和评标方法。由于建筑市场竞争十分激烈，加之我国建筑市场秩序尚不规范，在招标信息的真实性、公平竞争的透明度、业主支付意愿与支付实绩、合同条款的履行程度等方面都存在问题，因此，有必要了解业主的资金状况及信誉。对评标方法的了解则有助于判断项目的目标侧重点（如工期），从而确定投标时的侧重点。

4）竞争者的情况。包括该项目可能的竞争者数量以及竞争者的状况，以便判断本公司在投标中的竞争力和中标的可能性。

2. 申请投标和递交资格预审书

向招标单位申请投标，可以直接报送，也以采用信函、电报、电传或传真，其报送方式和所报资料必须满足招标人在招标公告中提出的有关要求，如资质要求、财务要求、业绩要求、信誉要求、项目经理资格等。申请投标和争取获得投标资格的关键是通过资格审查，因此，申请投标的承包商除向招标单位索取和递交资格预审书外，还可以通过其他辅助方式，如发送宣传本公司的印刷品，邀请业主参观本公司承建的工程等，使他们对本公司的实力及情况有更多的了解。我国建设工程招标中，投标人在获悉招标公告或投标邀请后，应当按照招标公告或投标邀请书中提出的资格审查要求，向招标人申报资格审查。资格审查是投标人投标过程中的第一关。

作为投标人，应熟悉资格预审程序，主要把握好获得资格预审文件、准备资格预审文件、报送资格预审文件等几个环节的工作。

招标人以书面形式向所有参加资格预审的投标人通知评审结果，并在规定的日期和地点向通过资格预审的投标人出售招标文件。

3. 接受投标邀请或购买招标文件

投标人接到招标单位的投标邀请书或资格预审通过通知书，就表明已具备并获得参加该项目投标的资格，如果决定参加投标，就应按招标单位规定的日期和地点凭邀请书或通知书及有关证件购买招标文件。

4. 研究招标文件

招标文件是业主对投标人的要约邀请，它几乎包括了全部合同文件。它所确定的招标条件和方式、合同条件、工程范围和工程的各种技术文件，是投标人制订实施方案和报价的依据，也是双方商谈的基础。

投标人取得（购得）招标文件后，通常首先进行总体检查，重点是检查招标文件的完备性。一般要对照招标文件目录检查文件是否齐全，是否有缺页；对照图样目录检查图样是否齐全。然后，进行全面分析：

（1）投标人须知分析。通过分析，不仅掌握招标条件、招标过程、评标的规则和各项要求，对投标报价工作做出具体安排，而且要了解投标风险，以确定投标策略。

（2）工程技术文件分析。进行图纸会审、工程量复核、图样和规范中的问题分析，从中了解承包商具体的工程项目范围、技术要求、质量标准。在此基础上做好施工组织和计划，确定劳动力的安排，进行材料、设备分析，制订实施方案，进行询价。

（3）合同评审。分析的对象是合同协议书和合同条件。从合同管理的角度，招标文件分析最重要的工作是合同评审。合同评审是一项综合性的、复杂的、技术性很强的工作。它要求合同管理者必须熟悉合同相关的法律、法规，精通合同条款，对工程环境有全面的了解，有合同管理的实际工作经验和经历。

（4）业主提供的其他文件。如场地资料，包括地质勘探钻孔记录和测试的结果；由业主获得的场地内和周围环境的情况报告（地形地貌图、水文测量资料、水文地质资料）；可以获得的关于场地及周围自然环境的公开的参考资料；关于场地地表以下的设备、设施、地下管道和其他设施的资料；毗邻场地和在场地上的建筑物、构筑物和设备的资料等。

对招标文件有异议的，应当在投标截止时间 10 日前提出。招标人应当自收到异议之日起 3 日内做出答复。做出答复前，应当暂停招投标活动。

5. 开展环境调查、参加现场勘察和标前会议

（1）环境调查。工程合同是在一定的环境条件下实施的，工程环境对工程实施方案、合同工期和费用有直接的影响，环境又是工程风险的主要根源。因此，投标人必须收集、整理、保存一切可能对实施方案、工期和费用有影响的工程环境资料。这不仅是投标报价的需要，也是编制施工方案、施工组织以及后期合同控制和索赔的需要。投标人应对环境调查的正确性负责。合同规定，只有当出现一个有经验的承包商不能预见和防范的任何自然力的作用时，才属于业主的风险。

（2）现场勘察。现场勘察一般是标前会议的一部分。招标人会组织所有投标人进行现场参观和说明。投标人应准备好现场勘察提纲并积极参加，被派往参加现场勘察的人员事先应当认真研究招标文件的内容，特别是图样和技术文件。应派经验丰富的工程技术人员参加。现场勘察中，除与施工条件和生活条件相关的一般性调查外，应根据工程的专业特点有重点地结合专业要求进行勘察。

进行现场勘察，应侧重以下五个方面：

1）工程的性质以及该工程与其他工程之间的关系。

2）投标人投标的那一部分工程与其他承包商或分包商之间的关系。

3）工地地貌、地质、气候、交通、电力、水源等情况，以及有无障碍物等。

4）工地附近的住宿条件、料场开采条件、其他加工条件、设备维修条件等。

5）工地附近治安情况。

按照国际惯例，投标者提出的报价单一般被认为是在现场勘察的基础上编制报价的。一旦报价单提出后，投标者就无权因为现场勘察不周、情况了解不细或因素考虑不全面等理由而提出修改投标、调整报价或提出补偿等要求。

（3）标前会议。标前会议也称投标预备会，是招标人给所有投标人提供的一次答疑的机会，有利于投标人加深对招标文件的理解。凡是想参加投标并希望获得成功的投标人，都应认真准备和积极参加标前会议。

在参加标前会议之前，应事先深入研究招标文件，并将发现的各类问题整理成书面文件，寄给招标人要求给予书面答复，或在标前会议上予以解释和澄清。参加标前会议，应注意以下几点：

1）工程内容范围不清的问题应提请解释、说明，但不要提出修改设计方案的要求。

2）如招标文件中的图样、技术规范存在相互矛盾之处，可请求说明以何者为准，但不要轻易提出修改技术要求。

3）对含糊不清、容易产生理解上歧义的合同条款，可以请求给予澄清、解释，但不要提出改变合同条件的要求。

4）注意提问技巧，注意不要让竞争对手从自己的提问中获悉本公司的投标设想和施工方案。

5）招标人或咨询工程师在标前会议上对所有问题的答复均应发出书面文件，并作为招标文件的组成部分。投标人不能仅凭口头答复来编制自己的投标文件。

6. 制订实施方案，编制施工规划

投标人的实施方案是按照自己的实际情况（如技术装备水平、管理水平、资源供应能力、资金等），在具体环境中全面、安全、稳定、高效率地完成合同所规定的上述工程承包项目的技术、组织措施和手段。实施方案的制订有两个重要作用：

（1）作为工程成本计算的依据。不同的实施方案有不同的工程成本，从而就有不同的报价。

（2）虽然施工方案及施工组织文件不作为合同文件的一部分，但在投标文件中，投标人必须向业主说明拟采用的实施方案和工程总的进度安排。业主将以此评价投标人投标的科学性、安全性、合理性和可靠性。这是业主选择承包商的重要决定因素。

实施方案通常包括以下内容：

（1）施工方案。例如，工程施工所采用的技术、工艺、机械设备、劳动组合及其各种资源的供应方案等。

（2）工程进度计划。在业主招标文件中确定的总工期计划控制下确定工程总进度计划，包括总的施工顺序、主要工程活动工期安排的横道图、工程中主要里程碑事件的安排等。

（3）现场的平面布置方案。例如，现场道路、仓库、办公室、各种临时设施、水电管网、围墙、门卫等。

（4）施工中所采用的质量保证体系以及安全、健康和环境保护措施。

（5）其他方案。例如，设计和采购方案（对总承包合同），运输方案，设备的租赁、分包方案等。

招标人将根据这些资料评价投标人是否采取了充分和合理的措施，保证按期完成工程施工任务。另外，施工规划对投标人自身也十分重要，因为进度安排是否合理、施工方案选择是否恰当，与工程成本和报价有密切关系。制定施工规划的依据是设计图、规范、经过复核的工程量清单、现场施工条件、开工竣工的日期要求、机械设备来源、劳动力来源等。编制一个好的施工规划可以大大降低标价，提高竞争力。编制的原则是在保证工期和工程质量的前提下，尽可能使工程成本最低，投标价格合理。

7. 确定投标报价

投标报价是以招标文件、合同条件、工程量清单（如果有）、施工设计图、国家技术和经济规范及标准、投标人确定的施工组织设计或施工方案为依据，根据省、市、区等现行的建筑工程消耗量定额、企业定额及市场信息价格，并结合企业的技术水平和管理水平等投标人自主报价的一种计价行为。

8. 投标文件的编订及封装

投标文件编制完成后，应按照招标文件的要求整理、装订成册。要求内容完整、纸张一致、字迹清楚，一定不要漏装，若投标文件不完整，则会导致投标无效。

商务标和技术标按招标文件的规定，要求分袋则必须分袋装，否则会废标，如没有具体要求，可以装在一起，最后进行贴封、签章。

技术标包括全部施工组织设计内容，用以评价投标人的技术实力和经验。

商务标是除技术之外的需要响应招标文件的资料，如公司的资质文件、法人授权书、报价、厂家授权、售后服务体系、公司介绍、业绩等。

9. 投标文件的投递

投标文件编制完成后，经核对无误，由投标人的法定代表人签字盖章，分类装订成册封入密封袋中，派专人在投标截止日前送到招标人指定地点，并领取回执作为凭证。《招标投标法》第二十九条规定："投标人在招标文件要求提交投标文件的截止时间前，可以补充、修改或者撤回已提交的投标文件，并书面通知招标人。补充、修改的内容为投标文件的组成部分。"如果投标人在投标截止日后撤回投标文件，招标人可以不退还投标保证金。

递送投标文件不宜太早，因为市场情况在不断变化，投标人需要根据市场行情及自身情况对投标文件进行修改。递送投标竞争文件的时间在招标人接收投标文件截止日前两天为宜。

10. 参加开标会，中标与签约

投标人可按规定的日期参加开标会。参加开标会是获取本次投标招标人及竞争者公开信息的重要途径，以便于比较自身在投标竞争方面的优势和劣势，为后续即将展开的工作方向进行研究，以便于决策。

若中标，投标人会收到招标单位的中标通知书。投标人接到中标通知书以后，应在招标单位规定的时间内与招标单位签订承包合同，同时还要向业主提交履约保函或保证金。如果投标人在中标后不愿承包该工程而逃避签约，招标单位将按规定没收其投标保证金作为补偿。

4.4.3 投标文件的编制

投标文件是投标活动的书面成果，它是投标人能否通过评标、决标，进而签订合同的依据。投标人应当按照招标文件的要求编制投标文件。投标文件应当对招标文件提出的实质性要求和条件做出响应。

1. 投标文件的组成

根据《工程建设项目施工招标投标办法》规定，投标文件一般包括四个内容：投标函；投标报价；施工组织设计；商务和技术偏差表。投标人根据招标文件载明的项目实际情况，拟在中标后将中标项目的部分非主体、非关键性工作进行分包的，应当在投标文件中载明。

（1）投标函。投标函是投标人按照招标文件的条件和要求，向招标人提交的有关报价、质量目标等承诺和说明的函件，是投标人为响应招标文件相关要求所做的概括性说明和承诺的函件，一般位于投标文件的首要部分，其格式、内容必须符合招标文件的规定。

投标函附录是附在投标函后面，填写对招标文件重要条款（项目经理、工期、缺陷责任期、承包人履约担保金额、质量标准、逾期竣工违约金、逾期竣工违约金限额、提前竣工的奖金限额、价格调整的差额计算、预付款额度、质量保证金扣留百分比等）的响应承诺，是评标时评委重点评审的内容。

《标准施工招标文件》（2013年版）第四章"投标文件（格式）"中有投标函的格式要求，招标文件也会提供投标函附录。投标函附录一般以表格形式摘录列举，其中"序号"是根据所列条款名称在招标文件合同条款中的先后顺序进行排列；"条款名称"为所摘录条款的关键词；"合同条款号"为所摘录条款名称在招标文件合同条款中的条款号；"约定内容"是投标人投标时填写的承诺内容。

投标函及其附录格式不能改，在评标时，是否响应招标文件给出的投标文件格式是强制要求，如不按照格式编写，可能被视为不响应招标文件实质性要求而废标。投标人填报投标函附录时，在满足招标文件实质性要求的基础上，可以提出比招标文件要求更有利于招标人的承诺。

投标函及其附录文件往往按招标要求装入信封单独密封，再与其他已经密封的文件同时密封于更大的密封袋中。

（2）投标报价。投标报价是指承包商采取投标方式承揽工程项目时，计算和确定承包该工程的投标总价格。投标报价反映投标人的施工技术水平和施工管理能力，应该以施工方案、技术措施等作为投标报价计算的基础，由投标人自主报价。采用工程量清单招标的项目，必须严格执行《建设工程工程量清单计价规范》（GB 50500—2013）的强制性规定。投标人的投标报价不得低于成本价。

（3）施工组织设计。施工组织设计是用来指导施工项目全过程各项活动的技术、经济和组织的综合性文件，主要含在技术标中，是投标文件的重要组成部分，是编制投标报价的基础，是反映投标企业施工技术水平和施工能力的重要标志，在投标文件中具有举足轻重的地位。

按照《建设工程施工合同（示范文本）》（GF—2017—0201）第二部分通用条款7.1.1，施工组织设计的内容包括：施工方案；施工现场平面布置图；施工进度计划及保证措施；劳动力及材料供应计划；施工机械设备的选用；质量保证体系及措施；安全生产、文明施工措施；环境保护、成本控制措施；合同当事人约定的其他内容。施工组织设计的繁简，一般要根据工程规模大小、结构特点、技术复杂程度和施工条件的不同而定，以满足不同的实际需要。

（4）商务和技术偏差表。商务和技术偏差是指投标文件中的商务条件及施工组织设计与招标文件中的商务条件及技术条款的偏离。

商务偏差需要对照招标文件商务条款的每一项来填写，条款前面的编号就是招标文件条目号。一般商务条款都会在投标人须知前附表里面罗列出来，如投标有效期、交货期、质保期、质保金、投标保证金等。一般能够投标肯定都是无偏离或者正偏离。与招标文件的要求相一致就填无偏离；比招标文件要求高的就填正偏离，有偏离的需要在备注栏里注明和招标文件要求不一致的地方。

技术偏离也是如此，按照技术规格表里面逐项如实填写。

商务和技术偏差表的填写是为了方便评标时对照评阅。

2. 编制投标文件应注意的问题

（1）投标人根据招标文件的要求和条件填写投标文件内容时，凡要求填写的空格均应填写，否则被视为放弃意见。实质性的项目或数字，如工期、质量等级、价格等未填写的，将被视为无效或作废的投标文件进行处理。

（2）认真反复审核投标价。单价、合价、总标价及其大、小写数字均应仔细核对，保证分项和汇总计算以及书写均无错误后，才能开始填写投标函等其他投标文件。

（3）投标文件不应有涂改和行间插字，除非这些删改是根据招标人的要求进行的，或者是招标人造成的必须修改的错误。修改处应由投标文件签字人签字证明并加盖印鉴。

（4）投标文件应使用不能擦去的墨水打印或书写，不允许使用圆珠笔，最好使用打印的形式。各种投标文件的填写都要求字迹清晰、端正，补充设计图要整洁、美观。所有投标文件均应由投标人的法定代表人签署、加盖印鉴，并加盖法人单位公章。

（5）编制的投标文件分为正本和副本。正本应该只有一份，副本则应按招标文件前附表所述的份数提供。投标文件正本和副本若有不一致之处，以正本为准。在封装时，投标人应将投标文件的正本和每份副本分别密封在内层包封，再密封在一个外层包封中，并在内包封上正确标明"投标文件正本"和"投标文件副本"。内层和外层包封都应写明招标人名称和地址、合同名称、工程名称、招标编号，并注明开标时间以前不得开封。

在内层包封上还应写明投标人的名称与地址、邮政编码，以便投标出现逾期送达时能原封退回。

【案例分析 4-3】

承包商将技术标和商务标分别封装，在封口处加盖本单位公章并由项目经理签字后，在投标截止日期前一天上午将投标文件报送业主。次日（即投标截止日当天）下午，在规定的开标时间前 1 小时，该承包商又递交了一份补充材料，其中声明将原报价降低 4%。但是，招标单位的有关工作人员认为，根据国际上"一标一投"的惯例，一个承包商不得递交两份投标文件，因而拒收承包商的补充材料。

开标会由市招投标办的工作人员主持，市公证处有关人员到会，各投标单位代表均到场。开标前，市公证处人员对各投标单位的资质进行审查，并对所有投标文件进行审查，确认所有投标文件均有效后，正式开标。主持人宣读投标单位名称、投标价格、投标工期和有关投标文件的重要说明。

从所介绍的背景资料来看，在该项目招标程序中存在哪些问题？

【分析】

（1）公证处人员确认所有投标文件均为有效标书是错误的。因为该承包商的投标文件仅有投标单位的公章和项目经理的签字，项目经理不是法定代表人，若项目经理签字有效，则尚需有效的授权委托书原件。因此，此承包商的投标应作为废标处理。

（2）招标单位的有关工作人员不应拒收承包商的补充文件。因为承包商在投标截止时间之前所递交的任何正式书面文件都是有效文件，都是投标文件的有效组成部分，补充文件与原投标文件共同构成一份投标文件，而不是两份相互独立的投标文件。

（3）开标会由市招投标办的工作人员主持是错误的。应由招标人或招标代理主持开标会，并宣读投标单位名称、投标价格等内容，而不应由市招投标办工作人员主持和宣读。

（4）"开标前，市公证处人员对各投标单位的资质进行审查，并对所有投标文件进行审查，确认所有投标文件均有效后，正式开标"是错误的。资格审查在投标之前进行（背景资料说明了承包商已通过资格预审），公证处人员无权对承包商资格再度进行审查，其到场的作用在于确认开标的公正性和合法性（包括投标文件的合法性）。

4.5　建设工程施工开标、评标、定标

4.5.1　开标

开标，即在招投标活动中，由招标人主持，在招标文件中预先载明的开标时间和开标地点，邀请所有投标人参加，公开宣布全部投标人的名称、投标价格及投标文件中其他主要内容，使招投标当事人了解各个投标的关键信息，并将相关情况记录在案。开标是招投标活动中公开原则的重要体现。

1. 开标准备工作

（1）投标文件签收。招标人应当安排专人，在招标文件的指定地点接收投标人递交的

投标文件（包括投标保证金），详细记录投标文件送达人、送达时间、份数、包装密封、标识等查验情况，经投标人确认后，出具投标文件和投标保证金的接收凭证。投标文件密封不符合招标文件要求的，招标人不予受理。在开标时间前，应当允许投标人在投标文件接收场地之外自行更正修补。在投标截止时间后递交的投标文件，招标人应当拒绝接收。至投标截止时间提交投标文件的投标人少于 3 家的，不得开标，招标人应将接收的投标文件退回投标人，并依法重新组织招标。

有下列情形之一的，应当作为无效投标文件，不得进入评标：

1）投标文件未按照招标文件的要求予以密封的。

2）投标文件的投标函未加盖投标人的企业及企业法定代表人印章的，或者企业法定代表人委托代理人没有合法、有效的委托书（原件）及委托代理人印章的。

3）投标文件的关键内容字迹模糊、无法辨认的。

4）投标人未按照招标文件的要求提供投标保函或者投标保证金的。

5）组成联合体投标，投标文件未附联合体各方共同投标协议的。

（2）开标现场及资料。招标人应保证受理的投标文件不丢失、不损坏、不泄密，并组织工作人员将投标截止时间前受理的投标文件运送到开标地点。招标人应准备好开标必备的现场条件。

招标人应准备好开标资料，包括开标记录一览表、投标文件接收登记表等。

2. 开标程序

开标由招标人主持，负责开标过程的相关事宜，包括对开标全过程进行会议记录。开标的主要程序如下：

（1）宣布开标纪律。主持人宣布开标纪律，对参与开标会议的人员提出会场要求，主要包括：开标过程中不得喧哗；通信工具调整到静音状态；约定的提问方式等。任何人不得干扰正常的开标程序。

（2）确认投标人代表身份。招标人可以按照招标文件的约定，当场校验参加开标会议的投标人授权代表的授权委托书和有效身份证件，确认授权代表的有效性，并留存授权委托书和身份证件的复印件。

（3）公布在投标截止日前接收投标文件的情况。招标人当场宣布投标截止时间前递交投标文件的投标人名称、时间等。

（4）宣布有关人员姓名。开标会主持人介绍招标人代表、招标代理机构代表、监督人代表或公证人员等，依次宣布开标人、唱标人、记录人、监标人等有关人员姓名。

（5）检查标书的密封情况。标书密封情况的检查必须由投标人执行，如公证机关与会，也可以由公证机关对密封进行检查。对标书密封情况的检查，是为了保障投标人的合法利益，有利于维护公平的竞争环境。

（6）宣布投标文件的开标顺序。主持人宣布开标顺序。如招标文件未约定开标顺序的，一般按照投标文件递交的顺序或倒序进行唱标。

（7）唱标。按照宣布的开标顺序当众开标。唱标人应按照招标文件约定的唱标内容，严格依据投标函（或包括投标函附录，或货物、服务投标一览表），并当即做好唱标记录。唱标内容一般包括投标函及投标函附录中的报价、备选方案报价、工期、质量目标、投标保证金等。

（8）开标记录签字。开标会议应当做好书面记录，如实记录开标会的全部内容，包括开标时间、地点、程序，出席开标会的单位和代表，开标会程序、唱标记录、公证机构和公证结果等。投标人代表、招标人代表、监标人、记录人等应在开标记录上签字确认，存档备查。

（9）开标会议结束。完成开标会议的全部程序和内容后，主持人宣布开标会议结束。

3. 施工开标的注意事项

（1）开标时间和地点。《招标投标法》第三十四条规定："开标应当在招标文件确定的提交投标文件截止时间的同一时间公开进行；开标地点应为招标文件中预先确定的地点。"开标时间与提交投标文件的截止时间为同一时间，并在招标文件中明示，应具体到某年某月某日的几时几分。除不可抗力原因外，招标单位或其招标代理机构不得以任何理由延迟开标或拒绝开标。开标地点应当在招标文件中事先指定。招标人如果确有特殊原因需要变动开标地点，应当书面通知每一个招标文件的收受人。

《招标投标法实施条例》第四十四条规定："招标人应当按照招标文件规定的时间、地点开标。投标人少于3个的，不得开标；招标人应当重新招标。投标人对开标有异议的，应当在开标现场提出，招标人应当当场做出答复，并制作记录。"

（2）开标参与人。《招标投标法》第三十五条规定："开标由招标人主持，邀请所有投标人参加。"对于开标参与人，需注意下列问题：

1）一般情况下，开标由招标人主持；在招标人委托招标代理机构代理招标时，开标也可由该代理机构主持。

2）招标人应邀请所有投标人参加；投标人自主决定是否参加开标。投标人或其授权代表有权出席开标会，也可以自主决定不参加开标会。

3）为了保证开标的公正性，一般还邀请相关监督部门的代表参加，如招标项目主管部门的人员、监察部门代表等，还可以委托公证部门的公证人员对整个开标过程依法进行公证。

4.5.2 评标

招标项目的评标工作是由招标人依法组建的评标委员会按照法律规定和招标文件约定的评标方法和具体评标标准，对开标中所有拆封并唱标的投标文件进行评审，根据评审情况出具评审报告，并向招标人推荐中标候选人，或者根据招标人的授权直接确定中标人的过程。评标是招标全过程的核心环节。高效的评标工作对于降低工程成本、提高经济效益和确保工程质量起着重要作用。

1. 评标原则与纪律

（1）评标原则。

1）评标活动遵循公平、公正、科学、择优的原则。《评标委员会和评标方法暂行规定》（2013年4月修订）第三条规定："评标活动遵循公平、公正、科学、择优的原则。"第十七条规定："招标文件中规定的评标标准和评标方法应当合理，不得含有倾向或者排斥潜在投标人的内容，不得妨碍或者限制投标人之间的竞争。"为了体现"公平"和"公正"的原则，招标人和招标代理机构应在制作招标文件时，依法选择科学的评标方法和标准；招标人应依法组建合格的评标委员会；评标委员会应依法评审所有投标文件，择优推荐中标候选人。

2）评标活动依法进行，任何单位和个人不得非法干预或者影响评标过程和结果。《招标投标法》第三十八条规定："任何单位和个人不得非法干预、影响评标的过程和结果。"评标是评标委员会受招标人的委托，由评标委员会成员依法运用其知识和技能，根据法律规定和招标文件的要求，独立地对所有投标文件进行评审和比较。不论是招标人还是主管部门，均不得非法干预、影响或者改变评标过程和结果。

3）招标人应当采取必要措施，保证评标活动在严格保密的情况下进行。《招标投标法》第三十八条规定："招标人应当采取必要的措施，保证评标在严格保密的情况下进行。"严格保密的措施涉及很多方面，包括：评标地点保密；评标委员会成员的名单在中标结果确定之前保密；评标委员会成员在密闭状态下开展评标工作，评标期间不得与外界接触，对评标情况承担保密义务。

【拓展思考 4-14】评标办法是公开的，为什么不能向投标人展示投标文件的评审和比较过程？招投标的原则不就是要公开吗？

评标过程保密有如下几方面原因：

（1）保守商业秘密的需要。投标人的投标文件、技术澄清包含了投标人的商业秘密，涉及经营情况、商业策略、专有技术，不能为无关人员特别是竞争对手所知晓，一旦知晓就有可能使投标人丧失商业和技术优势，这就违反了市场经济公平竞争的基本原则。

（2）保护评委的需要。评标是一件极其敏感、利益关系很大的事情，需要得罪大多数投标商。出于保护评委的考虑，不能把详细的评审过程暴露在投标人面前，而只能最后以评委会的名义集体承担中标和不中标的责任。

（3）保证评标过程顺利进行的需要。评标过程是一个反复研究的过程，经过详细评审之后的最终意见才是结论。如果公开评审过程，可能谁也不会发表意见，每句话都可能被别人挑出毛病。所以，评标过程应当使评委放心评审，以评委会的最终结论为公开意见，接受质询。

4）严格遵守评标方法。《招标投标法》第四十条规定："评标委员会应当按照招标文件确定的评标标准和方法对投标文件进行评审和比较。"《评标委员会和评标方法暂行规定》（2013 年 4 月修订）第十七条规定："评标委员会应当根据招标文件规定的评标标准和方法，对投标文件进行系统的评审和比较。招标文件中没有规定的标准和方法不得作为评标的依据。"《招标投标法实施条例》第四十九条规定："评标委员会成员应当依照《招标投标法》和本条例的规定，按照招标文件规定的评标标准和方法，客观、公正地对投标文件提出评审意见。招标文件没有规定的评标标准和方法不得作为评标的依据。"

（2）评标纪律。《招标投标法》第四十四条规定："评标委员会成员应当客观、公正地履行职务，遵守职业道德，对所提出的评审意见承担个人责任。评标委员会成员不得私下接触投标人，不得收受投标人的财物或者其他好处。评标委员会成员和参与评标的有关工作人员不得透露对投标文件的评审和比较、中标候选人的推荐情况以及与评标有关的其他情况。"

《招标投标法实施条例》第四十九条规定："评标委员会成员不得私下接触投标人，不得收受投标人给予的财物或者其他好处，不得向招标人征询确定中标人的意向，不得接受任何单位或者个人明示或者暗示提出的倾向或者排斥特定投标人的要求，不得有其他不客观、不公正履行职务的行为。"

2. 评标委员会

评标委员会是由招标人依法组建，负责评标活动，向招标人推荐中标候选人或者根据招标人的授权直接确定中标人的临时组织。从定义可以看出，评标委员会的组成是否合法、规范、合理，将直接决定评标工作的成败。

（1）评标专家的资格。为规范评标活动，保证评标活动的公平、公正，提高评标质量，评标专家应当符合《招标投标法》和《评标委员会和评标方法暂行规定》规定的条件：

1）从事相关领域工作满 8 年并具有高级职称或者具有同等专业水平。

2）熟悉有关招投标的法律法规，并具有与招标项目相关的实践经验。

3）能够认真、公正、诚实、廉洁地履行职责。

（2）评标委员会的组成。评标委员会由招标人或其委托的招标代理机构熟悉相关业务的代表，以及有关技术、经济等方面的专家组成，成员人数为 5 人以上单数，其中技术、经济等方面的专家不得少于成员总数的 2/3。

委员会组成人员，由招标人从省级以上人民政府有关部门提供的专家名册或者招标代理机构的专家库内的相关专家名单中确定。确定方式可以采取随机抽取或者直接确定的方式。一般项目，可以采取随机抽取的方式；技术特别复杂、专业性要求特别高或者国家有特殊要求的招标项目，采取随机抽取方式确定的专家难以胜任的，可以由招标人直接确定。

评标委员会成员有下列情形之一的，应当主动提出回避：

1）投标人或者投标人主要负责人的近亲属。

2）项目主管部门或者行政监督部门的人员。

3）与投标人有经济利益关系，可能影响对投标公正评审的。

4）曾因在招标、评标以及其他与招投标有关活动中从事违法行为而受过行政处罚或刑事处罚的。

评标委员会成员应当客观、公正地履行职责，遵守职业道德，对所提出的评审意见承担个人责任。

《招标投标法实施条例》第四十五条规定："国家实行统一的评标专家专业分类标准和管理办法。具体标准和办法由国务院发展改革部门会同国务院有关部门制定。省级人民政府和国务院有关部门应当组建综合评标专家库。"

《招标投标法实施条例》第四十六条规定："除《招标投标法》第三十七条第三款规定的特殊招标项目外，依法必须进行招标的项目，其评标委员会的专家成员应当从评标专家库内相关专业的专家名单中以随机抽取方式确定。任何单位和个人不得以明示、暗示等任何方式指定或者变相指定参加评标委员会的专家成员。依法必须进行招标的项目的招标人非因《招标投标法》和本条例规定的事由，不得更换依法确定的评标委员会成员。更换评标委员会的专家成员应当依照前款规定进行。评标委员会成员与投标人有利害关系的，应当主动回避。有关行政监督部门应该按照规定的职责分工，对评标委员会成员的确定方式、评标专家的抽取和评标活动进行监督。行政监督部门的工作人员不得担任本部门负责监督项目的评标委员会成员。"

《招标投标法实施条例》第四十七条规定："《招标投标法》第三十七条第三款所称特殊招标项目，是指技术复杂、专业性强或者国家有特殊要求，采取随机抽取方式确定的专家难以保证胜任评标工作的项目。"

（3）组织评标委员会需要注意的问题。招标人组织评标委员会评标，应注意以下问题：

1）评标委员会的职责是依据招标文件确定的评标标准和方法，对进入开标程序的投标文件进行系统评审和比较，无权修改招标文件中已经公布的评标标准和方法。

2）评标委员会对招标文件中的评标标准和方法产生疑义时，招标人或其委托的招标代理机构要进行解释。

3）招标人接收评标报告时，应核对评标委员会是否遵守招标文件确定的评标标准和方法，评标报告是否有算术性错误，签字是否齐全等内容，发现问题应要求评标委员会及时改正。

4）评标委员会及招标人或其委托的招标代理机构参与投标的人员应严格保密，不得泄露任何信息。评标结束后，招标人应将评标的各种文件资料、记录表、草稿纸收回归档。

3. 评标程序

（1）评标准备。

1）评标委员会成员签到。评标委员会成员到达评标现场时，应在签到表上签到以证明其出席。

2）评标委员会的分工。评标委员会首先推选一名评标委员会主任。招标人也可以直接指定评标委员会主任。评标委员会主任负责评标活动的组织领导工作。评标委员会主任在与其他评标委员会成员协商的基础上，可以将评标委员会划分为技术组和商务组。

3）熟悉文件资料。招标人或招标代理机构应向评标委员会提供评标所需的信息和数据，包括招标文件、未在开标会上当场拒绝的各投标文件、开标会记录、资格预审文件及各投标人在资格预审阶段递交的资格预审申请文件（适用于已进行资格预审的）、招标控制价或标底（如果有）、工程所在地工程造价管理部门颁布的工程造价信息、定额（如作为计价依据时）、有关的法律、法规、规章、国家标准以及招标人或评标委员会认为必要的其他信息和数据。

评标委员会主任应组织评标委员会成员认真研究招标文件，了解和熟悉招标目的、招标范围、主要合同条件、技术标准和要求、质量标准和工期要求等，掌握评标标准和方法，熟悉评标表格的使用，未在招标文件中规定的标准和方法不得作为评标的依据。

4）对投标文件进行基础性数据分析和整理工作。在不改变投标人投标文件实质性内容的前提下，评标委员会应当对投标文件进行基础性数据分析和整理（简称"清标"），从而发现并提取其中可能存在的对招标范围理解的偏差、投标报价的算术性错误、错漏项、投标报价构成不合理、不平衡报价等存在明显异常的问题，并就这些问题整理形成清标成果。评标委员会对清标成果审议后，决定需要投标人进行书面澄清、说明或补正的问题，形成质疑问卷，向投标人发出问题澄清通知（包括质疑问卷）。

在不影响评标委员会成员的法定权利的前提下，评标委员会可委托由招标人专门成立的清标工作小组完成清标工作。在这种情况下，清标工作可以在评标工作开始之前完成，也可以与评标工作平行进行。清标工作小组成员应为具备相应执业资格的专业人员，且应当符合有关法律法规对评标专家的回避规定和要求，不得与任何投标人有利益、上下级等关系，不得代行依法应当由评标委员会及其成员行使的权利。清标成果应当经过评标委员会的审核确认，经过评标委员会审核确认的清标成果视同是评标委员会的工作成果，并由评标委员会以书面方式追加对清标工作小组的授权。书面授权委托书必须由评标委员会全体成员签名。

投标人接到评标委员会发出的问题澄清通知后，应按评标委员会的要求提供书面澄清资料并按要求进行密封，在规定的时间递交到指定地点。投标人递交的书面澄清资料由评标委员会开启。

（2）初步评审。

1）资格审查。它针对的是资格后审。评标委员会根据评标办法前附表中规定的评审因素和评审标准，对投标人的投标文件进行资格评审，并记录审查结果。常见的初步评审表样式如表 4-4 所示。

2）形式评审。评标委员会根据评标办法前附表中规定的评审因素和评审标准，对投标人的投标文件进行形式评审，并记录评审结果。

3）响应性评审。它通常以商务和技术偏差表的形式，对评标办法里提出的"响应性评审标准"，一般包括企业资质、相关业绩、项目经理、工期、工程质量、投标有效期、技术方案等进行响应性评审，并记录评审结果。

未做实质性要求和条件相应的重大偏差包括：

① 没有按照招标文件要求提供投标担保或者所提供的投标担保有瑕疵。

② 没有按照招标文件要求由投标人授权代表签字并加盖公章。

③ 投标文件记载的招标项目完成期限超过招标文件规定的完成期限。

④ 明显不符合技术规格、技术标准的要求。

⑤ 投标文件记载的货物包装方式、检验标准和方法等不符合招标文件的要求。

⑥ 投标附有招标人不能接受的条件。

⑦ 不符合招标文件中规定的其他实质性要求。

投标文件有上述情形之一的，做废标处理；招标文件对重大偏差另有规定的，从其规定。

【拓展思考 4-15】重大偏差和细微偏差对投标的影响。

评标委员会应当根据招标文件，审查并逐项列出投标文件的全部投标偏差。投标偏差分为重大偏差和细微偏差。除非招标文件另有规定，对重大偏差应做废标处理，在初步评审阶段就应该淘汰。

细微偏差是指投标文件在实质上响应招标文件要求，但在个别地方存在漏项或者提供了不完整的技术信息和数据等情况，并且补正这些遗漏或者不完整不会对其他投标人造成不公平的结果。细微偏差不影响投标文件的有效性。评标委员会应当书面要求存在细微偏差的投标人在评标结束前予以补正。拒不补正的，在详细评审时可以对细微偏差做不利于该投标人的量化，量化标准应当在招标文件中规定。

4）算术错误修正。评标委员会依据规定的相关原则对投标报价中存在的算术错误进行修正，并根据算术错误修正结果计算评标价。

修正原则：投标文件中的大写金额和小写金额不一致的，以大写金额为准；总价金额与单价金额不一致的，以单价金额为准，但单价金额小数点有明显错误的除外。

评标委员会成员对投标书中的错误加以修正后，请该标书的投标授权人予以签字确认，作为详细评审的依据。如果投标人拒绝签字，则按投标人违约对待，不仅投标无效，而且没收其投标保证金。

表 4-4　常见的初步评审表样式

工程项目：　　　　　　　　　　　　　　　　　　　　时间：　　　年　　　月　　　日

序号	评审项目		投标单位			
1	资格审查	营业执照是否有效				
		资质是否满足要求				
		安全生产许可证是否有效				
		投标信用手册是否具备并年检				
		建造师资质是否满足要求				
		法人代表授权书是否有效				
		评审结果				
2	形式评审	投标人的名称与营业执照、资质证书、安全生产许可证、投标信用手册是否一致				
		投标函是否有法定代表人或委托代理人的签字或盖章并加盖单位公章				
		投标文件格式及内容组成是否符合招标文件要求				
		报价是否唯一				
		评审结果				
3	响应性评审	投标报价是否符合要求（包括文明施工安全措施）				
		工期是否满足				
		质量标准是否满足				
		投标有效期是否满足				
		投标保证金是否满足				
		项目部人员是否符合预审备案要求				
		权利义务是否符合要求				
		已标价工程量清单是否符合招标文件要求的范围和数量				
		技术标准和要求是否符合要求				
		其他实质性条款是否满足				
		评审结果				

评委签字：

5）澄清、说明或补正。在评标过程中，评标委员会可以书面形式要求投标人对所提交投标文件中不明确的内容进行书面澄清或说明，或者对细微偏差进行补正。评标委员会不接受投标人主动提出的澄清、说明或补正。投标人的书面澄清、说明和补正属于投标文件的组成部分。评标委员会对投标人提交的澄清、说明或补正有疑问的，可以要求投标人进一步澄清、说明或补正，直至满足评标委员会的要求。

澄清、说明或者补正应以书面方式进行并不得超出投标文件的范围或者改变投标文件的实质性内容。投标人拒不按照要求对投标文件进行澄清、说明或者补正的，评标委员会可以否决其投标。

（3）详细评审。只有通过了初步评审、被判定为合格的投标人方可进入详细评审。详细评审通常分两个步骤进行：首先是各投标书技术和商务合理性审查；其次是运用"综合评分法"或"经评审的最低投标价法"进行各标书的量化比较。

1）综合评分法。综合评分法一般适用于工程建设规模较大，履约工期较长，技术复杂，工程施工技术管理方案的选择性较大，且工程质量、工期和成本受不同施工技术管理方案影响较大，工程管理要求较高的施工招标项目的评标。

将评审内容分类后赋予不同权重，评标委员依据评分标准对各类内容细分的小项进行相应的打分，最后计算的累积分值反映投标人的综合水平，以得分最高的投标书为最优。表4-5为某项目施工招标采用综合评分法评标所用表格。

表 4-5　综合评分法评标示例

投标人名称：　　　　　　　　　　　　　　　　　　　　　时间：　　年　　月　　日

序号	评审项目名称	标准分（分）	实际得分（分）	评分标准
一	投标报价	60		
1	评标价	60		有效投标人中投标价格最低的投标报价的评标价为评标基准价，实际得分＝（评标基准价/投标报价）×60
二	施工组织设计	32		
1	施工平面布置图及编制说明	2		不可行0分，可行1分，有力保障2分
2	施工方案合理周全，各分部（分项）工程及各工种之间的先后施工顺序和交叉搭接情况	4		不可行0分，可行1~3分，有力保障4分
3	各分部（分项）工程质量、安全保证措施安排具体，操作性强	4		不可行0分，可行1~3分，有力保障4分
4	采用先进工艺和技术措施	2		不可行0分，可行1分，有力保障2分
5	质量通病防治措施	5		不可行0分，可行1~4分，有力保障5分
6	成品保护措施	2		不可行0分，可行1分，有力保障2分
7	文明施工保证措施	3		不可行0分，可行1~2分，有力保障3分
8	主要人、材、机和现场水电计划周密、完善	3		不可行0分，可行1~2分，有力保障3分
9	有满足工期的施工进度计划和相应保证措施	4		不可行0分，可行1~3分，有力保障4分
10	施工组织设计内容充实完善、针对性强、具体可行	3		不可行0分，可行1~2分，有力保障3分

（续）

序号	评审项目名称	标准分（分）	实际得分（分）	评 分 标 准
三	企业资质能力	8		
1	企业资质	3		三级 1 分，二级 2 分，一级 3 分
2	业绩	5		×年×月至投标截止日完成的合同价人民币 1 亿元或以上的××项目，每项得 1 分，最多得 5 分
	合　计	100		

2）经评审的最低投标价法。经评审的最低投标价法一般适用于具有通用技术、性能标准或者招标人对其技术、性能没有特殊要求，工程施工技术管理方案的选择性较小，且工程质量、工期、成本受施工技术管理方案影响较小，工程管理要求简单的施工招标项目的评标。

评标委员会根据评标办法前附表、规定的程序、标准和方法以及算术错误修正结果，对投标报价进行价格折算，计算出评标价。因此，评标价并不是投标价。评标价是以修正后的投标价（如果有需要修正的情形）为基础，依据招标文件中的计算方法计算出的评标价格。定标签订合同时，仍以投标价为中标的合同价。

以评标价最低的投标人为最优，投标价格低于成本价的除外。

【拓展思考 4-16】"经评审的最低投标价法"中的"经评审"是何意？

"经评审的最低投标价法"的真正内涵是：能够满足招标文件的实质性要求，并且经评审的投标价格最低，但投标价格低于成本的除外。因此，低于成本价的最低投标价不是最优，反而会被评标委员会认定低于成本竞标，将其做废标处理。

（4）编制及提交评标报告。评标委员会根据规定向招标人提交评标报告。评标报告应当由全体评标委员会成员签字，并于评标结束时抄送有关行政监督部门。评标报告一般包括以下内容：基本情况和数据表；评标委员会成员名单；开标记录；符合要求的投标一览表；否决投票的情况说明；评标标准、评标方法或者评标因素一览表；经评审的价格或者评分比较一览表；经评审的投标人排序；推荐的中标候选人名单；澄清、说明或补正事项纪要。

【拓展思考 4-17】招投标中，评标委员会应当否决其投标的情形。

《评标委员会和评标方法暂行规定》规定了四种应当予以否决的情形：

（1）在评标过程中，评标委员会发现投标人以他人的名义投标、串通投标、以行贿手段谋取中标或者以其他弄虚作假方式投标的，应当否决该投标人的投标。

（2）在评标过程中，评标委员会发现投标人的报价明显低于其他投标报价或者在设有标底时明显低于标底，使得其投标报价可能低于其个别成本的，应当要求该投标人做出书面说明并提供相关证明材料。投标人不能合理说明或者不能提供相关证明材料的，由评标委员会认定该投标人以低于成本报价竞标，应当否决其投标。

（3）未能在实质上响应的投标，应当予以否决。

（4）重大偏差。

《招标投标法实施条例》和《工程建设项目施工招标投标办法》规定的应当予以否决的

情形如下：

（1）投标文件无单位盖章并无法定代表人或法定代表人授权的代理人签字或盖章的。

（2）投标联合体没有提交共同投标协议。

（3）投标人不符合国家或者招标文件规定的资格条件。

（4）同一投标人提交两个以上不同的投标文件或者投标报价，但招标文件要求提交备选投标的除外。

（5）投标报价低于成本或者高于招标文件设定的最高投标限价。

（6）投标文件没有对招标文件的实质性要求和条件做出响应。

（7）投标人有串通投标、弄虚作假、行贿等违法行为。

《招标投标法》规定，评标委员会经评审，认为所有投标都不符合招标文件要求的，可以否决所有投标；投标人少于 3 个的，招标人应当重新招标；依法必须进行招标的项目的所有投标被否决的，招标人应当依法重新招标。《评标委员会和评标方法暂行规定》规定，评标委员会否决不合格投标或者界定为废标后，因有效投标不足 3 个使得投标明显缺乏竞争的，评标委员会可以否决全部投标。

《工程建设项目施工招标投标办法》规定，依法必须进行施工招标的项目提交投标文件的投标人少于 3 个的，招标人在分析招标失败的原因并采取相应措施后，应当依法重新招标。重新招标后投标人仍少于 3 个的，属于必须审批、核准的工程建设项目，报经原审批、核准部门审批、核准后可以不再进行招标；其他工程建设项目，招标人可自行决定不再进行招标。

4.5.3 定标

定标是指招标人根据评标委员会的评标报告，在推荐的中标候选人中最后确定中标人。在某些情况下，招标人也可以直接授权评标委员会直接确定中标人。

1. 定标原则

《招标投标法》规定，中标人的投标应当符合下列条件之一：

（1）能够最大限度地满足招标文件中规定的各项综合评价标准。

（2）能够满足招标文件的实质性要求，并且经评审的投标价格最低；但是投标价格低于成本的除外。

其中，原则（1）对应的是"综合评分法"；原则（2）对应的是"经评审的最低投标价法"。

评标委员会根据招标文件提交评标报告，推荐的中标候选人应当限定在 1~3 人，并标明排列顺序。招标人根据报告确定中标人。

《招标投标法实施条例》第五十五条规定："国有资金占控股或者主导地位的依法必须进行招标的项目，招标人应当确定排名第一的中标候选人为中标人。排名第一的中标候选人放弃中标、因不可抗力不能履行合同、不按照招标文件要求提交履约保证金，或者被查实存在影响中标结果的违法行为等情形，不符合中标条件的，招标人可以按照评标委员会提出的中标候选人名单排序依次确定其他中标候选人为中标人，也可以重新招标。"

依法必须进行招标的项目，招标人应当自收到评标报告之日起 3 日内公示中标候选人，公示期不得少于 3 日。投标人或者其他利害关系人对依法必须进行招标的项目的评标结果有异议的，应当在中标候选人公示期间提出。招标人应当自收到异议之日起 3 日内做出答复；做出答复前，应当暂停招投标活动。

中标候选人的经营、财务状况发生较大变化或者存在违法行为，招标人认为可能影响其履约能力的，应当在发出中标通知书前由原评标委员会按照招标文件规定的标准和方法审查确认。

2. 中标通知书

中标通知书是招标人在确定中标人后向中标人发出的通知其中标的书面凭证。中标通知书的内容应当简明扼要，只要告知招标项目已经由其中标，并确定签订合同的时间、地点即可。中标通知书主要内容应包括中标工程名称、中标价格、工程范围、工期、开工及竣工日期、质量等级等。对所有未中标的投标人，也应当同时给予通知。

我国法律界一致认为，建设工程招标公告或投标邀请书是要约邀请，而投标文件是要约，中标通知书是承诺。具体的理解可参看 3.2 节"合同的订立"中的拓展思考 3-9。

中标通知书对招标人和中标人均具有法律效力。中标通知书发出后，招标人改变中标结果的，或者中标人放弃中标项目的，应当依法承担法律责任。

3. 合同签订

（1）合同的签订。招标人和中标人应当在投标有效期内并在自中标通知书发出之日起 30 日内，按照招标文件和中标人的投标文件订立书面合同。招标人和中标人不得再行订立背离合同实质性内容的其他协议。如果投标书内提出某些非实质性偏离的不同意见而发包人也同意接受时，双方应就这些内容通过谈判达成书面协议。通常的做法是，不改动招标文件中的通用条件和专用条件，将某些条款协商一致后改动的部分在合同协议书中予以明确。

中标人不得向他人转让中标项目，也不得将中标项目肢解后分别向他人转让。中标人按照合同约定或者经招标人同意，可以将中标项目的部分非主体、非关键性工作分包给他人完成。接受分包的人应当具备相应的资格条件，并不得再次分包。中标人应当就分包项目向招标人负责，接受分包的人就分包项目承担连带责任。

（2）投标保证金的退还和履约担保的提交。

1）投标保证金的退还。《招标投标法实施条例》和《工程建设项目施工招标投标办法》均规定，招标人最迟应当在与中标人签订合同后 5 日内，向中标人和未中标的投标人退还投标保证金及银行同期存款利息。

中标通知书发出后，中标人放弃中标项目的，无正当理由不与招标人签订合同的，在签订合同时向招标人提出附加条件或者更改合同实质性内容的，或者拒不提交所要求的履约保证金的，招标人可取消其中标资格，并没收其投标保证金；给招标人的损失超过投标保证金数额的，中标人应当对超过部分予以赔偿；没有提交投标保证金的，应当对招标人的损失承担赔偿责任。

2）履约担保的提交。《招标投标法实施条例》规定，招标文件要求中标人提交履约保证金的，中标人应当按照招标文件的要求提交。履约保证金不得超过中标合同金额的 10%。拒绝提交的，视为放弃中标项目。招标人不得擅自提高履约保证金，不得强制要求中标人垫付中标项目建设资金。要求中标人提交履约保证金是招标人的一项权利，其目的是保证完全履行合同。

【拓展思考 4-18】 投标有效期与投标保证金有效期。

《招标投标法实施条例》规定，招标人应当在招标文件的投标人须知前附表中载明投标有效期。投标有效期从提交投标文件的截止之日起算。《建设工程招标文件示范文本》规定，投标有效期为投标截止日期起至中标通知书签发日期止。在此期限内，所有招标文件均保持有效。

《工程建设项目施工招标投标办法》第三十七条规定："投标保证金有效期应当与投标有效期一致。"

招标人和中标人应当自中标通知书发出之日起 30 日内订立书面合同，后续履约保证金尚未承接生效。那么，自中标通知书发出至合同签订之间的变数如何保证？中标单位不签合同怎么办？

《招标投标法》规定，中标通知书对招标人和中标人具有法律效力。中标通知发出后，招标人改变中标结果的，或者中标人放弃中标项目的，应当依法承担法律责任。中标通知书产生的法律效力可以认定为承诺产生的效力，双方都将受其约束，只要招标人在投标有效期内发出中标通知书，即便最终签订合同的时间超出了投标有效期也无妨。

此外，出现特殊情况需要延长投标有效期的，招标人以书面形式通知所有投标人延长投标有效期。投标人同意延长的，应相应延长其投标保证金的有效期，但不得要求或被允许修改或撤销其投标文件；投标人拒绝延长的，其投标失效，但投标人有权收回其投标保证金。

【案例分析 4-4】

政府投资的某工程，监理单位承担了施工招标代理和施工监理任务。该工程采用公开招标方式选定施工单位。工程实施中，发生了下列事件：

事件 1：施工招标过程中，建设单位提出的部分建议如下：①省外投标人必须在工程所在地承担过类似工程；②投标人应在提交资格预审文件截止日前提交投标保证金；③联合体中标的，可由联合体代表与建设单位签订合同；④中标人可以将某些非关键性工程分包给符合条件的分包人完成。

事件 2：工程招标时，A、B、C、D、E、F、G 共 7 家投标单位通过资格预审，并在投标截止时间前提交了投标文件。评标时，发现 A 投标单位的投标文件虽加盖了公章，但没有投标单位法定代表人的签字，只有法定代表人授权书中被授权人的签字（招标文件中对是否可由被授权人签字没有具体规定）；B 投标单位的投标报价明显高于其他投标单位的投标报价，分析其原因是施工工艺落后造成的；C 投标单位以招标文件规定的工期 380 天作为投标工期，但在投标文件中明确表示如果中标，合同工期按定额工期 400 天签订；D 投标单位投标文件中的总价金额汇总有误。

事件 1 中建设单位的建议有哪些不妥？事件 2 中 A、B、C、D 投标单位的投标文件是否有效？说明理由。

【分析】

事件 1 中：①不妥。招标人不得以本地区工程业绩限制或排斥潜在投标人。②不妥。投标人应在提交投标文件截止日前随投标文件提交投标保证金。③不妥。联合体中标的，联合体各方应当共同与招标人签订合同，就中标项目向招标人承担连带责任。

事件 2 中：A 投标单位的投标文件有效。招标文件对此没有具体规定，签字人有法定代表人的授权书即可。B 投标单位的投标文件有效。招标文件中对高报价没有限制。C 投标单位的投标文件无效。没有响应招标文件的实质性要来（工期方面）。D 投标单位的投标文件有效。总价金额汇总有误属于细微偏差。

【案例分析 4-5】

某大型工程项目由政府投资建设，业主委托某招标代理公司代理施工招标。招标代理公司确定该项目采用公开招标方式招标，招标公告在当地政府规定的招标信息网上发布。招标文件中规定：投标担保可采用投标保证金或投标保函的方式；评标方法采用经评审的最低投标价法；投标有效期为 60 天。

项目施工招标信息发布以后，共有 12 家潜在投标人报名参加投标。业主认为报名参加投标的人数太多，为减少评标工作量，要求招标代理公司仅对报名的潜在投标人的资质条件、业绩进行资格审查。开标后发现：

（1）A 投标人的投标报价为 8000 万元，为最低投标价，经评审后推荐其为中标候选人。

（2）B 投标人在开标后又提交了一份补充说明，提出可以降价 5%。

（3）C 投标人提交的银行投标保函有效期为 70 天。

（4）D 投标人投标文件的投标函盖有企业及企业法定代表人的印章，但没有加盖项目负责人的印章。

（5）E 投标人与其他投标人组成了联合体投标，附有各方资质证书，但没有联合体共同投标协议书。

（6）F 投标人的投标报价最高，故 F 投标人在开标后第二天撤回了其投标文件。

经过评审，A 投标人被确定为中标候选人。发出中标通知书后，招标人和 A 投标人进行合同谈判，希望 A 投标人压缩工期、降低费用。经谈判后双方达成一致：不压缩工期，降价 3%。

业主对招标代理公司提出的要求是否正确？分析 A、B、C、D、E 投标人的投标文件是否有效？F 投标人的投标文件是否有效？对其撤回投标文件的行为应如何处理？该项目施工合同应该如何签订？合同价格应是多少？

【分析】

业主提出的"仅对报名的潜在投标人的资质条件、业绩进行资格审查"不正确。资格审查的内容还应包括信誉、技术、拟投入人员、拟投入机械、财务状况等。

A 投标人的投标文件有效。B 投标人的投标文件（或原投标文件）有效。但其补充说明无效，因开标后投标人不能变更（或更改）投标文件的实质性内容。C 投标人的投标文件有效。《招标投标法实施条例》第二十六条规定："投标保证金有效期应当与投标有效期一致。"现在投标保函的有效期超过了投标有效期 10 天，是满足要求的。D 投标人的投标文件有效。没有要求必须有项目负责人的印章。E 投标人的投标文件无效。因为组成联合体投标的，投标文件应附联合体各方共同投标协议书。

F 投标人的投标文件有效。招标人可以没收其投标保证金，给招标人造成的损失超过投标保证金的，招标人可以要求其赔偿。

该项目应自中标通知书发出后 30 天内按招标文件和 A 投标人的投标文件签订书面合同，双方不得再签订背离合同实质性内容的其他协议。合同价格应为 8000 万元。

4.6 建设工程其他阶段的招投标

建设工程的多个阶段都可以进行招投标。勘察设计、监理、物资设备采购在招投标时，由于标的物不同（见表 4-6），与施工阶段相比，在招标方式、招标文件内容、资格预审方法、评标标准等各方面会有所不同。

表 4-6 不同阶段招标标的物

阶 段	标 的 物
施工招投标管理	物资生产
勘察设计招投标管理	智力成果
建设工程监理招投标管理	服务
物资设备采购招投标管理	物资供应

1. 建设工程勘察设计招投标

勘察任务可以单独发包给具有相应资质的勘察单位实施，也可将其包括在设计招标任务中。由于勘察工作所取得的工程项目技术基础资料是设计的依据，必须满足设计的需要，因此将勘察任务包括在设计招标的发包范围内，由相应能力的设计单位完成或由它再去选择承担勘察任务的分包单位，对招标人较为有利。勘察设计总承包与分为两个合同分别承包相比较，不仅在合同履行过程中招标人和监理单位可以摆脱实施过程中可能遇到的协调义务，而且能使勘察工作直接根据设计需要进行，满足设计对勘察资料精度、内容和进度的要求，必要时还可以进行补充勘察工作。

一般工程项目的设计分为初步设计和施工图设计两个阶段进行，对技术复杂而又缺乏经验的项目，在必要时还要增加技术设计阶段。为了保证设计指导思想连续地贯彻于设计的各个阶段，一般多采用技术设计招标或施工图设计招标，不单独进行初步设计招标，由中标的设计单位承担初步设计任务。招标人应依据工程项目的具体特点决定发包的工作范围，可以采用设计全过程总发包的一次性招标，也可以选择单项或分专业的发包招标。

【拓展思考 4-19】勘察设计招投标与施工招投标有哪些不同之处？

勘察设计招标开标时，不是由招标主持人宣读投标书并按报价高低排定标价次序，而是由各投标人各自说明投标方案的基本构思和意图，以及其他实质性内容。

目前在设计招标中采用的评标方法主要有投票法、打分法和综合评议法等。设计招标与施工招标不同，标底的报价即设计费报价在评标过程中不是关键因素，因此设计招标一般不采用最低评标价法。评标委员会评标时也不过分追求设计费报价的高低，而是更多关注所提供方案的技术先进性、预期达到的技术指标、方案的合理性以及对工程项目投资效益的影响。因此，设计招标的评标定标原则是：设计方案合理，具有特色，工艺和技术水平先进，经济效益好，设计进度能满足工程需要。勘察设计招标与施工招标的对比分析如表 4-7 所示。

表 4-7　勘察设计招标与施工招标的对比分析

区别项目	勘察设计招标	施工招标
招标文件内容不同	要求不明确，无具体工作量	要求明确具体
对投标书的编制要求不同	先提出设计构思和初步方案，在此基础上报价	按规定的工程量清单报价
开标形式不同	投标人说明投标方案的基本构思和意图	主要考虑报价高低
评标原则不同	关注设计方案的技术先进性、合理性及投资效益	关注投标报价的高低

2. 建设工程监理招投标

建设工程监理招标的标的物是"监理服务"。它与建设工程施工招标最大的区别在于监理单位不承担物质生产任务，只受招标人委托对生产建设过程提供监督、管理、协调、咨询等服务。鉴于标的物具有的特殊性，招标人选择中标人的基本原则是"基于能力的选择"。

建设工程监理招标评标时以技术方面的评审为主，选择最佳的监理单位，不应以价格最低作为主要标准。建设工程监理招标在竞争中的评选办法，按照委托服务工作的范围和对监理单位能力要求不同，可以采用下列两种方式之一：

（1）基于服务质量和费用的选择。对于一般的工程监理项目，通常采用这种方式。首先对能力和服务质量的好坏进行评比，对相同水平的投标人再进行投标价格比较。

（2）基于质量的选择。对于复杂的或专业性很强的服务任务，有时很难确定精确的任务大纲，希望投标人在投标书中提出完整或创新的建议，或可以用不同方法的任务书。所以，各投标书中的实施计划可能不具有可比性，评标委员会可以采用此种方式来确定中标人。因此，要求投标人的投标书内只提出实施方案、计划、实现方法等，不提供报价。经过技术评标后，再要求获得最高技术分的投标人提供详细的商务投标书，然后，招标人与备选中标人就上述投标书和合同进行谈判。

因此，建设工程监理招标的评标定标原则是：技术和经济管理力量符合工程监理要求，监理方法可行、措施可靠，监理收费合理。

3. 物资设备采购招投标

项目建设所需物资按标的物的特点可以分为买卖合同和承揽合同两大类。采购大宗建筑材料或定型批量生产的中小型设备属于买卖合同。采购非批量生产大型复杂机组设备、特殊用途的大型非标准部件属于承揽合同。无论是买卖合同还是承揽合同，均可进行招投标优选。由于物资供应招标标的物的特殊性，其评标方法也有其特殊性。

（1）综合评标价法。综合评标价法是指以投标价为基础，将各评审要素按预定的方法换算成相应的价格，在原投标价上增加或扣减该值而形成评标价格。它主要适用于既无通用的规格、型号等指标，也没有国家标准的非批量生产的大型设备和特殊用途的大型非标准部件。评标以投标文件能够最大限度地满足招标文件规定的各项综合评价标准，即换算后评标价格最低的投标文件为最优。

（2）最低投标价法。大宗材料或定型批量生产的中小型设备的规格、性能、主要技术参数等都是通用指标，应采用国家标准。因此，在资格预审时就认定投标人的质量保证条件，评标时要求材料设备的质量必须达到国家标准。评标的重点应当是各投标人的商业信誉、报价、交货期等条件，且以投标价格作为评标考虑的最重要因素，选择投标价最低者中标，即最低投标价法。

（3）以设备寿命周期成本为基础的评标价法。设备采购招标的最合理采购价格是指达到设备寿命周期费用最低的价格，因此在标价评审中，要全面考虑采购物资的单价和合价、运营费以及寿命期内需要投入的运营费用。如果投标人所报的材料设备价格较低，但运营费很高，则仍不符合以最合理价格采购的原则。

综上所述，无论是大宗材料或定型批量生产的中小型设备招标，还是非批量生产的大型设备和特殊用途的大型非标准部件招标，其评标定标原则都应是：设备材料先进，价格合理，各种技术参数符合设计要求，投标人资信可行，售后服务完善。

本章小结

本章首先介绍了建设工程招投标基本制度，重点是强制招标的范围、规模及两种招标方式的对比；然后对施工阶段的招标、投标、开标、评标、定标进行了详细讲述，重点是招投标的程序、文件编制及评标办法；最后对建设工程勘察设计、监理、物资设备采购的招投标进行了简要介绍。

思 考 题

1. 简述强制招标的范围。
2. 政府行政主管部门对招投标的监督管理表现在哪几个方面？
3. 简述建设工程施工招标、投标的程序。
4. 简述建设工程施工招标定标原则。定标原则与评标方法如何对应？
5. 分述建设工程其他阶段的招投标与施工招投标的不同之处。

二维码形式客观题

 手机微信扫描二维码，可自行做客观题，提交后可参看答案。

第 5 章

建设工程勘察设计合同管理

5.1 建设工程勘察设计合同概述

建设工程勘察设计合同是指委托方与承包方为完成特定的勘察设计任务，明确相互的权利义务关系而订立的协议。建设单位或有关单位称为发包方，勘察设计单位称为承包方。根据勘察设计合同，承包方完成发包方委托的勘察设计项目，发包人接受符合约定要求的勘察设计成果，并给付报酬。

5.1.1 建设工程勘察设计合同的法律规范

签订勘察设计合同是发包人与承包人的自主市场行为，但必须遵循建设工程勘察设计相关法律规范的约束与规范。相关的法律规范如表 5-1 所示。这些法律规范是建设工程勘察设计合同管理的依据。

表 5-1 建设工程勘察设计相关的法律规范

名　　称	颁布或修订时间	号　　令
《中华人民共和国建筑法》	2011 年 4 月 22 日	主席令第 46 号文
《建设工程勘察设计管理条例》	2015 年 6 月 12 日	国务院令第 662 号文
《中华人民共和国注册建筑师条例》	1995 年 9 月 23 日	国务院令第 184 号
《建设工程勘察设计资质管理规定》	2007 年 6 月 26 日	建设部令第 160 号
《中华人民共和国注册建筑师条例实施细则》	2008 年 1 月 29 日	建设部令第 167 号

5.1.2 建设工程勘察设计的发包

建设工程勘察设计发包依法实行招标发包或直接发包。

属于《招标投标法》和《工程建设项目招标范围和规模标准规定》规定的强制招标范围、规模的建设工程勘察设计，必须实行招标发包。

建设工程勘察设计的招标人应当在评标委员会推荐的候选方案中确定定标方案。但是，建设工程勘察设计的招标人认为评标委员会推荐的候选方案不能最大限度地满足招标文件规定的要求时，应当依法重新招标。

发包方可以将整个建设工程的勘察设计发包给一个勘察设计单位，也可以将建设工程的勘察设计分别发包给几个勘察设计单位。设计人不得将其承包的全部工程设计转包给第三人，或将其承包的全部工程设计肢解后以分包的名义转包给第三人。设计人不得将工程主体结构、关键性工作及专用合同条款中禁止分包的工程设计分包给第三人。工程主体结构、关键性工作的范围由合同当事人按照法律规定在专用合同条款中予以明确。设计人不得进行违法分包。

确定勘察设计单位后，应签订勘察设计合同。签订设计合同，除双方协商同意外，还必须具有上级机关批准的设计任务书。小型单项工程必须具有上级机关批准的设计文件。建设工程勘察设计合同必须采用书面形式，并参照国家推荐使用的合同文本签订。

【拓展思考 5-1】哪些建设工程勘察设计业务可以直接发包？

直接发包仅适合特殊工程项目和特定情况下建设工程勘察设计业务的发包。具体的法律法规规定可参看第 4 章"建设工程招标与投标管理"4.2.3 节"可不招标的建设项目"的相关内容。

5.1.3 建设工程勘察设计合同示范文本

发包人通过招标发包或直接发包的方式，与选择的承包人就委托的勘察设计任务签订合同。为了保证勘察设计合同的内容完备、责任明确、风险分担合理，原建设部和工商管理行政局联合颁布了建设工程勘察合同示范文本和建设工程设计合同示范文本。

1. 建设工程勘察合同示范文本

《建设工程勘察合同（示范文本）》（GF—2016—0203）由合同协议书、通用合同条款和专用合同条款三部分组成。

合同协议书共计 12 条，主要包括工程概况、勘察范围和阶段、技术要求及工作量、合同工期、质量标准、合同价款、合同文件构成、承诺、词语定义、签订时间、签订地点、合同生效和合同份数等内容，集中约定了合同当事人的基本合同权利义务。

通用合同条款共计 17 条，主要包括一般约定、发包人、勘察人、工期、成果资料、后期服务、合同价款与支付、变更与调整、知识产权、不可抗力、合同生效与终止、合同解除、责任与保险、违约、索赔、争议解决及补充条款等。通用合同条款是根据相关法律法规的规定，就工程勘察的实施及相关事项对合同当事人的权利义务做出的原则性约定，既考虑了现行法律法规对工程建设的有关要求，也考虑了工程勘察管理的特殊需要。

专用合同条款共计 17 条，其主要条款与通用合同条款一致，是对通用合同条款原则性约定的细化、完善、补充、修改或另行约定的条款。合同当事人可以根据不同建设工程的特点及具体情况，通过双方的谈判、协商对相应的专用合同条款进行修改补充。

该示范文本适用于岩土工程勘察、岩土工程设计、岩土工程物探/测试/检测/监测、水文地质勘查及工程测量等工程勘察活动。岩土工程设计也可使用《建设工程设计合同示范文本（专业建设工程）》（GF—2015—0210）。

2. 建设工程设计合同示范文本

建设工程设计合同示范文本有两个版本：《建设工程设计合同示范文本（房屋建筑工程）》（GF—2015—0209）和《建设工程设计合同示范文本（专业建设工程）》。

（1）《建设工程设计合同示范文本（房屋建筑工程）》。该示范文本由合同协议、通用合同条款和专用合同条款三部分组成。

合同协议书共计 12 条，主要包括工程概况、工程设计范围、阶段与服务内容、工程设计周期、合同价格形式与签约合同价、发包人代表与设计人项目负责人、合同文件构成、承诺等重要内容，集中约定了当事人的基本权利义务。

通用合同条款共计 17 条，主要包括一般约定、发包人、设计人、工程设计资料和要求、工程设计进度与周期、工程设计文件的交付与审查、施工现场配合服务、合同价款与支付、工程设计变更与索赔、专业责任与保险、知识产权违约责任、不可抗力、合同解除、争议解决等。它对合同当事人的权利义务做出原则性约定，既考虑了工程设计管理的需要，也照顾到现行法律法规对工程设计的特殊要求，较好地平衡了各方合同当事人的权益。

专用合同条款共计 18 条，其主要条款与通用合同条款一致，是对通用合同条款原则性约定的细化、完善、补充、修改或另行约定的条款。合同当事人可以根据不同建设工程特点及具体情况，通过双方的谈判、协商对相应的专用合同条款进行修改补充。

（2）《建设工程设计合同示范文本（专业建设工程）》（GF—2015—0210）。该示范文本也是由合同协议、通用合同条款和专用合同条款三部分组成的。各部分包含的主要条款与《建设工程设计合同示范文本（房屋建筑工程）》（GF—2015—0209）一致，不再赘述。

【拓展思考 5-2】为何设计合同示范文本有两个版本？

两个版本的适用范围不同。

《建设工程设计合同示范文本（房屋建筑工程）》适用于建设用地规划许可范围内的建筑物构筑物设计、室外工程设计、民用建筑修建的地下工程设计及住宅小区、工厂厂前区、工厂生活区、小区规划设计及单体设计等，以及所包含的相关专业的设计内容（总平面布置、竖向设计、各类管网管线设计、景观设计、室内外环境设计及建筑装饰、道路、消防、智能、安保、通信、防雷、人防、供配电、照明、废水治理、空调设备、抗震加固等）等工程设计活动。

《建设工程设计合同示范文本（专业建设工程）》适用于房屋建筑工程以外的各行业建设工程项目的主体工程和配套工程（含厂/矿区内的自备电站、道路、专用铁路、通信、各种管网管线和配套的建筑物等全部配套工程）以及主体工程、配套工程相关的工艺、土木、建筑、环境保护、水土保持、消防、安全、卫生、节能、防雷、抗震、照明工程等工程设计活动。房屋建筑工程以外的各行业建筑工程统称为专业建设工程，具体包括煤炭、化工石化医药、石油天然气（海洋石油）、电力、冶金、军工、机械、商物粮、核工业、电子通信广电、轻纺、建材、铁道、公路、水运、民航、市政、农林、水利、海洋等工程。

5.2　建设工程勘察设计合同的订立

5.2.1　建设工程勘察的内容及合同当事人

1. 建设工程勘察的内容

建设工程勘察的内容一般包括工程测量、水文地质勘查和工程地质勘查。其目的在于查明工程项目建设地点的地形地貌、底层土壤岩型、地质构造、水文条件等自然地质条件资料，做出鉴定及综合评价，为建设项目的工程设计和施工提供科学的依据。

（1）工程测量，包括平面控制测量、地形测量、摄影测量、线路测量和绘制测量图等工作。其目的是为建设项目的选址（选线）、设计和施工提供有关地形地貌的依据。

（2）水文地质勘查，一般包括水文地质测绘、地球物理勘探、钻探、抽水试验、地下水动态观测、水文地质参数计算、地下水资源评价和地下水资源保护方案等工作。其目的在于提供详细的地下水源等相关水文地质资料。

（3）工程地质勘查，包括选址勘察、初步勘察、详细勘察和施工勘察等工作。其中，选址勘察主要解决工程地质的确定问题；初步勘察是为初步设计做好基础性工作；详细勘察和施工勘察主要针对建设工程地基做出评价，并为地基处理和加固基础而进行深层次勘察。

就具体工程项目的需求而言，发包方可以委托勘察人承担一项或多项工作，订立合同时应明确约定勘察内容和成果要求。

2. 建设工程勘察合同当事人

建设工程勘察合同当事人包括发包人和勘察人。发包人通常是工程建设项目的建设单位或者工程总承包单位。

勘察工作是一项专业性很强的工作，是工程质量保障的基础。因此，国家对勘察人有严格的管理制度。勘察人必须具备以下条件：

（1）依据我国法律规定，作为承包人的勘察单位必须具备法人资格，任何非法人组织和个人均不能成为承包人。因为工程项目具有投资大、周期长、质量要求高、技术要求强、事关国计民生等特点，勘察是工程建设的一项非常重要的基础工作，影响设计成果，甚至影响整个工程建设的成败，因此，一般的非法人组织和自然人是无法承担的。

（2）建设工程勘察合同的承包方须持有工商行政管理部门核发的企业法人营业执照，并且必须在其核准的经营范围内从事建设活动。超越其经营范围订立的建设工程勘察合同为无效合同。因为建设工程勘察业务需要专门的技术和设备，只有取得相应资质的企业才能经营。

（3）建设工程勘察合同的承包方必须持有建设行政主管部门颁发的工程勘察资质证书、工程勘察收费资格证书，而且应当在其资质等级范围内承揽建设工程勘察设计业务。

工程勘察资质分为工程勘察综合资质、工程勘察专业资质和工程勘察劳务资质。工程勘察综合资质只设甲级；工程勘察专业资质设甲级、乙级，根据工程性质和技术特点，部分专业可设丙级；工程勘察劳务资质不分等级。取得工程勘察综合资质的企业，可以承接各专业（海洋工程勘察除外）、各等级工程勘察业务；取得工程勘察专业资质等级的企业，可以承接相应等级相应专业的工程勘察业务；取得工程勘察劳务资质的企业，可以承接岩土工程治理、工程钻探、凿井等工程勘察劳务业务。

5.2.2 订立勘察合同时应约定的内容

1. 委托任务的工作范围

（1）工程勘察任务（内容）。可能包括：自然条件观测、地形图测绘、资源探测、岩土工程勘察、地震安全性评价、工程水文地质勘查、环境评价、模型试验等。

（2）技术要求。

（3）预计的勘察工程量。

（4）勘察工作的成果要求及提交的份数。

2. 合同工期和勘察费用

（1）开工及提交勘察成果资料的时间。

（2）收费标准及付费方式。

3. 发包人应为勘察人提供的现场工作条件

发包人应及时为勘察人提供勘查现场的工作条件，解决出现的问题，并承担相应费用。具体包括：

（1）落实土地征用、青苗树木赔偿。

（2）拆除地上地下障碍物。

（3）处理施工扰民及影响施工正常进行的有关问题。

（4）平整施工现场。

（5）修好通行道路、接通电源水源、挖好排水沟渠以及水上作业用船等。

（6）勘查现场的看守，特别是在有毒、有害等危险现场作业的安全保卫工作。

（7）必要的生产、生活条件等临时设施的提供。

4. 违约责任

约定承担违约责任的条件和违约金的计算方法等。

5. 合同争议的最终解决方式

明确约定解决合同争议的最终方式是仲裁还是诉讼。采用仲裁方式时，需注明仲裁委员会的名称。

5.2.3　建设工程设计的内容及合同当事人

1. 建设工程设计的内容

设计是基本建设的重要环节。在建设项目的选址和设计任务书已确定的情况下，建设项目能否保证技术上先进和经济上合理，设计起着决定作用。按我国现行规定，一般建设项目按初步设计和施工图设计两个阶段进行，对于技术复杂而又缺乏经验的项目，可以增加技术设计阶段。对一些大型联合企业、矿区和水利枢纽，为解决总体部署和开发问题，还需要进行总体规划设计或方案设计。

就具体工程项目的需求而言，订立合同时应明确约定设计内容和成果要求。

2. 建设工程设计合同当事人

建设工程设计合同当事人包括发包人和设计人。发包人通常也是工程建设项目的业主（建设单位）或者项目管理部门（如工程总承包单位）。承包人则是设计人，设计人须为具有相应设计资质的企业法人。

工程设计资质分为工程设计综合资质、工程设计行业资质、工程设计专业资质和工程设计专项资质。工程设计综合资质只设甲级；工程设计行业资质、工程设计专业资质和工程设计专项资质设甲级、乙级。根据行业的需要，以及工程性质和技术特点的不同，个别工程设计行业资质和工程设计专业资质可以设丙级，建筑工程设计专业资质可以设丁级，工程设计专项资质根据需要设置等级。

取得工程设计综合资质的企业，可以承接各行业、各等级的建设工程设计业务；取得工程设计行业资质的企业，可以承接相应行业相应等级的工程设计业务及本行业范围内同级别的相应专业、专项（设计施工一体化资质除外）工程设计业务；取得工程设计专业资质的企业，可以承接本专业相应等级的专业工程设计业务及同级别的相应专项工程设计业务（设计施工一体化资质除外）；取得工程设计专项资质的企业，可以承接本专项相应等级的专项工程设计业务。

5.2.4 订立设计合同时应约定的内容

1. 房屋建筑工程设计合同

依据范本订立房屋建筑工程设计合同时，双方通过协商，应根据工程项目的特点，在相应条款内明确以下方面的具体内容：

(1) 委托任务的工作范围。

1) 工程设计范围。可能包括规划土地内相关建筑物、构筑物的有关建筑、结构、给水排水、暖通空调、建筑电气、总图专业（不含住宅小区总图）的设计，需要在合同中具体约定。精装修设计、智能化专项设计、泛光立面照明设计、景观设计、娱乐工艺设计、声学设计、舞台机械设计、舞台灯光设计、厨房工艺设计、煤气设计、幕墙设计、气体灭火及其他特殊工艺设计等，需要另行约定。

2) 委托的设计阶段。可能包括方案设计、初步设计、施工图设计及施工配合四个阶段，也可能是其中的某几个阶段。各阶段的服务内容如下：

① 方案设计阶段：

与发包人及发包人聘用的顾问充分沟通，深入研究项目基础资料，协助发包人提出本项目的发展规划和市场潜力。

完成总体规划和方案设计，提供满足深度的方案设计图，并制作符合政府部门要求的规划意见书与设计方案报批文件，协助发包人进行报批工作。

根据政府部门的审批意见在本合同约定的范围内对设计方案进行修改和必要的调整，以通过政府部门审查批准。

协调景观、交通、精装修等各专业顾问公司的工作，对其设计方案和技术经济指标进行审核，提供咨询意见。在保证与该项目总体方案设计相一致的情况下，接受经发包人确认的顾问公司的合理化建议并对方案进行调整。

配合发包人进行人防、消防、交通、绿化及市政管网等方面的咨询工作。

负责完成人防、消防等规划方案，协助发包人完成报批工作。

② 初步设计阶段：

负责完成并制作建筑、结构、给水排水、暖通空调、电气、动力、室外管线综合等专业的初步设计文件，设计内容和深度应满足政府相关规定。

制作报政府相关部门进行初步设计审查的设计图，配合发包人进行交通、园林、人防、消防、供电、市政、气象等各部门的报审工作，提供相关的工程用量参数，并负责有关解释和修改。

③ 施工图设计阶段：

负责完成并制作总图、建筑、结构、机电、室外管线综合等全部专业的施工图设计文件。

对发包人的审核修改意见进行修改、完善，保证其设计意图的最终实现。

根据项目开发进度要求及时提供各阶段报审图样，协助发包人进行报审工作，根据审查结果在本合同约定的范围内进行修改调整，直至审查通过，并最终向发包人提交正式的施工图设计文件。

协助发包人进行工程招标答疑。

④ 施工配合阶段：

负责工程设计交底，解答施工过程中施工承包人有关施工图的问题，项目负责人及各专业设计负责人，及时对施工中与设计有关的问题做出回应，保证设计满足施工要求。

根据发包人要求，及时参加与设计有关的专题会，现场解决技术问题。

协助发包人处理工程洽商和设计变更，负责有关设计修改，及时办理相关手续。

参与与设计人相关的必要的验收以及项目竣工验收工作，并及时办理相关手续。

提供产品选型、设备加工订货、建筑材料选择以及分包商考察等技术咨询工作。

发包人要求协助审核各分包商的设计文件是否满足接口条件并签署意见，以保证其与总体设计协调一致，并满足工程要求。

（2）发包人应提供的文件和资料。发包人向设计人提交有关资料及文件如表 5-2 所示。表中内容仅供参考，发包人和设计人应当根据项目具体情况详细列举。发包人对所提供资料的真实性、准确性和完整性负责。

表 5-2　发包人向设计人提交有关资料及文件一览表（房屋建筑工程）

序号	资料及文件名称	份数（份）	提交日期
1	项目立项报告和审批文件	各1	方案开始3天前
2	发包人要求即设计任务书（含对建筑、结构、给水排水、暖通空调、建筑电气、总图等专业的具体要求）	1	方案开始3天前
3	建筑红线图、建筑钉桩图	各1	方案开始3天前
4	当地规划部门的规划意见书	1	方案开始3天前
5	工程勘察报告	2	方案设计开始前3天提供初步勘察报告；初步设计开始3天前提供详细勘察报告
6	各阶段主管部门的审批意见	1	下一个阶段设计开始3天前提供上一个阶段审批意见
7	方案设计确认单（含初设开工令）	1	初步设计开始3天前
8	工程所在地地形图（1/500）电子版及区域位置图	1	初步设计开始3天前
9	初步设计确认单（含施工图开工令）	1	施工图设计开始3天前
10	施工图审查合格意见书	1	施工图审查通过后5天内
11	市政条件（包括给水排水、暖通、电力、道路、热力、通信等）	1	方案设计开始3天前
12	其他设计资料	1	各设计阶段设计开始3天前
13	竣工验收报告	1	工程竣工验收通过后5天内

【案例分析 5-1】

某房地产开发公司（以下简称开发公司）与某设计院（以下简称设计院）签订了一份工程设计合同，由设计院承接开发公司发包的关于某大楼建设的初步设计，设计费20万元，设计期限 3 个月。同时，双方还约定，由开发公司提供设计所需的勘察报告等基础资料和提交时间。设计院按进度要求交付设计文件，如不能按时交付设计文件，则应承担违约责任。合同签订后，开发公司向设计院交付定金 4 万元。但是，在提供基础资料时，缺少有关工程的勘察报告。后经设计院的多次催要，开发公司才在 10 天后交付全部资料，导致设计院加班加点仍未按时完成设计任务。在工程结算时，开发公司要求设计院减少设计费，设计院提出异议，遂产生纠纷。

【分析】

我国行政机关在对勘察设计进行管理时，往往是作为一项制度进行管理的，但是在实践中，勘察与设计往往是两个合同。本案例中的合同就是这种情况。这个时候，对于设计合同的设计单位，提供包括勘察资料在内的设计基础资料，是发包人的义务。发包人应按时向设计人提交完整、详尽的资料和文件，这是设计人进行建设工程设计的前提和基础，也是发包人应尽的义务。发包人未按合同约定的时间提交资料，或提交资料有瑕疵的，应当承担违约责任。同时，设计人在发包人按约定提交设计基础资料之前，有权拒绝发包人相应的履行要求。

《民法典》第五百二十六条规定："当事人互负债务，有先后履行顺序，应当先履行债务一方未履行的，后履行一方有权拒绝其履行请求。先履行一方履行债务不符合约定的，后履行一方有权拒绝其相应的履行请求。"本案例中，开发公司未按约定提交勘察报告，是设计院不能按约定完成设计任务的直接原因，设计院提交设计文件的时间应当顺延。并且，根据《民法典》第八百零五条的规定："因发包人变更计划，提供的资料不准确，或者未按照期限提供必需的勘察、设计工作条件而造成勘察、设计的返工、停工或者修改设计，发包人应当按照勘察人、设计人实际消耗的工作量增付费用。"因此，设计院还有权向开发公司索要赶工费用。

（3）设计人交付设计文件的日期约定及设计费用。

1）在发包人所提供的设计资料（含设计确认单、规划部门批文、政府各部门批文等）能满足设计人进行各阶段设计的前提下开始计算各阶段的设计时间。设计时间不包括法定的节假日。

2）确定合同价格形式。发包人和设计人应在合同协议书中选择下列一种合同价格形式：

① 单价合同。单价合同是指合同当事人约定以建筑面积（包括地上建筑面积和地下建筑面积）每平方米单价或实际投资总额的一定比例等进行合同价格计算、调整和确认的建设工程设计合同，在约定的范围内，合同单价不做调整。合同当事人应在专用合同条款中约定单价包含的风险范围和风险费用的计算方法，并约定风险范围以外的合同价格的调整方法。

② 总价合同。总价合同是指合同当事人约定以发包人提供的上一阶段工程设计文件及有关条件进行合同价格计算、调整和确认的建设工程设计合同，在约定的范围内，合同总价不做调整。合同当事人应在专用合同条款中约定总价包含的风险范围和风险费用的计算方法，并约定风险范围以外的合同价格的调整方法。

③ 其他价格形式。合同当事人可在专用合同条款中约定其他合同价格形式。

3）约定设计费。国家发展和改革委员会 2015 年发布了《关于进一步放开建设项目专业服务价格的通知》，2016 年发布了《关于废止部分规章和规范性文件的决定》，两个文件的发布确定了设计收费市场化的改革方向。

（4）施工现场配合服务。发包人应为设计人派赴现场的工作人员提供工作、生活及交通等方面的便利条件。

设计人应当提供设计技术交底、解决施工中的设计技术问题和竣工验收服务。如果发包人在专用条款约定的施工现场服务时限外仍要求设计人负责上述工作的，发包人应按所需工作量向设计人另行支付服务费用。

（5）违约责任。约定承担违约责任的条件和违约金的计算方法等。

（6）合同争议的最终解决方式。明确约定解决合同争议的最终方式是仲裁还是诉讼。采用仲裁方式时，需注明仲裁委员会的名称。

2. 专业建设工程设计合同

与房屋建筑工程设计合同不同的约定如下：

（1）委托任务的工作范围。专业建设工程四个阶段的划分为初步（基础）设计、非标准设备设计（如有）、施工图设计及施工配合。

工程设计范围及各阶段服务内容仍需发包人和设计人根据行业特点及项目具体情况详细约定。

（2）发包人应提供的文件和资料。发包人向设计人提交有关资料及文件如表 5-3 所示。表中内容仅供参考，发包人和设计人应当根据项目具体情况详细列举。

表 5-3　发包人向设计人提交有关资料及文件一览表（专业建设工程）

序号	资料及文件名称	份数（份）	提交日期
1	项目立项报告和审批文件	各 1	初步设计开始 3 天前
2	发包人要求即设计任务书（含对工艺、土建、设备等专业的具体要求）	1	初步设计开始 3 天前
3	厂址选择报告、土地使用协议、建筑红线图、建筑钉桩图	各 1	初步设计开始 3 天前
4	当地规划部门的规划意见书	1	初步设计开始 3 天前
5	自然资源、气象条件、地形地貌、水文及工程详细地质勘察报告	各 1	初步设计开始 3 天前
6	各阶段主管部门的审批意见	各 1	下一个阶段设计开始 3 天前提供上一个阶段的审批意见
7	初步设计确认单（含非标准设备设计图开工令）	1	施工图设计开始 3 天前
8	非标准设备设计确认单（含施工图设计开工令）	1	施工图设计开始 3 天前
9	工程所在地地形图（1/500）电子版及区域位置图	1	施工图设计开始 3 天前
10	交通、原料、外部供水、排水、供电、电信等位置、标高、坐标、管径或能力等资料	1	初步设计开始 3 天前
11	其他设计资料	1	各设计阶段设计开始 3 天前
12	竣工验收报告	1	工程竣工验收通过后 5 天内

5.3　建设工程勘察设计合同的履行

5.3.1　建设工程勘察合同的履行

1. 发包人的责任

（1）一般义务。发包人应在专用合同条款中明确其负责工程勘察的发包人代表的姓名、职务、联系方式及授权范围等事项。

发包人应提供开展工程勘察工作所需要的图样及技术资料，包括总平面图、地形图、已有水准点和坐标控制点等。若上述资料由勘察人负责收集，则发包人应承担相关费用，还应提供工程勘察作业所需的批准及许可文件，包括立项批复、占用和挖掘道路许可等。除此之外，发包人应为勘察人提供具备条件的作业场地及进场通道（包括土地征用、障碍物清除、场地平整、提供水电接口和青苗赔偿等）并承担相关费用。

发包人应为勘察人提供作业场地内地下埋藏物（包括地下管线、地下构筑物等）的资料、图样；没有资料、图样的地区，发包人应委托专业机构查清地下埋藏物。若因发包人未提供上述资料、图样，或提供的资料、图样不实，致使勘察人在工程勘察工作过程中发生人身伤害或造成经济损失时，由发包人承担赔偿责任。

发包人对上述文件资料的准确性、可靠性负责。

【案例分析5-2】

某甲建筑公司（以下简称甲公司）与某乙勘察设计公司（以下简称乙公司）签订了勘察合同，约定由乙公司从事工程勘察。在履行合同中，乙公司数次要求甲公司提供地下埋藏物资料，甲公司认为这是乙公司的工作，拒绝配合。乙公司无奈只好自行准备。工作结束后，甲公司以乙公司工期过长且不符合要求为由，拒绝支付价款。乙公司只好向法院提起诉讼，要求甲公司履行义务。

【分析】

提供地下埋藏物资料是发包人的义务。如果发包人不能提供相关资料，由勘察人收集时，发包人需向勘察人支付相应费用；由此耽误的工期，也由发包方负责。

发包人应按照法律法规规定，为勘察人安全生产提供条件并支付安全生产防护费用；发包人不得要求勘察人违反安全生产管理规定进行作业。若勘查现场需要看守，特别是在有毒、有害等危险现场作业时，发包人应派人负责安全保卫工作；按国家有关规定，对从事危险作业的现场人员进行保健防护，并承担费用。发包人对安全文明施工有特殊要求时，应在专用合同条款中另行约定。

（2）知识产权。除专用合同条款另有约定外，勘察人为实施工程所编制的成果文件的著作权属于勘察人，发包人可因本工程的需要而复制、使用此类文件，但不能擅自修改或用于与本合同无关的其他事项。未经勘察人书面同意，发包人不得为了本合同以外的目的复制、使用上述文件或将之提供给任何第三方。

2. 勘察人的责任

（1）一般义务。勘察人应按勘察任务书和技术要求并依据有关技术标准进行工程勘察工作。在工程勘察期间遇到地下文物时，应及时向发包人和文物主管部门报告并妥善保护。

勘察人在燃气管道、热力管道、动力设备、输水管道、输电线路、临街交通要道及地下通道（地下隧道）附近等风险性较大的地点，以及在易燃易爆地段及放射、有毒环境中进行工程勘察作业时，应编制安全防护方案并制定应急预案。

勘察人开展工程勘察活动时应遵守有关职业健康及安全生产方面的各项法律法规的规定，采取安全防护措施，确保人员、设备和设施的安全。在勘察方案中列明环境保护的具体措施，并在合同履行期间采取合理措施保护作业现场环境。

（2）成果质量。勘察人应建立质量保证体系，按本合同约定的时间提交质量合格的成果资料，并对其质量负责。

双方对工程勘察成果质量有争议时，由双方同意的第三方机构鉴定，所需费用及因此造成的损失，由责任方承担；双方均有责任的，由双方根据其责任分别承担。

勘察人在提交成果资料后，应为发包人继续提供后期服务。

（3）知识产权。除专用合同条款另有约定外，发包人提供给勘察人的图样、发包人为实施工程自行编制或委托编制的反映发包人要求或其他类似性质的文件的著作权属于发包人，勘察人可以为实现本合同目的而复制、使用此类文件，但不能用于与本合同无关的其他事项。未经发包人书面同意，勘察人不得为了本合同以外的目的而复制、使用上述文件或将之提供给任何第三方。

3. 勘察合同的工期

勘察人应在合同约定的时间内提供勘察成果资料，勘察工作有效期限以发包人下达的开工通知书或合同规定的时间为准。出现下列情况时，可以相应延长合同工期：

（1）任务（内容）与技术要求变更。

（2）工作量变化。

（3）不可抗力影响。

（4）非勘察人原因造成的停工、窝工等。

除专用合同条款对期限另有约定外，勘察人在以上情形发生后 7 天内，应就延误的工期以书面形式向发包人提出报告。发包人在收到报告后 7 天内予以确认；逾期不予确认也不提出修改意见，视为同意顺延工期。补偿费用的确认程序参照合同价款与调整执行。

4. 勘察费用的支付

（1）合同价款的形式。合同当事人可任选下列一种合同价款的形式，双方可在专用合同条款中约定：

1）总价合同。双方在专用合同条款中约定合同价款包含的风险范围和风险费用的计算方法，在约定的风险范围内合同价款不再调整；风险范围以外的合同价款调整因素和方法，应在专用合同条款中约定。

2）单价合同。合同价款根据工作量的变化而调整，合同单价在风险范围内一般不予调整，双方可在专用合同条款中约定合同单价调整因素和方法。

3）其他合同价款形式。合同当事人可在专用合同条款中约定其他合同价款形式。

需调整合同价款时，合同一方应及时将调整原因、调整金额以书面形式通知对方，双方共同确认调整金额后，作为追加或减少的合同价款，与进度款同期支付。除专用合同条款对期限另有约定外，一方在收到对方的通知后 7 天内不予确认也不提出修改意见，视为已经同意该项调整。合同当事人就调整事项不能达成一致的，则按照争议解决的约定处理。

（2）定金或预付款。实行定金或预付款的，双方应在专用合同条款中约定发包人向勘察人支付定金或预付款数额，支付时间应不迟于约定的开工日期前 7 天。发包人不按约定支付，勘察人向发包人发出要求支付的通知，发包人收到通知后仍不能按要求支付，勘察人可在发出通知后推迟开工日期，并由发包人承担违约责任。定金或预付款在进度款中抵扣，抵扣办法可在专用合同条款中约定。

发包人应按照专用合同条款约定的进度款支付方式、支付条件和支付时间进行支付。

（3）进度款的支付。可按照合同价款与调整和变更合同价款确定调整的合同价款及其他条款中约定的追加或减少的合同价款，应与进度款同期调整支付。

发包人超过约定的支付时间不支付进度款，勘察人可向发包人发出要求付款的通知，发包人收到勘察人通知后仍不能按要求付款，可与勘察人协商签订延期付款协议，经勘察人同意后可延期支付。

发包人不按合同约定支付进度款，双方又未达成延期付款协议，勘察人可停止工程勘察作业和后期服务，由发包人承担违约责任。

（4）合同价款的结算。除专用合同条款另有约定外，发包人应在勘察人提交成果资料后 28 天内，依据合同价款与调整和变更合同价款确定的约定进行最终合同价款确定，并予以全额支付。

5. 违约责任

（1）发包人违约。

1）发包人违约情形。

① 合同生效后，发包人无故要求终止或解除合同。

② 发包人未按约定按时支付定金或预付款。

③ 发包人未按约定按时支付进度款。

④ 发包人不履行合同义务或不按合同约定履行义务的其他情形。

2）发包人的违约责任。合同生效后，发包人无故要求终止或解除合同，勘察人未开始勘察工作的，不退还发包人已付的定金或发包人按照专用合同条款约定向勘察人支付违约金；勘察人已开始勘察工作的，若完成计划工作量不足 50%的，发包人应支付勘察人合同价款的 50%；完成计划工作量超过 50%的，发包人应支付勘察人合同价款的 100%。

发包人发生其他违约情形时，发包人应承担由此增加的费用和工期延误损失，并给予勘察人合理赔偿。双方可在专用合同条款内约定发包人赔偿勘察人损失的计算方法或者发包人应支付违约金的数额或计算方法。

（2）勘察人违约。

1）勘察人违约情形。

① 合同生效后，勘察人因自身原因要求终止或解除合同。

② 因勘察人的原因不能按照合同约定的日期或合同当事人同意顺延的工期提交成果资料。

③ 因勘察人的原因造成成果资料质量达不到合同约定的质量标准。

④ 勘察人不履行合同义务或未按约定履行合同义务的其他情形。

2）勘察人的违约责任。合同生效后，勘察人因自身原因要求终止或解除合同，勘察人应双倍返还发包人已支付的定金或按照专用合同条款约定向发包人支付违约金。

因勘察人的原因造成工期延误的，勘察人应按专用合同条款约定向发包人支付违约金。

因勘察人的原因造成成果资料质量达不到合同约定的质量标准的，勘察人应负责无偿给予补充完善使其达到质量合格。因勘察人的原因导致工程质量安全事故或其他事故时，勘察人除负责采取补救措施外，还应通过所投工程勘察责任保险向发包人承担赔偿责任或根据直接经济损失程度按专用合同条款约定向发包人支付赔偿金。

勘察人发生其他违约情形时，勘察人应承担违约责任并赔偿因其违约给发包人造成的损失。双方可在专用合同条款内约定勘察人赔偿发包人损失的计算方法和赔偿金额。

5.3.2　建设工程设计合同的履行

1. 发包人的责任

（1）一般义务。明确发包人代表的姓名、职务、联系方式及授权范围等事项。发包人代表在发包人的授权范围内，负责处理合同履行过程中与发包人有关的具体事宜。

发包人应遵守法律，并办理法律规定由其办理的许可、核准或备案，包括但不限于建设用地规划许可证、建设工程规划许可证、建设工程方案设计批准、施工图设计审查等许可、核准或备案。

发包人负责本项目各阶段设计文件向规划设计管理部门的送审报批工作，并负责将报批结果书面通知设计人。因发包人原因未能及时办理完毕前述许可、核准或备案手续，导致设计工作量增加和（或）设计周期延长时，由发包人承担由此增加的设计费用和（或）延长的设计周期。

发包人应当负责工程设计的所有外部关系（包括但不限于当地政府主管部门等）的协调，为设计人履行合同提供必要的外部条件。

（2）工程设计质量。发包人应当遵守法律和技术标准，不得以任何理由要求设计人违反法律和工程质量、安全标准进行工程设计，降低工程质量。

发包人要求进行主要技术指标控制的，钢材用量、混凝土用量等主要技术指标控制值应当符合有关工程设计标准的要求，并且应当在工程设计开始前书面向设计人提出，经发包人与设计人协商一致后以书面形式确定作为本合同附件。

（3）知识产权。设计人为实施工程所编制的文件的著作权属于设计人，发包人可因实施工程的运行、调试、维修、改造等目的而复制、使用此类文件，但不能擅自修改或用于与合同无关的其他事项。未经设计人书面同意，发包人不得为了合同以外的目的而复制、使用上述文件或将之提供给任何第三方。

2. 设计人的责任

（1）一般义务。项目负责人应为合同当事人所确认的人选，并在专用合同条款中明确项目负责人的姓名、执业资格及等级、注册执业证书编号、联系方式及授权范围等事项。项目负责人经设计人授权后，代表设计人负责履行合同。

设计人应遵守法律和有关技术标准的强制性规定，完成合同约定范围内的房屋建筑工程方案设计、初步设计、施工图设计，提供符合技术标准及合同要求的工程设计文件，提供施工配合服务。

设计人应当按照专用合同条款约定配合发包人办理有关许可、核准或备案手续。因设计人原因造成发包人未能及时办理许可、核准或备案手续，导致设计工作量增加和（或）设计周期延长时，由设计人自行承担由此增加的设计费用和（或）延长的设计周期。

（2）设计人员。一般情况下，设计人应在接到开始设计通知后7天内，向发包人提交设计人项目管理机构及人员安排的报告。其内容应包括建筑、结构、给水排水、暖通、电气等专业负责人名单及其岗位、注册执业资格等。

设计人委派到工程设计中的设计人员应相对稳定。设计过程中如有变动，设计人应及时向发包人提交工程设计人员变动情况的报告。设计人更换专业负责人时，应提前7天书面通知发包人，除专业负责人无法正常履职情形外，还应征得发包人书面同意。

（3）工程设计质量。设计人应当按法律和技术标准的强制性规定及发包人的要求进行工程设计。有关工程设计的特殊标准或要求由合同当事人在专用合同条款中约定。

设计人发现发包人提供的工程设计资料有问题的，设计人应当及时通知发包人并经发包人确认。

除合同另有约定外，设计人完成设计工作所应遵守的法律以及技术标准，均应视为在基准日期适用的版本。基准日期之后，前述版本发生重大变化，或者有新的法律以及技术标准实施的，设计人应就推荐性标准向发包人提出遵守新标准的建议，对强制性的规定或标准应当遵照执行。因发包人采纳设计人的建议或遵守基准日期后新的强制性的规定或标准，导致增加设计费用和（或）设计周期延长的，由发包人承担。

设计人应做好工程设计的质量与技术管理工作，建立健全工程设计质量保证体系，加强工程设计全过程的质量控制，建立完整的设计文件的设计、复核、审核、会签和批准制度，明确各阶段的责任人。

（4）专业责任及保险。设计人应运用一切合理的专业技术和经验知识，按照公认的职业标准，尽其全部职责和谨慎、勤勉地履行合同中的责任和义务。

除专用合同条款另有约定外，设计人应具有发包人认可的、履行本合同所需要的工程设计责任保险，并使其于合同责任期内保持有效。

工程设计责任保险应承担由于设计人的疏忽或过失而引发的工程质量事故所造成的建设工程本身的物质损失以及第三方人身伤亡、财产损失或费用的赔偿责任。

（5）知识产权。发包人提供给设计人的图样、发包人为实施工程自行编制或委托编制的技术规格书以及反映发包人要求的或其他类似性质的文件的著作权属于发包人。设计人可以为实现合同目的而复制、使用此类文件，但不能用于与合同无关的其他事项。未经发包人书面同意，设计人不得为了合同以外的目的而复制、使用上述文件或将之提供给任何第三方。

3. 设计进度与期限

（1）工程设计进度计划。设计人应按照专用合同条款的约定提交工程设计进度计划，工程设计进度计划的编制应当符合法律规定和一般工程设计实践惯例，工程设计进度计划经发包人批准后实施。工程设计进度计划是控制工程设计进度的依据，发包人有权按照工程设计进度计划中列明的关键性控制节点，检查工程设计进度情况。

工程设计进度计划中的设计周期应由发包人与设计人协商确定，明确约定各阶段设计任务的完成时间区间，包括各阶段设计过程中设计人与发包人的交流时间，但不包括相关政府部门对设计成果的审批时间及发包人的审查时间。

工程设计进度计划不符合合同要求或与工程设计的实际进度不一致的，设计人应向发包人提交修订的工程设计进度计划，并附相关措施和相关资料。除专用合同条款对期限另有约定外，发包人应在收到修订的工程设计进度计划后 5 天内完成审核和批准或提出修改意见，否则视为发包人同意设计人提交的修订的工程设计进度计划。

（2）工程设计开始。发包人应按照法律规定，获得工程设计所需的许可。发包人发出的开始设计通知应符合法律规定，一般应在计划开始设计日期 7 天前向设计人发出开始工程设计工作通知，工程设计周期自开始设计通知中载明的开始设计的日期起算。

设计人应当在收到发包人提供的工程设计资料及专用合同条款约定的定金或预付款后，开始工程设计工作。

各设计阶段的开始时间均以设计人收到的发包人发出开始设计工作的书面通知书中载明的开始设计的日期起算。

（3）工程设计进度延误。

1）因发包人原因导致工程设计进度延误。在合同履行过程中，因发包人原因导致工程设计进度延误的情形主要有：

① 发包人未能按合同约定提供工程设计资料或所提供的工程设计资料不符合合同约定或存在错误或疏漏的。

② 发包人未能按合同约定日期足额支付定金或预付款、进度款的。

③ 发包人提出影响设计周期的设计变更要求的。

④ 专用合同条款中约定的其他情形。

因发包人原因未按计划开始设计日期开始设计的，发包人应按实际开始设计日期顺延完成设计日期。

除专用合同条款对期限另有约定外，设计人应在发生上述情形后 5 天内向发包人发出要求延期的书面通知，在发生该情形后 10 天内提交要求延期的详细说明供发包人审查。除专用合同条款对期限另有约定外，发包人收到设计人要求延期的详细说明后，应在 5 天内进行审查，并就是否延长设计周期及延期天数向设计人进行书面答复。

如果发包人在收到设计人提交要求延期的详细说明后，在约定的期限内未予答复，则视为设计人要求的延期已被发包人批准。如果设计人未能按在约定的时间内发出要求延期的通知并提交详细资料，则发包人可拒绝做出任何延期的决定。

发包人发生上述工程设计进度延误情形导致增加了设计工作量的，发包人应当另行支付相应设计费用。

2）因设计人原因导致工程设计进度延误。因设计人原因导致工程设计进度延误的，设计人应当按照"设计人违约责任"的约定承担责任。设计人支付逾期完成工程设计违约金后，不免除设计人继续完成工程设计的义务。

（4）工程设计文件交付的时间。工程设计文件交付的名称、时间和份数应该在专用合同条款中约定。

4. 设计费用的支付

（1）合同价款的组成。发包人和设计人应当在专用合同条款中明确约定合同价款各组成部分的具体数额，主要包括：

1）工程设计基本服务费用。

2）工程设计其他服务费用。

3）在未签订合同前发包人已经同意或接受或已经使用的设计人为发包人所做的各项工

作的相应费用等。

（2）定金或预付款。定金的比例不应超过合同总价款的 20%。预付款的比例由发包人与设计人协商确定，一般不低于合同总价款的 20%。

定金或预付款的支付按照专用合同条款约定执行，但最迟应在开始设计通知载明的开始设计日期前、专用合同条款约定的期限内支付。

发包人逾期支付定金或预付款超过专用合同条款约定的期限的，设计人有权向发包人发出要求支付定金或预付款的催告通知，发包人收到通知后 7 天内仍未支付的，设计人有权不开始设计工作或暂停设计工作。

（3）进度款支付。发包人应当按照专用合同条款约定的付款条件及时向设计人支付进度款。

在对已付进度款进行汇总和复核中发现错误、遗漏或重复的，发包人和设计人均有权提出修正申请。经发包人和设计人同意的修正，应在下期进度付款中支付或扣除。

（4）合同价款的结算与支付。对于采取固定总价形式的合同，发包人应当按照专用合同条款的约定及时支付尾款；对于采取固定单价形式的合同，发包人与设计人应当按照专用合同条款约定的结算方式及时结清工程设计费，并将结清未支付的款项一次性支付给设计人；对于采取其他价格形式的，也应按专用合同条款的约定及时结算和支付。

5. 违约责任

（1）发包人的违约责任。合同生效后，发包人因非设计人原因要求终止或解除合同，设计人未开始设计工作的，不退还发包人已付的定金或发包人按照专用合同条款的约定向设计人支付违约金；设计人已开始设计工作的，发包人应按照设计人已完成的实际工作量计算设计费，完成工作量不足一半的，按该阶段设计费的一半支付设计费；超过一半的，按该阶段设计费的全部支付设计费。

发包人未按专用合同条款约定的金额和期限向设计人支付设计费的，应按专用合同条款约定向设计人支付违约金。逾期超过 15 天时，设计人有权书面通知发包人中止设计工作。自中止设计工作之日起 15 天内发包人支付相应费用的，设计人应及时根据发包人的要求恢复设计工作；自中止设计工作之日起超过 15 天后发包人支付相应费用的，设计人有权确定重新恢复设计工作的时间，且设计周期相应延长。

发包人的上级或设计审批部门对设计文件不进行审批或本合同工程停建、缓建的，发包人应在事件发生之日起 15 天内按"合同解除"的约定向设计人结算并支付设计费。

发包人擅自将设计人的设计文件用于本工程以外的工程或交第三方使用时，应承担相应的法律责任，并应赔偿设计人因此遭受的损失。

（2）设计人的违约责任。合同生效后，设计人因自身原因要求终止或解除合同，设计人应按发包人已支付的定金金额双倍返还给发包人，或设计人按照专用合同条款约定向发包人支付违约金。

由于设计人原因，未按专用合同条款约定的时间交付工程设计文件的，应按专用合同条款的约定向发包人支付违约金，前述违约金经双方确认后可在发包人应付设计费中扣减。

设计人对工程设计文件出现的遗漏或错误负责修改或补充。由于设计人原因产生的设计问题造成工程质量事故或其他事故时，设计人除负责采取补救措施外，还应当通过所投建设工程设计责任保险向发包人承担赔偿责任，或者根据直接经济损失程度按专用合同条款约定向发包人支付赔偿金。

由于设计人原因，工程设计文件超出发包人与设计人书面约定的主要技术指标控制值比例的，设计人应当按照专用合同条款的约定承担违约责任。

设计人未经发包人同意擅自对工程设计进行分包的，发包人有权要求设计人解除未经发包人同意的设计分包合同，设计人应当按照专用合同条款约定承担违约责任。

5.4　建设工程勘察设计合同的管理

5.4.1　发包人对勘察设计合同的管理

发包人对勘察设计合同的管理主要有以下几项内容：
(1) 编制勘察设计招标文件。
(2) 组织并参与评选方案或评标。
(3) 起草勘察设计合同条款及协议书。
(4) 监督勘察设计合同的履行情况。
(5) 审查、批准勘察设计阶段的方案和结果。

5.4.2　承包人对勘察设计合同的管理

承包人应当设专门的合同管理机构对建设工程勘察设计合同的订立全面负责，实施监督控制。承包人在订立合同时，应当深入研究合同内容，明确合同双方当事人的权利义务，分析合同风险。

1. 合同资料的文件管理

在合同的履行过程中，合同签订、合同条款分析、合同的跟踪与监督、合同的变更与索赔等，都是以合同资料为依据的。因此，承包人应有专人负责，做好现场记录。保存记录是十分重要的，这有利于保护好自己的合同权益，及时成功地索赔。设计中的主要合同资料包括：设计招投标文件；中标通知书；设计合同及附件；委托方的各种指令、变更申请和变更记录等；各种检测、试验和鉴定报告等；政府部门和上级机构的批文、文件和签证等。

2. 合同履行中的跟踪和监督管理

合同的跟踪和监督就是对合同实施情况进行跟踪，将实际情况与合同资料进行对比，发现偏差。合同管理人员应当及时将合同的偏差信息及原因分析结果和建议提供给项目负责人，以便及早采取措施，调整偏差。同时，合同管理人员应当及时将发包人的变更指令传达到本方设计项目负责人或直接传达给各专业设计部门和人员。具体而言，合同跟踪和监督的对象主要有勘察设计工作的质量、勘察设计任务的工作量的变化、勘察设计的进度情况、项目的概预算。

3. 合同变更管理

合同变更表现为设计图和说明的非设计错误的修改，勘察设计进度计划的变动，勘察设计规范的改变，增减合同中约定的勘察设计工作量等。这些变更导致了合同双方的责任的变化。例如，由于发包人产生了新的想法，要求承包人按合同进度计划对已完的设计图进行返工修改，这就增加了承包人的合同责任及费用开支，并拖延了设计进度。对此，发包人应给予承包人相应的补偿，而这往往又是引起双方合同纠纷的原因。

合同变更时，应尽快提出或下达变更要求或指令，积极而迅速地执行指令，以便减少时间和费用的浪费。注意变更指令应以书面形式下达，如果是口头指令，承包人应在执行指令后立即得到发包方的书面认可，以作为索赔依据（如果有损失发生）。

5.4.3　国家有关机关对勘察设计合同的监督管理

勘察设计合同的监督管理机关为建设行政主管部门和工商行政管理部门，其主要职能是：贯彻国家和地方有关法律、法规和规章；制定并推荐使用建设工程勘察设计合同文本；审查和签证建设工程勘察、设计合同；监督合同履行；调节合同争议。签订勘察设计合同的双方，应当将合同文本送交给工程项目所在地的县级以上人民政府建设行政主管部门或者委托机构备案，也可以到工商行政管理部门办理合同公证。

本章小结

建设行政主管部门和工商行政主管部门对 2000 年制定的示范文本进行了修订，颁布了《建设工程勘察合同（示范文本）》（GF—2016—0203）、《建设工程设计合同示范文本（房屋建筑工程）》（GF—2015—0209）和《建设工程设计合同示范文本（专业建设工程）》（GF—2015—0210）。

建设工程勘察设计合同是指委托方与承包方为完成特定的勘察设计任务，明确相互的权利义务关系而订立的协议，是工程勘察设计活动的一种表现形式，是建筑领域常见的合同形式。本章依据上述示范文本，对规范标准的建设工程勘察设计合同的主要条款约定进行了论述。通过本章的学习，应熟悉勘察设计合同中发包人与承包人相互的权利义务与相应的违约责任，熟悉建设工程勘察设计合同的主要条款及约定。

思　考　题

1. 什么是建设工程勘察设计合同？
2. 订立建设工程勘察设计合同时应约定哪些内容？
3. 建设工程勘察合同的勘察人有哪些责任？
4. 如何对勘察费支付进行管理？
5. 建设工程设计合同的设计人有哪些责任？
6. 如何对设计费支付进行管理？
7. 建设工程勘察设计合同对违约责任如何划分？
8. 怎样对勘察设计合同进行管理？

二维码形式客观题

手机微信扫描二维码，可自行做客观题，提交后可参看答案。

第 6 章

建设工程施工合同管理

6.1　建设工程施工合同概述

6.1.1　建设工程施工合同

建设工程施工合同是承包人和发包人为了完成具体工程项目的建筑施工、设备安装、设备调试、工程保修等工作内容，明确相互的权利、义务关系的协议。建设工程施工合同是建设工程的主要合同之一，其合同当事人是发包人和承包人，合同的对象是建筑安装工程的施工。目前，在建设工程施工合同中，我国实行的是以监理工程师为核心的文件传递和施工管理体系。

1. 建设工程合同主体资格

（1）发包人资格。发包人应具备以下条件：具有独立的工程发包主体资格或者其继承人。

发包人应该是经过批准进行工程项目建设的法人，必须有国家批准的建设项目（依法办理准建证书、土地使用证、规划许可证、施工许可证等）；落实投资计划，并且具有相应的协调能力。

（2）承包人资格。承包人应是具有法人资格、具备相应的施工资质的施工企业。

在中华人民共和国境内从事土木工程、建筑工程、线路管道设备安装工程、装修工程的新建、扩建、改建等活动的企业取得工商行政管理部门颁发的企业法人营业执照时，应当依法申请建筑业企业资质。

我国现行的建筑业企业资质管理制度是 2015 年 1 月 22 日发布的《建筑业企业资质管理规定》（住房和城乡建设部令第 22 号），它是为了加强对建筑活动的监督管理，维护公共利益和建筑市场秩序，保证建设工程质量安全，根据相关法律法规制定的。

《建筑业企业资质等级标准》分为三个部分：施工总承包企业资质等级标准包括 12 个类别，一般分为四个等级（特级、一级、二级、三级）；专业承包企业资质等级标准包括 36 个类别，一般分为三个等级（一级、二级、三级）；劳务分包企业资质不分类别与等级。

2. 建设行政主管部门及相关部门对施工合同的监督管理

建设行政主管部门对施工合同的监督，主要从质量和安全的角度进行。

（1）建设行政主管机关对施工合同的监督管理。

1）颁布规章。依据国家的法律颁布相应的规章，规范建筑市场有关各方的行为，包括推行合同范本制度。

2）批准工程项目的建设。工程项目的建设，发包人必须履行工程项目报建手续，获取施工许可证，以及取得规划许可和土地使用权许可。

3）对建设活动实施监督。对招标申请报送材料的审查；对中标结果和合同的备案审查；对工程开工前报送的发包人指定的施工现场总代表人和承包人指定的项目经理的备案材料审查；对竣工验收程序和鉴定报告的备案审查；对竣工的工程资料备案等。

所谓备案，是指这些活动由合同当事人在行政法规要求的条件下自主进行，并将报告或资料提交建设行政主管部门，行政主管部门审查未发现存在违法、违规情况，则当事人的行为有效，将其资料存档；如果发现有问题，则要求当事人予以改正。因此，备案不同于批准，当事人享有更多的自主权。

（2）质量监督机构对施工合同的监督管理。工程质量监督机构是指依法成立，受县级以上建设行政主管部门的委托，经省级建设行政主管部门考核认定，依据国家的法律法规和工程建设强制性标准，对工程建设实施过程中各参建责任主体和有关单位的质量行为以及工程实体质量进行监督管理的具有独立法人资格的单位。质量监督机构对施工合同的监督管理主要通过以下三个方面进行：

1）对工程参建各方主体质量行为的监督。监督内容包括：建设单位报建审批手续是否齐全，实施过程是否符合基本建设程序，合同约定是否遵守了相关法律法规的规定，设计标准、材料设备选型是否满足规范、标准的要求；委托监理合同是否规范，监理人是否具备资格，监理工作是否符合国家规定的监理程序；施工单位的主要管理人员是否与合同相符，有无违法分包、转包的行为等。

2）对建设工程实体质量的监督。以抽查方式为主，辅以科学的检测手段。地基基础实体必须经监督检查后方可进行主体结构施工；主体结构实体必须经监督检查后方可进行后续工程施工。

3）工程竣工验收的监督。工程质量监督机构必须参与竣工验收，主要对工程竣工验收的组织形式、验收程序、执行验收规范情况进行监督。

（3）金融机构对施工合同的监督管理。金融机构对施工合同的监督管理，是通过对信贷管理、结算管理、当事人的账户管理进行的。金融机构还有义务执行已生效的法律文书，保护当事人的合法权益。

6.1.2 建设工程施工合同示范文本

为了指导建设工程施工合同当事人的签约行为，维护合同当事人的合法权益，依据《中华人民共和国建筑法》《中华人民共和国招标投标法》以及相关法律法规，住房和城乡建设部发布了《建设工程施工合同（示范文本）》（GF—2017—0201）。《建设工程施工合同（示范文本）》由合同协议书、通用合同条款和专用合同条款三部分组成。

1. 合同协议书

合同协议书共计13条，主要包括工程概况、合同工期、质量标准、签约合同价和合同价格形式、项目经理、合同文件构成、承诺以及合同生效条件等重要内容，集中约定了合同当事人基本的合同权利义务。

2. 通用合同条款

通用合同条款是合同当事人根据《中华人民共和国建筑法》等法律法规的规定，就工程建设的实施及相关事项，对合同当事人的权利义务做出的原则性约定。

通用合同条款共计 20 条，具体条款分别为：一般约定、发包人、承包人、监理人、工程质量、安全文明施工与环境保护、工期和进度、材料与设备、试验与检验、变更、价格调整、合同价格、计量与支付、验收和工程试车、竣工结算、缺陷责任与保修、违约、不可抗力、保险、索赔和争议解决。前述条款安排既考虑了现行法律法规对工程建设的有关要求，也考虑了建设工程施工管理的特殊需要。

3. 专用合同条款

专用合同条款是对通用合同条款原则性约定的细化、完善、补充、修改或另行约定的条款。合同当事人可以根据不同建设工程的特点及具体情况，通过双方的谈判、协商对相应的专用合同条款进行修改补充。在使用专用合同条款时，应注意以下事项：

（1）专用合同条款的编号应与相应的通用合同条款的编号一致。

（2）合同当事人可以通过对专用合同条款的修改，满足具体建设工程的特殊要求，避免直接修改通用合同条款。

（3）在专用合同条款中有横道线的地方，合同当事人可针对相应的通用合同条款进行细化、完善、补充、修改或另行约定；如无细化、完善、补充、修改或另行约定，则填写"无"或画"/"。

《建设工程施工合同（示范文本）》（简称《示范文本》）为非强制性使用文本，适用于房屋建筑工程、土木工程、线路管道和设备安装工程、装修工程等建设工程的施工承发包活动，合同当事人可结合建设工程的具体情况，根据《示范文本》订立合同，并按照法律法规规定和合同约定承担相应的法律责任及合同权利义务。

6.1.3 建设工程施工合同的类型

1999 年版《示范文本》囿于当时的实际情况，规定了总价合同、可调价合同和成本加酬金合同三种合同计价形式。考虑到实践中对固定价格合同存在一定的误解和歧义，为避免将固定价格合同理解为不可调价合同，2017 年版《示范文本》按照新的合同价格形式将合同分为总价合同、单价合同及其他价格形式合同，其中由于成本加酬金合同形式的实践应用不具有典型性，故在 2017 年版《示范文本》中予以省略，将其归入其他方式合同。其他方式合同中还包含了采用定额计价的合同，还原了计价方式真实的含义，并与国际惯例保持一致，以满足建设工程发展的需要，理顺了工程计量与计价的相互关系，与清单计价规范相一致，便于合同双方的实践操作。

1. 总价合同

总价合同是指合同当事人约定以施工图、已标价工程量清单或预算书及有关条件进行合同价格计算、调整和确认的建设工程施工合同，在约定的范围内合同总价不做调整。合同当事人应在专用合同条款中约定总价包含的风险范围和风险费用的计算方法，并约定风险范围以外的合同价格的调整方法。

【案例分析 6-1】

承包人 A 公司与发包人 B 公司签订"土方工程合同"，约定：采用工程量清单计价，总价包干。结算时，双方就鱼塘清淤工作是否属于合同包干范围的全部工作发生争议，多次协商未果后，A 公司向仲裁委员会提起仲裁。自招投标阶段的文件往来中反映的相关信息如下：

议标文件特别说明，一切未填写报价于此细目表内的项目，均被视作包括在其他项目内。

投标人须知明确现场拆除包括回填旧河道和鱼塘等。

合同图样未显示鱼塘清淤。

询标答卷只表明河道清淤费用包含在合同价款之中，并未提及鱼塘清淤费用。工程量清单未载明鱼塘清淤。

投标施工方案写明：本工程现场内有小水塘、河塘、鱼塘、三泾塘、部分南菪塘均需要填筑……这些部位均涉及河塘底的清理淤泥工作。

【分析】

此案例是典型的"承包范围模糊"导致纠纷的案件。一些合同文件约定的承包范围往往就一两句话，许多图样实施的范围、交叉工作、现场范围均未清楚约定。鱼塘清淤是否属于合同包干范围，牵扯到是否追加合同外价款的问题。所谓总价合同不变，是指在"约定的范围内"不变；一旦施工过程中有"约定的范围外"工作，则需额外追加价款。

对此案例有两种观点。观点一：根据图样、工程量清单、询标答卷，鱼塘清淤不在包干工作范围之内，应该追加该价款。观点二：投标人须知、投标人的施工方案表明，鱼塘清淤在包干工作范围之内，不可以追加该价款。

首先，鱼塘清淤属于措施项目，一般不会反映在图样之中，加之在总价合同中清单项目一般不作为认定承包范围的依据，因此无法依据清单及图样来认定鱼塘清淤是否属于包干工作。

其次，既然河道属于包干工作，鱼塘清淤与河道清淤的性质几乎相同，且相互连接，可理解包括在包干范围中。

最后，最重要的是，尽管承包范围约定得不是很明确，但作为要约的投标施工方案中，明确鱼塘清淤为完成工程所必需的根据合同文件可以合理预见的工作。

因此，观点二"不增加鱼塘清淤价款"更为合理。

2. 单价合同

单价合同是指合同当事人约定以工程量清单及其综合单价进行合同价格计算、调整和确认的建设工程施工合同，在约定的范围内合同单价不做调整。合同当事人应在专用合同条款中约定综合单价包含的风险范围和风险费用的计算方法，并约定风险范围以外合同价格的调整方法。

【拓展思考 6-1】工程量清单计价招标的工程，采用单价合同还是总价合同？

《建设工程工程量清单计价规范》（GB 50500—2013）7.1.3 规定，实行工程量清单计价的工程，应采用单价合同；建设规模较小、技术难度较低、工期较短，且施工图设计已审查批准的建设工程可采用总价合同；紧急抢险、救灾以及施工技术特别复杂的建设工程可采用成本加酬金合同。

3. 其他价格形式合同

成本加酬金及定额计价的价格形式均可作为其他价格形式合同由合同当事人在专用合同条款中约定。

其中，成本加酬金合同也称为成本补偿合同，工程施工的最终价格将按照工程的实际成本再加上一定的酬金进行计算。在签订合同时，工程实际成本往往不能确定，只能确定酬金的取值比例或者计算原则。

按照酬金计算方式的不同，成本加酬金合同的具体形式有成本加固定酬金合同、成本加固定百分比酬金合同、成本加奖金合同、最高限额成本加固定最大酬金合同等。

（1）成本加固定酬金合同。根据双方讨论同意的工程规模、估计工期、技术要求、工作性质及复杂性、所涉及的风险等来考虑确定一笔固定数目的报酬金额作为管理费及利润，对人工、材料、机械台班等直接成本则实报实销。如果设计变更或增加新项目，当直接费超过原估算成本的一定比例时，固定报酬也要增加。在工程总成本一开始估计不准，可能变化不大的情况下，可采用此合同形式，有时可分几个阶段谈判付给固定报酬。这种方式虽然不能鼓励承包商降低成本，但为了尽快得到酬金，承包商会尽力缩短工期。有时也可在固定费用之外根据工程质量、工期和节约成本等因素，给承包商另加奖金，以鼓励承包商积极工作。

（2）成本加固定百分比酬金合同。工程成本中直接费加一定比例的报酬费，报酬部分的比例在签订合同时由双方确定。这种方式的报酬费用总额随成本加大而增加，不利于缩短工期和降低成本。一般在工程初期很难描述工作范围和性质，或工期紧迫，无法按常规编制招标文件招标时采用。

（3）成本加奖金合同。奖金是根据报价书中的成本估算指标制定的，在合同中对这个估算指标规定一个底点和顶点，分别为工程成本估算的 60% ~ 75% 和 110% ~ 135%。承包商在估算指标的顶点以下完成工程则可得到奖金，超过顶点则要对超出部分支付罚款。如果成本在底点之下，则可加大酬金值或酬金百分比。采用这种方式通常规定，当实际成本超过顶点对承包商进行罚款时，最大罚款限额不超过原先商定的最高酬金值。

在招标时，当图样、规范等准备不充分，不能据以确定合同价格，而仅能制定一个估算指标时，可采用这种形式。

（4）最高限额成本加固定最大酬金合同。在这种计价方式的合同中，需要约定或确定三个成本：最高限额成本、报价成本和最低成本。

1）当实际成本没有超过最低成本时，承包方花费的成本费用及应得酬金等都可得到发包方的支付，并与发包方分享节约额。

2）如果实际工程成本在最低成本和报价成本之间，承包方只有成本和酬金可以得到支付。

3）如果实际工程成本在报价成本和最高限额成本之间，则只有全部成本可以得到支付。

4）如果实际工程成本超过最高限额成本，则对超过部分，发包方不予支付。

在传统承包模式下，不同计价方式的合同类型比较如表 6-1 所示。

表 6-1　不同计价方式的合同类型比较

合 同 类 型	总价合同	单价合同	成本加酬金合同			
			百分比酬金	固定酬金	浮动奖金	最大成本加奖金
应 用 范 围	广泛	广泛	有局限性			
业主方造价控制	易	较易	最难	难	不易	较易

【拓展思考 6-2】如何选择建设工程施工的合同类型？

发包方应综合考虑以下因素进行合同类型的选择。

1. 工程项目的复杂程度

规模大且技术复杂的工程项目，承包风险较大，各项费用不易准确估算，因而不宜采用总价合同。可以将有把握的部分采用总价合同，估算不准的部分采用单价合同或成本加酬金合同。在同一工程项目中采用不同的合同形式，是业主和承包商合理分担施工风险因素的有效手段。

2. 工程项目的设计深度

施工招标时所依据的工程项目设计深度是选择合同类型的重要因素。招标图样和工程量清单的详细程度能否使投标人进行合理报价，取决于已完成的设计深度。表 6-2 列出了不同设计阶段与合同类型的对应选择关系。

表 6-2 不同设计阶段与合同类型选择

合同类型	设计阶段	设计主要内容	设计应满足的条件
总价合同	施工图设计	1. 详细的设备清单 2. 详细的材料清单 3. 施工详图 4. 施工图预算 5. 施工组织设计	1. 设备、材料的安排 2. 非标准设备的制造 3. 施工图预算的编制 4. 施工组织设计的编制 5. 其他施工要求
单价合同	技术设计	1. 较详细的设备清单 2. 较详细的材料清单 3. 工程必需的设计内容 4. 修正概算	1. 设计方案中重大技术问题的要求 2. 有关试验方面确定的要求 3. 有关设备制造方面的要求
成本加酬金合同或单价合同	初步设计	1. 总概算 2. 设计依据、指导思想 3. 建设规模 4. 主要设备选型和配置 5. 主要材料需要量 6. 主要建筑物、构筑物的形式和估计工程量 7. 公用辅助设施 8. 主要技术经济指标	1. 主要材料、设备订购 2. 项目总造价控制 3. 技术设计的编制 4. 施工组织设计的编制

虽然《建筑法》《招标投标法》等法律法规均规定，施工图设计后方可进行施工招标，但对于建设项目总承包的工程，上述合同对比选择原则是适用的。

3. 工程施工技术的先进程度

如果工程施工中有较大部分采用新技术和新工艺，当业主和承包商在这方面过去都没有经验，且在国家颁布的标准、规范、定额中又没有可作为依据的标准时，为了避免投标人盲目地提高承包价款或由于对施工难度估计不足而导致承包亏损，不宜采用固定价合同，而应选用成本加酬金合同。

4. 工程施工工期的紧迫程度

有些紧急工程（如灾后恢复工程等）要求尽快开工且工期较紧时，可能仅有实施方案，还没有施工图，因此，承包商不可能报出合理的价格，宜采用成本加酬金合同。

对于一个建设工程项目而言，采用何种合同形式不是固定的。即使在同一个工程项目中，各个不同的工程部分或不同阶段，也可采用不同类型的合同。在划分标段、进行合同策划时，应根据实际情况，综合考虑各种因素后再做出决策。

一般而言，合同工期在 1 年以内且施工图设计文件已通过审查的建设工程，可选择总价合同；紧急抢修、救援、救灾等建设工程，可选择成本加酬金合同；其他情形的建设工程，均宜选择单价合同。

6.2　建设工程施工合同的订立

6.2.1　合同的主要内容

《民法典》第七百九十五条规定："施工合同的内容一般包括工程范围、建设工期、中间交工工程的开工和竣工时间、工程质量、工程造价、技术资料交付时间、材料和设备供应责任、拨款和结算、竣工验收、质量保修范围和质量保证期、相互协作等条款。"

2017 年版《示范文本》则通过合同协议书、通用合同条款和专用合同条款的形式具体约定建设工程施工合同的上述内容。其中，合同协议书是纲领性约定。

2017 年版《示范文本》中的合同协议书大多是空格的填写，如图 6-1 所示。

第一部分 合同协议书

发包人（全称）：_____

承包人（全称）：_____

根据《中华人民共和国合同法》《中华人民共和国建筑法》及有关法律规定，遵循平等、自愿、公平和诚实信用的原则，双方就_____工程施工及有关事项协商一致，共同达成如下协议：

一、工程概况

1.工程名称：_____。

2.工程地点：_____。

3.工程立项批准文号：_____。

4.资金来源：_____。

5.工程内容：_____。

群体工程应附《承包人承揽工程项目一览表》（附件1）。

6.工程承包范围：

_____

_____。

二、合同工期

计划开工日期：_____年_____月_____日。

计划竣工日期：_____年_____月_____日。

工期总日历天数：_____天。工期总日历天数与根据前述计划开竣工日期计算的工期天数不一致的，以工期总日历天数为准。

三、质量标准

工程质量符合_____标准。

四、签约合同价与合同价格形式

1.签约合同价为：

人民币（大写）_____（¥_____元）；

其中：

（1）安全文明施工费：

人民币（大写）_____（¥_____元）；

（2）材料和工程设备暂估价金额：

人民币（大写）_____（¥_____元）；

（3）专业工程暂估价金额：

人民币（大写）_____（¥_____元）；

（4）暂列金额：

人民币（大写）_____（¥_____元）；

2.合同价格形式：_____。

五、项目经理

承包人项目经理：_____。

六、合同文件构成

本协议书与下列文件一起构成合同文件：

图 6-1　2017 年版《示范文本》中的合同协议书（部分）

1）关于工程承包范围。工程承包范围的界定是工程项目范围管理的内容，是防范合同纠纷的重要约定。在签订合同时，应认真做好工程承包范围的界定和文字描述，重点考虑下述事项：

① 应明确界定与相关、相连接工程之间具体的分界部位。单体建筑工程范围界定举例如下：

例1：散水以内的土建工程（含散水、室外台阶）、给水排水、电气照明、防雷接地安装及预留预埋属合同范围，合同另有约定的除外。

例2：给水排水系统与室外给水排水系统工程可界定为出外墙面1.5m或至室外第一管径变径处，管井及接头由室外施工方负责等。

例3：本合同不含消防（但含疏散指导、应急照明的安装）门窗等安装工程，但含以上部分安装后的补洞、补灰、补砖等配合工作。

② 应符合质量验收单位（子单位）、分部分项工程划分规定和有利于工程的总包验收、分包验收及专项验收要求。例如，人防工程中，统一由消防验收的通风工程与消防工程分别包给不同队伍施工，在系统专项验收报验时，总包与分包之间容易发生纠纷。

③ 应符合工程定额分部分项工程内容要求。例如，塔式起重机基础的施工与完成后的基础拆除、土方工程中的挖基槽及修整边坡等，均应按定额工程内容完整描述工程承包范围，防止工程内容重复和结算纠纷。

2）关于工期。在合同协议书内应明确注明开工日期、竣工日期和合同工期总日历天数。如果是招标选择的承包人，工期总日历天数应为投标书内承包人承诺的天数，而不一定是招标文件要求的天数。因为招标文件通常规定本招标工程最长允许的完工时间，而承包人为了竞争，申报的投标工期可能会短于招标文件限定的最长工期，此项因素通常是评标比较的内容。并且，中标通知书中也会注明发包人接受的投标工期。

合同内如果有发包人要求分阶段移交的单位工程或部分工程，在专用合同条款内还需明确约定中间交工工程的范围和竣工时间。此项约定也是判定承包人是否按合同履行了义务的标准。

3）关于质量标准。标准是检验承包人施工应遵循的准则以及判定工程质量是否满足要求的标准。国家规范中的标准是强制性标准，合同约定的标准不得低于强制性标准，但发包人从建筑产品功能要求出发，可以对工程或部分工程部位提出更高的质量要求。在专用合同条款内必须明确规定本工程及主要部分应达到的质量要求，以及施工过程中需要进行质量检测和调试的时间、试验内容、试验地点和方式等具体约定。

对于采用新技术、新工艺施工的部分，如果国内没有相应的标准、规范，在合同内也应约定质量检验的方式、检验的内容及应达到的指标要求，否则，无从判定施工的质量是否合格。

4）关于合同价款。合同价款是双方共同约定的条款，应做到：第一要有协议，第二要明确确定。例如，暂列金、暂估价、概算价等都不能作为合同价款。约而不定的造价不能作为合同价款。

合同价格形式需要明确。采用总价应注意总价对应的工作范围界定；风险范围及风险费用计算方法则在通用合同条款和专用合同条款中约定。

5）合同文件的构成。

① 合同协议书。

② 中标通知书（如果有）。

③ 投标函及其附录（如果有）。

④ 专用合同条款及其附件。

⑤ 通用合同条款。

⑥ 技术标准和要求。

⑦ 图样。

⑧ 已标价工程量清单或预算书。

⑨ 其他合同文件。

组成合同的各项文件应互相解释、互为说明。在合同订立及履行过程中形成的与合同有关的文件，均构成合同文件的组成部分。上述各项合同文件包括合同当事人就该项合同文件所做出的补充和修改，属于同一类内容的文件，应以最新签署的为准。

上述合同文件构成顺序也是合同文件解释的优先顺序，合同当事人在专用合同条款中对合同文件解释的优先顺序另有约定者除外。合同当事人应慎重确定合同文件的组成及解释顺序，原则上无特别的需要，应尽量避免重新调整上述合同文件解释顺序。在"其他合同文件"中，当事人可以根据不同项目的情况，约定其他有关文件作为合同文件的组成部分，如招标文件、施工组织设计、其他投标文件等。

6.2.2　合同文本分析

在施工合同订立签章生效前，应做好合同文本的分析审查工作，切实维护自身合法权益，防范合同风险。施工合同文本分析通常包括下列方面：

（1）施工合同的合法性分析。具体包括：当事人双方的资格审查；工程项目已具备招标、投标、签订和实施合同的一切条件；工程施工合同的内容（条款）和所指行为符合合同法和其他各种法律的要求，如劳动保护、环境保护、税赋等。

（2）施工合同的完备性分析。具体包括：属于施工合同的各种文件（特别是工程技术、环境、水文地质等方面的说明文件和设计文件，如图样、规范等）齐全；施工合同条款齐全，对各种问题都有规定，不漏项等。

（3）合同双方责任和权益及其关系分析。主要分析合同双方的责任和权益是否互为前提条件。例如，如果合同规定承包方有一项权利，则要分析该项权利的行使对发包方的影响，该权利是否需要制约，承包方有无滥用这项权利的可能，承包方使用该权利应承担什么责任等，以此提出对这项权利的制约。对责任和权益的分析应尽可能具体详细，并注意其范围的限定。

（4）合同条款之间的联系分析。由于合同条款所定义的合同文件和合同问题具有一定的逻辑关系，如实施的顺序关系、空间上和技术上的相互依赖关系、责任和权利的平衡和制约关系、完整性要求等，使得合同条款之间有一定的内在联系。同样一种表达方式，在不同的合同环境中，或不同的上下文，则可能有不同的风险，通过内在联系分析，可审查出合同条款之间的缺陷、矛盾、不足之处和逻辑上的问题等。

（5）合同实施的后果分析。应对合同双方履行合同的能力和合同履行的环境做分析和预测，并对可能发生的后果风险做出应对分析，以便对各种可能出现的实施后果进行预控。如果分析发现实施后果严重，难以控制，则应重新审视合同条款，避免不可控后果的产生。

6.2.3 合同的一般规定

1. 语言文字

合同以中国的汉语简体文字编写、解释和说明。合同当事人在专用合同条款中约定使用两种以上语言时，汉语为优先解释和说明合同的语言。

2. 法律

合同所称法律是指中华人民共和国法律、行政法规、部门规章，以及工程所在地的地方性法规、自治条例、单行条例和地方政府规章等。

合同当事人可以在专用合同条款中约定合同适用的其他规范性文件。

3. 标准和规范

适用于工程的国家标准、行业标准、工程所在地的地方性标准，以及相应的规范、规程等，合同当事人有特别要求的，应在专用合同条款中约定。

发包人要求使用国外标准、规范的，发包人负责提供原文版本和中文译本，并在专用合同条款中约定提供标准规范的名称、份数和时间。

发包人对工程的技术标准、功能要求高于或严于现行国家、行业或地方标准的，应当在专用合同条款中予以明确。除专用合同条款另有约定外，应视为承包人在签订合同前已充分预见前述技术标准和功能要求的复杂程度，签约合同价中已包含由此产生的费用。

4. 图样和承包人文件

（1）图样的提供和交底。发包人应按照专用合同条款约定的期限、数量和内容向承包人免费提供图样，并组织承包人、监理人和设计人进行图纸会审和设计交底。发包人最迟不得晚于开工通知载明的开工日期前 14 天向承包人提供图样。

因发包人未按合同约定提供图样导致承包人费用增加和（或）工期延误的，按照"因发包人原因导致工期延误"的约定处理。

（2）图样的错误。承包人在收到发包人提供的图样后，发现图样存在差错、遗漏或缺陷的，应及时通知监理人。监理人接到该通知后，应附具相关意见并立即报送发包人，发包人应在收到监理人报送的通知后的合理时间内做出决定。合理时间是指发包人在收到监理人报送的通知后，尽其努力且不懈怠地完成图样修改、补充所需的时间。

（3）图样的修改和补充。图样需要修改和补充的，应经图样原设计人及审批部门同意，并由监理人在工程或工程相应部位施工前将修改后的图样或补充图样提交给承包人，承包人应按修改或补充后的图样施工。

（4）承包人文件。承包人应按照专用合同条款的约定提供应当由其编制的与工程施工有关的文件，并按照专用合同条款约定的期限、数量和形式提交监理人，并由监理人报送发包人。

除专用合同条款另有约定外，监理人应在收到承包人文件后 7 天内审查完毕，监理人对承包人文件有异议的，承包人应予以修改，并重新报送监理人。监理人的审查并不减轻或免除承包人根据合同约定应当承担的责任。

（5）图样和承包人文件的保管。除专用合同条款另有约定外，承包人应在施工现场另外保存一套完整的图样和承包人文件，供发包人、监理人及有关人员进行工程检查时使用。

5. 联络

与合同有关的通知、批准、证明、证书、指示、指令、要求、请求、同意、意见、确定和决定等，均应采用书面形式，并应在合同约定的期限内送达接收人和送达地点。

发包人和承包人应在专用合同条款中约定各自的接收人和送达地点。任何一方合同当事人指定的接收人或送达地点发生变动的，应提前 3 天以书面形式通知对方。

发包人和承包人应当及时签收另一方指定送达地点和指定接收人的来往信函。拒不签收的，由此增加的费用和（或）延误的工期由拒绝接收的一方承担。

6. 严禁贿赂

合同当事人不得以贿赂或变相贿赂的方式，谋取非法利益或损害对方权益。因一方合同当事人的贿赂造成对方损失的，应赔偿损失，并承担相应的法律责任。

承包人不得与监理人或发包人聘请的第三方串通损害发包人利益。未经发包人书面同意，承包人不得为监理人提供合同约定以外的通信设备、交通工具及其他任何形式的利益，不得向监理人支付报酬。

7. 化石、文物

在施工现场发掘的所有文物、古迹以及具有地质研究或考古价值的其他遗迹、化石、钱币或物品属于国家所有。一旦发现上述文物，承包人应采取合理有效的保护措施，防止任何人员移动或损坏上述物品，并立即报告有关政府行政管理部门，同时通知监理人。

发包人、监理人和承包人应按有关政府行政管理部门要求采取妥善的保护措施，由此增加的费用和（或）延误的工期由发包人承担。

承包人发现文物后不及时报告或隐瞒不报，致使文物丢失或损坏的，应赔偿损失，并承担相应的法律责任。

8. 交通运输

（1）出入现场的权利。除专用合同条款另有约定外，发包人应根据施工需要，负责取得出入施工现场所需的批准手续和全部权利，以及取得因施工所需修建道路、桥梁以及其他基础设施的权利，并承担相关手续费用和建设费用。承包人应协助发包人办理修建场内外道路、桥梁以及其他基础设施的手续。

承包人应在订立合同前查勘施工现场，并根据工程规模及技术参数合理预见工程施工所需的进出施工现场的方式、手段、路径等。因承包人未合理预见所增加的费用和（或）延误的工期由承包人承担。

（2）场外交通。发包人应提供场外交通设施的技术参数和具体条件，承包人应遵守有关交通法规，严格按照道路和桥梁的限制荷载行驶，执行有关道路限速、限行、禁止超载的规定，并配合交通管理部门的监督和检查。场外交通设施无法满足工程施工需要的，由发包人负责完善并承担相关费用。

（3）场内交通。发包人应提供场内交通设施的技术参数和具体条件，并应按照专用合同条款的约定向承包人免费提供满足工程施工所需的场内道路和交通设施。因承包人原因造成上述道路或交通设施损坏的，承包人负责修复并承担由此增加的费用。

除发包人按照合同约定提供的场内道路和交通设施外，承包人还负责修建、维修、养护和管理施工所需的其他场内临时道路和交通设施。发包人和监理人可以为实现合同目的使用承包人修建的场内临时道路和交通设施。

场外交通和场内交通的边界由合同当事人在专用合同条款中约定。

（4）超大件和超重件的运输。由承包人负责运输的超大件或超重件，应由承包人负责向交通管理部门办理申请手续，发包人给予协助。运输超大件或超重件所需的道路和桥梁临时加固改造费用和其他有关费用由承包人承担，但专用合同条款另有约定的除外。

（5）道路和桥梁的损坏责任。因承包人运输造成施工场地内外公共道路和桥梁损坏的，由承包人承担修复损坏的全部费用和可能引起的赔偿。

（6）水路运输和航空运输。本款前述各项内容也适用于水路运输和航空运输，其中"道路"一词的含义包括河道、航线、船闸、机场、码头、堤坝以及水路或航空运输中的其他相似结构物；"车辆"一词的含义包括船舶和飞机等。

9. 知识产权

除专用合同条款另有约定外，发包人提供给承包人的图样、发包人为实施工程自行编制或委托编制的技术规范以及反映发包人要求的或其他类似性质的文件的著作权属于发包人。承包人可以为实现合同目的而复制、使用此类文件，但不能用于与合同无关的其他事项。未经发包人书面同意，承包人不得为了合同以外的目的而复制、使用上述文件或将之提供给任何第三方。

除专用合同条款另有约定外，承包人为实施工程所编制的文件，除署名权以外的著作权属于发包人，承包人可因实施工程的运行、调试、维修、改造等目的而复制、使用此类文件，但不能用于与合同无关的其他事项。未经发包人书面同意，承包人不得为了合同以外的目的而复制、使用上述文件或将之提供给任何第三方。

合同当事人保证在履行合同过程中不侵犯对方及第三方的知识产权。承包人在使用材料、施工设备、工程设备或采用施工工艺时，因侵犯他人的专利权或其他知识产权所引起的责任，由承包人承担；因发包人提供的材料、施工设备、工程设备或施工工艺导致侵权的，由发包人承担。

除专用合同条款另有约定外，承包人在合同签订前和签订时已确定采用的专利、专有技术、技术秘密的使用费已包含在签约合同价中。

10. 保密

除法律规定或合同另有约定外，未经发包人同意，承包人不得将发包人提供的图样、文件以及声明需要保密的资料信息等商业秘密泄露给第三方。

除法律规定或合同另有约定外，未经承包人同意，发包人不得将承包人提供的技术秘密及声明需要保密的资料信息等商业秘密泄露给第三方。

11. 工程量清单错误的修正

除专用合同条款另有约定外，发包人提供的工程量清单，应被认为是准确的和完整的。出现下列情形之一时，发包人应予以修正，并相应调整合同价格：

（1）工程量清单存在缺项、漏项的。

（2）工程量清单偏差超出专用合同条款约定的工程量偏差范围的。

（3）未按照国家现行计量规范强制性规定计量的。

【案例分析6-2】

某建设单位（甲方）拟建造一栋职工住宅，采用招标方式确定某施工单位（乙方）为承包方。甲乙双方签订的施工合同摘要如下：

1. 协议书中的部分条款

（1）工程概况。

工程名称：职工住宅楼。

工程地点：市区。

工程内容：建筑面积为 3200m^2 的砖混结构住宅楼。

（2）工程承包范围。

承包范围：某建筑设计院设计的施工图所包括的土建、装饰、水暖电工程。

（3）合同工期。

开工日期：2012 年 3 月 12 日。

竣工日期：2012 年 9 月 21 日。

合同工期总日历天数：190 天（扣除 5 月 1~3 日劳动节放假）。

（4）质量标准。

工程质量标准：达到甲方规定的质量标准。

（5）合同价值。

合同总价：壹佰陆拾陆万肆仟元人民币（￥166.4 万元）。

（6）乙方承诺的质量保修。

在该项目设计规定的使用年限（50 年）内，乙方承担全部保修责任。

（7）甲方承诺的合同价款支付期限与方式。

1）工程预付款：于开工之日支付合同总价的 10% 作为预付款。

2）工程进度款：基础工程完成后，支付合同总价的 10%；主体结构三层完成后，支付合同总价的 20%；主体结构全部封顶后，支付合同总价的 20%；工程基本竣工时，支付合同总价的 30%。为确保工程如期竣工，乙方不得因甲方资金的暂时不到位而停工和拖延工期。

3）竣工结算：工程竣工验收后，进行竣工结算。结算时按全部工程造价的 3% 扣留工程保修金。

（8）合同生效。

合同订立时间：2012 年 3 月 5 日。

合同订立地点：××市××区××街××号。

本合同双方约定：经双方主管部门批准及公证后生效。

2. 专用条款中有关合同价款的条款

合同价款与支付：本合同价款采用固定价格合同方式确定。

合同价款包括的风险范围：

（1）工程变更事件发生导致工程造价增减不超过合同总价的 10%。

（2）政策性规定以外的材料价格涨落等因素造成工程成本变化。

风险费用的计算方法：风险费用已包括在合同总价中。

风险范围以外的合同价款调整方法：按实际竣工建筑面积 520.00 元/m^2 调整合同价款。

3. 补充协议条款

在上述施工合同协议条款签订后，甲乙双方接着又签订了补充施工合同协议条款，摘要如下：

补1. 木门窗均用水曲柳板包门窗套。

补2. 铝合金窗90系列改用42型系列某铝合金厂产品。

补3. 挑阳台均采用42型系列某铝合金厂铝合金窗封闭。

问题：

1. 上述合同属于哪种计价方式合同类型？

2. 该合同签订的条款有哪些不妥之处？应如何修改？

3. 对合同中未规定的承包商义务，合同实施过程中又必须进行的工程内容，承包商应如何处理？

【分析】

1. 从甲、乙双方签订的合同条款来看，该工程施工合同应属于总价合同。

2. 该合同存在的不妥之处及修改：

(1) 合同工期总日历天数不应扣除节假日，可以将该节假日时间加到总日历天数中。

(2) 不应以甲方规定的质量标准作为该工程的质量标准，而应以现行国家标准《建筑工程施工质量验收统一标准》(GB 50300) 中规定的质量标准作为该工程的质量标准。

(3) 质量保修条款不妥，应按《建筑工程质量管理条例》的有关规定进行保修。

(4) 工程价款支付条款中的"基本竣工时间"不明确，应修订为具体明确的时间。"乙方不得因甲方资金的暂时不到位而停工或拖延工期"条款显失公平，应说明甲方资金不到位的限定期限内乙方不得停工和拖延工期，且应规定逾期支付的利息如何计算。

(5) 从该案例的背景来看，合同双方是合法的独立法人单位，不应约定经双方主管部门批准后合同生效。

(6) 专用条款中合同的风险范围与风险费用的计算方法（按实际竣工建筑面积520.00元/m² 调整合同价款）不配套。该条款应针对可能出现的合同外风险分别约定合同价款调整方法。

(7) 在补充施工合同协议条款中，不仅要补充工程内容，还应说明其价款是否需要调整，以及若需调整应该如何调整。

3. 承包商应及时与甲方协商，确认该部分工程内容是否由乙方完成。如果需要由乙方完成，则应与甲方商签补充合同条款，就该部分工程内容明确双方各自的权利义务，并对工程计划做出相应的调整；如果由其他承包商完成，乙方也应与甲方就该部分工程内容的协作配合条件及相应的费用等问题达成一致意见，以保证工程的顺利进行。

6.2.4 合同主体的一般规定

1. 发包人

(1) 许可或批准。发包人应遵守法律，并办理法律规定由其办理的许可、批准或备案，包括但不限于建设用地规划许可证、建设工程规划许可证、建设工程施工许可证、施工所需临时用水、临时用电、中断道路交通、临时占用土地等许可和批准。发包人应协助承包人办理法律规定的有关施工证件和批件。

因发包人原因未能及时办理完毕前述许可、批准或备案的，由发包人承担由此增加的费用和（或）延误的工期，并支付承包人合理的利润。

（2）发包人代表。发包人应在专用合同条款中明确其派驻施工现场的发包人代表的姓名、职务、联系方式及授权范围等事项。发包人代表在发包人的授权范围内，负责处理合同履行过程中与发包人有关的具体事宜。发包人代表在授权范围内的行为由发包人承担法律责任。发包人更换发包人代表的，应提前 7 天书面通知承包人。

发包人代表不能按照合同约定履行其职责及义务，并导致合同无法继续正常履行的，承包人可以要求发包人撤换发包人代表。

不属于法定必须监理的工程，监理人的职权可以由发包人代表或发包人指定的其他人员行使。

（3）发包人人员。发包人应要求在施工现场的发包人人员遵守法律及有关安全、质量、环境保护、文明施工等规定，并保障承包人免于承受因发包人人员未遵守上述要求而给承包人造成的损失和责任。

发包人人员包括发包人代表及其他由发包人派驻施工现场的人员。

（4）施工现场、施工条件和基础资料的提供。具体包括以下内容：

1）提供施工现场。除专用合同条款另有约定外，发包人应最迟于开工日期 7 天前向承包人移交施工现场。

2）提供施工条件。除专用合同条款另有约定外，发包人应负责提供施工所需要的条件，包括：将施工用水、电力、通信线路等施工所必需的条件接至施工现场内；保证向承包人提供正常施工所需要的进入施工现场的交通条件；协调处理施工现场周围地下管线和邻近建筑物、构筑物、古树名木的保护工作，并承担相关费用；按照专用合同条款约定应提供的其他设施和条件。

3）提供基础资料。发包人应当在移交施工现场前向承包人提供施工现场及工程施工所必需的毗邻区域内供水、排水、供电、供气、供热、通信、广播电视等地下管线资料，气象和水文观测资料，地质勘查资料，相邻建筑物、构筑物和地下工程等有关基础资料，并对所提供资料的真实性、准确性和完整性负责。按照法律规定确需在开工后方能提供的基础资料，发包人应尽其努力及时地在相应工程施工前的合理期限内提供，合理期限应以不影响承包人的正常施工为限。

4）逾期提供的责任。因发包人原因未能按合同约定及时向承包人提供施工现场、施工条件、基础资料的，由发包人承担由此增加的费用和（或）延误的工期。

（5）资金来源证明及支付担保。除专用合同条款另有约定外，发包人应在收到承包人要求提供资金来源证明的书面通知后 28 天内，向承包人提供能够按照合同约定支付合同价款的相应资金来源证明。

除专用合同条款另有约定外，承包人要求发包人提供支付担保的，发包人应当向承包人提供支付担保。支付担保可以采用银行保函或担保公司担保等形式，具体由合同当事人在专用合同条款中约定。

【拓展思考 6-3】此项约定有何意义？

1999 版《示范文本》中虽然规定了发承包双方的履约担保，但实践中基本上均是发包人要求承包人提供履约担保，发包人基本上不会向承包人提供履约担保。为从根本上解决国内普遍存在的拖欠工程款问题，自 2013 年版《示范文本》起，吸收了 FIDIC 条款的承发包双方互为担保制度，即发包人的支付担保和承包人履约担保条款。2017 年版《示范文本》

保留了 2013 年版《示范文本》的此项约定。

（6）支付合同价款。发包人应按合同约定向承包人及时支付合同价款。

（7）组织竣工验收。发包人应按合同约定及时组织竣工验收。

（8）现场统一管理协议。发包人应与承包人、由发包人直接发包的专业工程的承包人签订施工现场统一管理协议，明确各方的权利义务。施工现场统一管理协议作为专用合同条款的附件。

2. 承包人

（1）承包人的一般义务。

1）承包人在履行合同过程中应遵守法律和工程建设标准规范。

2）办理法律规定应由承包人办理的许可和批准，并将办理结果书面报送发包人留存。

3）按法律规定和合同约定完成工程，并在保修期内承担保修义务。

4）按法律规定和合同约定采取施工安全和环境保护措施，办理工伤保险，确保工程及人员、材料、设备和设施的安全。

5）按合同约定的工作内容和施工进度要求，编制施工组织设计和施工措施计划，并对所有施工作业和施工方法的完备性和安全可靠性负责。

6）在进行合同约定的各项工作时，不得侵害发包人与他人使用公用道路、水源、市政管网等公共设施的权利，避免对邻近的公共设施产生干扰。承包人占用或使用他人的施工场地，影响他人作业或生活的，应承担相应责任。

7）按照"环境保护"约定负责施工场地及其周边环境与生态的保护工作。

8）按照"安全文明施工"约定采取施工安全措施，确保工程及其人员、材料、设备和设施的安全，防止因工程施工造成的人身伤害和财产损失。

9）将发包人按合同约定支付的各项价款专用于合同工程，且应及时支付其雇用人员的工资，并及时向分包人支付合同价款。

10）按照法律规定和合同约定编制竣工资料，完成竣工资料立卷及归档，并按专用合同条款约定的竣工资料的套数、内容、时间等要求移交发包人。

11）应履行的其他义务。

（2）项目经理。

1）项目经理应为合同当事人所确认的人选，并在专用合同条款中明确项目经理的姓名、职称、注册执业证书编号、联系方式及授权范围等事项。项目经理经承包人授权后，代表承包人负责履行合同。项目经理应是承包人正式聘用的员工，承包人应向发包人提交项目经理与承包人之间的劳动合同，以及承包人为项目经理缴纳社会保险的有效证明。承包人不提交上述文件的，项目经理无权履行职责，发包人有权要求更换项目经理，由此增加的费用和（或）延误的工期由承包人承担。

项目经理应常驻施工现场，且每月在施工现场的时间不得少于专用合同条款约定的天数。项目经理不得同时担任其他项目的项目经理。项目经理确需离开施工现场时，应事先通知监理人，并取得发包人的书面同意。项目经理的通知中应当载明临时代行其职责的人员的注册执业资格、管理经验等资料，该人员应具备履行相应职责的能力。

承包人违反上述约定的，应按照专用合同条款的约定承担违约责任。

2）项目经理按合同约定组织工程实施。在紧急情况下，为确保施工安全和人员安全，在无法与发包人代表和总监理工程师及时取得联系时，项目经理有权采取必要的措施保证与工程有关的人身、财产和工程的安全，但应在 48 小时内向发包人代表和总监理工程师提交书面报告。

3）承包人需要更换项目经理的，应提前 14 天书面通知发包人和监理人，并征得发包人书面同意。通知中应当载明继任项目经理的注册执业资格、管理经验等资料，继任项目经理继续履行合同中约定的项目经理职责。未经发包人书面同意，承包人不得擅自更换项目经理。承包人擅自更换项目经理的，应按照专用合同条款的约定承担违约责任。

4）发包人有权书面通知承包人更换其认为不称职的项目经理，通知中应当载明要求更换的理由。承包人应在接到更换通知后 14 天内向发包人提出书面的改进报告。发包人收到改进报告后仍要求更换的，承包人应在接到第二次更换通知的 28 天内进行更换，并将新任命的项目经理的注册执业资格、管理经验等资料书面通知发包人。继任项目经理继续履行合同约定的项目经理的职责。承包人无正当理由拒绝更换项目经理的，应按照专用合同条款的约定承担违约责任。

5）项目经理因特殊情况授权其下属人员履行其某项工作职责的，该下属人员应具备履行相应职责的能力，并应提前 7 天将上述人员的姓名和授权范围书面通知监理人，并征得发包人书面同意。

（3）承包人人员。

1）除专用合同条款另有约定外，承包人应在接到开工通知后 7 天内，向监理人提交承包人项目管理机构及施工现场人员安排的报告，其内容应包括合同管理、施工、技术、材料、质量、安全、财务等主要施工管理人员名单及其岗位、注册执业资格等，以及各工种技术工人的安排情况，并同时提交主要施工管理人员与承包人之间的劳动关系证明和缴纳社会保险的有效证明。

2）承包人派驻到施工现场的主要施工管理人员应相对稳定。施工过程中如有变动，承包人应及时向监理人提交施工现场人员变动情况的报告。承包人更换主要施工管理人员时，应提前 7 天书面通知监理人，并征得发包人书面同意。通知中应当载明继任人员的注册执业资格、管理经验等资料。

特殊工种作业人员均应持有相应的资格证明，监理人可以随时检查。

3）发包人对承包人的主要施工管理人员的资格或能力有异议的，承包人应提供资料证明被质疑人员有能力完成其岗位工作或不存在发包人所质疑的情形。发包人要求撤换不能按照合同约定履行职责及义务的主要施工管理人员的，承包人应当撤换。承包人无正当理由拒绝撤换的，应按照专用合同条款的约定承担违约责任。

4）除专用合同条款另有约定外，承包人的主要施工管理人员离开施工现场每月累计不超过 5 天的，应报监理人同意；离开施工现场每月累计超过 5 天的，应通知监理人，并征得发包人书面同意。主要施工管理人员离开施工现场前应指定一名有经验的人员临时代行其职责，该人员应具备履行相应职责的资格和能力，且应征得监理人或发包人的同意。

5）承包人擅自更换主要施工管理人员，或前述人员未经监理人或发包人同意擅自离开施工现场的，应按照专用合同条款的约定承担违约责任。

（4）承包人现场查勘。承包人应对基于发包人按照"提供基础资料"约定提交的基础资料所做出的解释和推断负责，但因基础资料存在错误、遗漏导致承包人解释或推断失实的，由发包人承担责任。

承包人应对施工现场和施工条件进行查勘，并充分了解工程所在地的气象条件、交通条件、风俗习惯以及与完成合同工作有关的其他资料。因承包人未能充分查勘、了解前述情况或未能充分估计前述情况所可能产生后果的，承包人承担由此增加的费用和（或）延误的工期。

（5）分包。

1）分包的一般约定。承包人不得将其承包的全部工程转包给第三人，或将其承包的全部工程肢解后以分包的名义转包给第三人。承包人不得将工程主体结构、关键性工作及专用合同条款中禁止分包的专业工程分包给第三人，主体结构、关键性工作的范围由合同当事人按照法律规定在专用合同条款中予以明确。承包人不得以劳务分包的名义转包或违法分包工程。

2）分包的确定。承包人应按专用合同条款的约定进行分包，确定分包人。已标价工程量清单或预算书中给定暂估价的专业工程，按照暂估价确定分包人。按照合同约定进行分包的，承包人应确保分包人具有相应的资质和能力。工程分包不减轻或免除承包人的责任和义务，承包人和分包人就分包工程向发包人承担连带责任。除合同另有约定外，承包人应在分包合同签订后7天内向发包人和监理人提交分包合同副本。

3）分包管理。承包人应向监理人提交分包人的主要施工管理人员表，并对分包人的施工人员进行实名制管理，包括但不限于进出场管理、登记造册以及各种证照的办理。

4）分包合同价款。生效法律文书要求发包人向分包人支付分包合同价款的，发包人有权从应付承包人工程款中扣除该部分款项；除上述约定的情况或专用合同条款另有约定外，分包合同价款由承包人与分包人结算，未经承包人同意，发包人不得向分包人支付分包工程价款。

5）分包合同权益的转让。分包人在分包合同项下的义务持续到缺陷责任期届满以后的，发包人有权在缺陷责任期届满前，要求承包人将其在分包合同项下的权益转让给发包人，承包人应当转让。除转让合同另有约定外，转让合同生效后，由分包人向发包人履行义务。

（6）工程照管与成品、半成品保护。

1）除专用合同条款另有约定外，自发包人向承包人移交施工现场之日起，承包人应负责照管工程及工程相关的材料、工程设备，直到颁发工程接收证书之日止。

2）在承包人负责照管期间，因承包人原因造成工程、材料、工程设备损坏的，由承包人负责修复或更换，并承担由此增加的费用和（或）延误的工期。

3）对合同内分期完成的成品和半成品，在工程接收证书颁发前，由承包人承担保护责任。因承包人原因造成成品或半成品损坏的，由承包人负责修复或更换，并承担由此增加的费用和（或）延误的工期。

（7）履约担保。发包人需要承包人提供履约担保的，由合同当事人在专用合同条款中约定履约担保的方式、金额及期限等。履约担保可以采用银行保函或担保公司担保等形式，具体由合同当事人在专用合同条款中约定。

因承包人原因导致工期延长的，继续提供履约担保所增加的费用由承包人承担；非因承包人原因导致工期延长的，继续提供履约担保所增加的费用由发包人承担。

（8）联合体。

1）联合体各方应共同与发包人签订合同协议书。联合体各方应为履行合同向发包人承担连带责任。

2）联合体协议经发包人确认后作为合同附件。在履行合同过程中，未经发包人同意，不得修改联合体协议。

3）联合体牵头人负责与发包人和监理人联系，并接受指示，负责组织联合体各成员全面履行合同。

3. 监理人

（1）监理人的一般规定。工程实行监理的，发包人和承包人应在专用合同条款中明确监理人的监理内容及监理权限等事项。监理人应当根据发包人授权及法律规定，代表发包人对工程施工相关事项进行检查、查验、审核、验收，并签发相关指示；但监理人无权修改合同，且无权减轻或免除合同约定的承包人的任何责任与义务。

除专用合同条款另有约定外，监理人在施工现场的办公场所、生活场所由承包人提供，所发生的费用由发包人承担。

【拓展思考 6-4】如何理解发包人对监理人的授权？

1999 年版《示范文本》将发包人代表和监理人的现场工程师均列在工程师名下，当发包人代表和监理工程师同时存在时，将无法进行有效区分，易导致工程施工管理混乱。自 2013 年版《示范文本》起，将监理人和发包人代表进行了区分，建立了以监理人为施工管理和文件传递核心的合同体系。2017 年版《示范文本》继续此合同体系。从尊重发包人权利和便于高效管理合同的角度出发，对监理人相关事项做了相应规定。例如，强调发包人对监理人进行合理授权，并将授权事项告知承包人；明确监理人作为合同履行文件传递中心，即发包人和承包人之间的文件往来均通过监理人来中转，确保监理人能够全面、畅通地了解合同管理信息，以完成其法定义务和约定义务。

需要注意的是，对于非强制监理工程项目，发包人可以不委托监理人，而自行进行工程管理或者聘请工程管理人、工程造价咨询人等，合同关于监理人的工作职责可以由发包人或其聘请的工程管理人、工程造价咨询人行使。

2017 年版《示范文本》除确定监理人"文件传递中心"的合同地位外，还明确了监理人在承发包双方就合同履行出现分歧时担当纠纷解决的商定与确定的组织实施责任。

（2）监理人员。发包人授予监理人对工程实施监理的权力，由监理人派驻施工现场的监理人员行使。监理人员包括总监理工程师及监理工程师。监理人应将授权的总监理工程师和监理工程师的姓名及授权范围以书面形式提前通知承包人。更换总监理工程师的，监理人应提前 7 天书面通知承包人；更换其他监理人员的，监理人应提前 48 小时书面通知承包人。

（3）监理人的指示。监理人应按照发包人的授权发出监理指示。监理人的指示应采用书面形式，并经其授权的监理人员签字。紧急情况下，为了保证施工人员的安全或避免工程受损，监理人员可以口头形式发出指示，该指示与书面形式的指示具有同等法律效力，但必须在发出口头指示后 24 小时内补发书面监理指示，补发的书面监理指示应与口头指示一致。

监理人发出的指示应送达承包人项目经理或经项目经理授权接收的人员。因监理人未能按合同约定发出指示、指示延误或发出了错误指示而导致承包人费用增加和（或）工期延误的，由发包人承担相应责任。除专用合同条款另有约定外，总监理工程师不应将"商定或确定"约定应由总监理工程师做出确定的权力授权或委托给其他监理人员。

承包人对监理人发出的指示有疑问的，应向监理人提出书面异议，监理人应在 48 小时内对该指示予以确认、更改或撤销，监理人逾期未回复的，承包人有权拒绝执行上述指示。

监理人对承包人的任何工作、工程或其采用的材料和工程设备未在约定的或合理期限内提出意见的，视为批准，但不免除或减轻承包人对该工作、工程、材料、工程设备等应承担的责任和义务。

（4）商定或确定。合同当事人进行商定或确定时，总监理工程师应当会同合同当事人尽量通过协商达成一致，不能达成一致的，由总监理工程师按照合同约定审慎做出公正的确定。

总监理工程师应将确定以书面形式通知发包人和承包人，并附详细依据。合同当事人对总监理工程师的确定没有异议的，按照总监理工程师的确定执行。任何一方合同当事人有异议，按照"争议解决"约定处理。争议解决前，合同当事人暂按总监理工程师的确定执行；争议解决后，争议解决的结果与总监理工程师的确定不一致的，按照争议解决的结果执行，由此造成的损失由责任人承担。

6.3　施工合同履行中的质量管理

6.3.1　工程质量

1. 质量要求

工程质量标准必须符合现行国家有关工程施工质量验收规范和标准的要求。有关工程质量的特殊标准或要求由合同当事人在专用合同条款中约定。

因发包人原因造成工程质量未达到合同约定标准的，由发包人承担由此增加的费用和（或）延误的工期，并支付承包人合理的利润。

因承包人原因造成工程质量未达到合同约定标准的，发包人有权要求承包人返工直至工程质量达到合同约定的标准为止，并由承包人承担由此增加的费用和（或）延误的工期。

2. 质量保证措施

（1）发包人的质量管理。发包人应按照法律规定及合同约定完成与工程质量有关的各项工作。

（2）承包人的质量管理。承包人按照"施工组织设计"约定向发包人和监理人提交工程质量保证体系及措施文件，建立完善的质量检查制度，并提交相应的工程质量文件。对于发包人和监理人违反法律规定和合同约定的错误指示，承包人有权拒绝实施。

承包人应对施工人员进行质量教育和技术培训，定期考核施工人员的劳动技能，严格执行施工规范和操作规程。

承包人应按照法律规定和发包人的要求，对材料、工程设备以及工程的所有部位及其施工工艺进行全过程的质量检查和检验，并做详细记录，编制工程质量报表，报送监理人审查。此外，承包人还应按照法律规定和发包人的要求，进行施工现场取样试验、工程复核测量和设备性能检测，提供试验样品，提交试验报告和测量成果，以及其他工作。

（3）监理人的质量检查和检验。监理人按照法律规定和发包人授权对工程的所有部位及其施工工艺、材料和工程设备进行检查和检验。承包人应为监理人的检查和检验提供方便，包括监理人到施工现场，或制造、加工地点，或合同约定的其他地方进行察看和查阅施工原始记录。监理人为此进行的检查和检验，不免除或减轻承包人按照合同约定应当承担的责任。

监理人的检查和检验不应影响施工正常进行。监理人的检查和检验影响施工正常进行，且经检查检验不合格的，影响正常施工的费用由承包人承担，工期不予顺延；经检查检验合格的，由此增加的费用和（或）延误的工期由发包人承担。

3. 隐蔽工程检查

（1）承包人自检。承包人应当对工程隐蔽部位进行自检，并经自检确认是否具备覆盖条件。

（2）检查程序。除专用合同条款另有约定外，工程隐蔽部位经承包人自检确认具备覆盖条件的，承包人应在共同检查前 48 小时书面通知监理人检查，通知中应载明隐蔽工程检查的内容、时间和地点，并应附有自检记录和必要的检查资料。

监理人应按时到场，并对隐蔽工程及其施工工艺、材料和工程设备进行检查。经监理人检查确认质量符合隐蔽要求，并在验收记录上签字后，承包人才能进行覆盖。经监理人检查质量不合格的，承包人应在监理人指示的时间内完成修复，并由监理人重新检查，由此增加的费用和（或）延误的工期由承包人承担。

除专用合同条款另有约定外，监理人不能按时进行检查的，应在检查前 24 小时向承包人提交书面延期要求，但延期不能超过 48 小时，由此导致工期延误的，工期应予以顺延。监理人未按时进行检查，也未提出延期要求的，视为隐蔽工程检查合格，承包人可自行完成覆盖工作，并做相应记录报送监理人，监理人应签字确认。监理人事后对检查记录有疑问的，可按"重新检查"的约定进行重新检查。

（3）重新检查。承包人覆盖工程隐蔽部位后，发包人或监理人对质量有疑问的，可要求承包人对已覆盖的部位进行钻孔探测或揭开重新检查，承包人应遵照执行，并在检查后重新覆盖恢复原状。经检查证明工程质量符合合同要求的，由发包人承担由此增加的费用和（或）延误的工期，并支付承包人合理的利润；经检查证明工程质量不符合合同要求的，由此增加的费用和（或）延误的工期由承包人承担。

（4）承包人私自覆盖。承包人未通知监理人到场检查，私自将工程隐蔽部位覆盖的，监理人有权指示承包人钻孔探测或揭开检查。无论工程隐蔽部位的质量是否合格，由此增加的费用和（或）延误的工期均由承包人承担。

【案例分析 6-3】

某新建工程采用公开招标的方式，确定某施工单位中标。双方按《建设工程施工合同（示范文本）》（GF—2017—0201）签订了施工总承包合同。合同约定总造价 14250 万元，预付备料款 2800 万元，每月月底按月支付施工进度款。竣工结算时，结算价款按调值公式进行调整。在招标和施工过程中，发生了如下事件：

事件一：建设单位自行组织招标。招标文件规定：合格投标人为本省企业，自招标文件发出之日起 15 天后投标截止；招标人对投标人提出的疑问分别以书面形式回复给相应提出疑问的投标人。建设行政主管部门评审招标文件时，认为个别条款不符合相关规定，要求整改后再进行招标。

事件二：屋面隐藏工程通过监理工程师验收后开始附图施工，建设单位对隐藏工程质量提出异议，要求复验，施工单位不同意。经监理工程师协调后，三方现场复验，经检验质量满足要求。施工单位要求补偿由此增加的费用，建设单位予以拒绝。

【分析】

事件一中，招标文件规定的不妥之处及理由如下：

合格投标人为本省企业不妥。理由：限制了其他的潜在投标人。

自招标文件发出之日起 15 天后投标截止不妥。理由：自招标文件发出之日起至投标截止的时间至少 20 天。

招标人对投标人提出的疑问分别以书面形式回复给相应的提出疑问的投标人不妥。理由：对于投标人提出的疑问，招标人应以书面形式发送给所有的购买招标文件的投标人。

事件二中，施工单位和建设单位做法的不正确之处及理由如下：

建设单位对隐蔽工程有异议，要求复验，施工单位不予同意，施工单位的做法不正确。理由：建设单位对隐蔽工程有异议的，有权要求复验。

经现场复验后检验质量满足要求，施工单位要求补偿由此增加的费用，建设单位予以拒绝，建设单位的做法不正确。理由：经现场复验后检验质量满足要求，复验增加的费用由建设单位承担。

4. 不合格工程的处理

因承包人原因造成工程不合格的，发包人有权随时要求承包人采取补救措施，直至达到合同要求的质量标准，由此增加的费用和（或）延误的工期由承包人承担。无法补救的，按照"拒绝接收全部或部分工程"的约定执行。

因发包人原因造成工程不合格的，由此增加的费用和（或）延误的工期由发包人承担，并支付承包人合理的利润。

5. 质量争议检测

合同当事人对工程质量有争议的，由双方协商确定的工程质量检测机构鉴定，由此产生的费用及因此造成的损失，由责任方承担。

合同当事人均有责任的，由双方根据其责任分别承担。合同当事人无法达成一致的，按照"商定或确定"的约定执行。

6.3.2 施工设备和临时设施

1. 承包人提供的施工设备和临时设施

承包人应按合同进度计划的要求，及时配置施工设备和修建临时设施。进入施工场地的承包人设备需经监理人核查后才能投入使用。承包人更换合同约定的承包人设备的，应报监理人批准。

除专用合同条款另有约定外，承包人应自行承担修建临时设施的费用，需要临时占地的，应由发包人办理申请手续并承担相应费用。

2. 发包人提供的施工设备和临时设施

发包人提供的施工设备和临时设施在专用合同条款中约定。

3. 要求承包人增加或更换施工设备

承包人使用的施工设备不能满足合同进度计划和（或）质量要求时，监理人有权要求承包人增加或更换施工设备，承包人应及时增加或更换，由此增加的费用和（或）延误的工期由承包人承担。

6.3.3　材料与设备

1. 发包人供应材料与工程设备

发包人自行供应材料、工程设备的，应在签订合同时在专用合同条款的附件"发包人供应材料设备一览表"中明确材料、工程设备的品种、规格、型号、数量、单价、质量等级和送达地点。

承包人应提前 30 天通过监理人以书面形式通知发包人供应材料与工程设备进场。承包人按照"施工进度计划的修订"约定修订施工进度计划时，需同时提交经修订后的发包人供应材料与工程设备的进场计划。

2. 承包人采购材料与工程设备

承包人负责采购材料、工程设备的，应按照设计和有关标准要求采购，并提供产品合格证明及出厂证明，对材料、工程设备质量负责。合同约定由承包人采购的材料、工程设备，发包人不得指定生产厂家或供应商，发包人违反约定指定生产厂家或供应商的，承包人有权拒绝，并由发包人承担相应责任。

3. 材料与工程设备的接收与拒收

发包人应按"发包人供应材料设备一览表"约定的内容提供材料和工程设备，并向承包人提供产品合格证明及出厂证明，对其质量负责。发包人应提前 24 小时以书面形式通知承包人、监理人材料和工程设备到货时间，承包人负责材料和工程设备的清点、检验和接收。

发包人提供的材料和工程设备的规格、数量或质量不符合合同约定的，或因发包人原因导致交货日期延误或交货地点变更等情况的，按照"发包人违约"的约定办理。

承包人采购的材料和工程设备，应保证产品质量合格，承包人应在材料和工程设备到货前 24 小时通知监理人检验。承包人进行永久设备、材料的制造和生产的，应符合相关质量标准，并向监理人提交材料的样本以及有关资料，并应在使用该材料或工程设备之前获得监理人同意。

承包人采购的材料和工程设备不符合设计或有关标准要求时，承包人应在监理人要求的合理期限内将不符合设计或有关标准要求的材料、工程设备运出施工现场，并重新采购符合要求的材料、工程设备，由此增加的费用和（或）延误的工期，由承包人承担。

【案例分析 6-4】

某工程项目，业主与监理单位签订了施工阶段监理合同，与承包方签订了工程施工合同。施工合同规定：设备由业主供应，其他建筑材料由承包方采购。

施工过程中，承包方未经监理工程师事先同意，订购了一批钢材，钢材运抵施工现场后，监理工程师进行了检验。检验中，监理工程师发现该批材料承包方未能提交产品合格证、质量保证书和材质化验单，且这批材料的外观质量不好。

业主经与设计单位商定，对主要装饰石料指定了材质、颜色和样品，并向承包方推荐了厂家。承包方与生产厂家签订了购货合同，厂家将石料按合同采购量送达现场，进场时经检查，该批材料的颜色有部分不符合要求，监理工程师通知承包方该批材料不得使用。承包方要求厂家将不符合要求的石料退换，厂家要求承包方支付退货运费，承包方不同意支付，厂家要求业主在应付承包方工程款中扣除上述费用。

对上述钢材质量问题，监理工程师应如何处理？业主指定石料材质、颜色和样品并推荐厂家是否合理？监理工程师进行现场检查，对不符合要求的石料通知不许使用是否合理？石料退货的经济损失应由谁负担？

【分析】

对于有质量问题的钢材，监理工程师应责令不许进入工地。业主指定石料材质、颜色和样品并推荐厂家是可以的，其指定及推荐是为了明确表达石材的档次和想要的效果，只要不是指定厂家就是合理的。监理工程师有权对进场材料进行检查。石料退货的原因是石材的质量问题（石材的颜色有部分不符合要求），故退货的经济损失应由厂家负担，或者按订货合同规定执行。

4. 材料与工程设备的保管与使用

（1）发包人供应材料与工程设备的保管与使用。发包人供应的材料与工程设备，承包人清点后由承包人妥善保管，保管费用由发包人承担，但已标价工程量清单或预算书已经列支或专用合同条款另有约定的除外。因承包人原因发生丢失毁损的，由承包人负责赔偿；监理人未通知承包人清点的，承包人不负责材料和工程设备的保管，由此导致丢失毁损的，由发包人负责。

发包人供应的材料与工程设备使用前，由承包人负责检验，检验费用由发包人承担，不合格的不得使用。

（2）承包人采购材料与工程设备的保管与使用。承包人采购的材料与工程设备由承包人妥善保管，保管费用由承包人承担。法律规定材料与工程设备使用前必须进行检验或试验的，承包人应按监理人的要求进行检验或试验，检验或试验的费用由承包人承担，不合格的不得使用。

发包人或监理人发现承包人使用不符合设计或有关标准要求的材料和工程设备时，有权要求承包人进行修复、拆除或重新采购，由此增加的费用和（或）延误的工期，由承包人承担。

5. 禁止使用不合格的材料与工程设备

（1）监理人有权拒绝承包人提供的不合格材料与工程设备，并要求承包人立即进行更换。监理人应在更换后再次进行检查和检验，由此增加的费用和（或）延误的工期，由承包人承担。

（2）监理人发现承包人使用了不合格的材料与工程设备，承包人应按照监理人的指示立即改正，并禁止在工程中继续使用不合格的材料与工程设备。

（3）发包人提供的材料与工程设备不符合合同要求的，承包人有权拒绝，并可要求发包人更换，由此增加的费用和（或）延误的工期，由发包人承担，并支付承包人合理的利润。

6. 样品

（1）样品的报送与封存。需要承包人报送样品的材料与工程设备，样品的种类、名称、规格、数量等要求均应在专用合同条款中约定。样品的报送程序如下：

1）承包人应在计划采购前 28 天向监理人报送样品。承包人报送的样品均应来自供应材料的实际生产地，且提供的样品的规格、数量足以表明材料与工程设备的质量、型号、颜色、表面处理、质地、误差和其他要求的特征。

2）承包人每次报送样品时应随附申报单，申报单应载明报送样品的相关数据和资料，并标明每件样品对应的图样号，预留监理人批复意见栏。监理人应在收到承包人报送的样品后 7 天内向承包人回复经发包人签认的样品审批意见。

3）经发包人和监理人审批确认的样品应按约定的方法封样，封存的样品作为检验工程相关部分的标准之一。承包人在施工过程中不得使用与样品不符的材料或工程设备。

4）发包人和监理人对样品的审批确认仅为确认相关材料或工程设备的特征或用途，不得被理解为对合同的修改或改变，也并不减轻或免除承包人的任何责任和义务。如果封存的样品修改或改变了合同约定，合同当事人应当以书面协议予以确认。

（2）样品的保管。经批准的样品应由监理人负责封存于现场，承包人应在现场为保存样品提供适当和固定的场所，并保持适当和良好的储存环境条件。

7. 材料与工程设备的替代

（1）出现下列情况需要使用替代材料与工程设备的，承包人应按约定的程序执行：

1）基准日期后生效的法律规定禁止使用的。

2）发包人要求使用替代品的。

3）因其他原因必须使用替代品的。

（2）承包人应在使用替代材料与工程设备 28 天前书面通知监理人，并附下列文件：

1）被替代的材料和工程设备的名称、数量、规格、型号、品牌、性能、价格及其他相关资料。

2）替代品的名称、数量、规格、型号、品牌、性能、价格及其他相关资料。

3）替代品与被替代品之间的差异以及使用替代品可能对工程产生的影响。

4）替代品与被替代品的价格差异。

5）使用替代品的理由和原因说明。

6）监理人要求的其他文件。

监理人应在收到通知后 14 天内向承包人发出经发包人签认的书面指示；监理人逾期发出书面指示的，视为发包人和监理人同意使用替代品。

（3）替代材料与工程设备的价格。发包人认可使用替代材料与工程设备的，替代材料与工程设备的价格按照已标价工程量清单或预算书相同项目的价格认定；无相同项目的，参考相似项目的价格认定；既无相同项目也无相似项目的，按照合理的成本与利润构成的原则，由合同当事人按照"商定或确定"的约定确定价格。

8. 材料与设备专用要求

承包人运入施工现场的材料、工程设备、施工设备以及在施工场地建设的临时设施，包括备品备件、安装工具与资料，必须专用于工程。未经发包人批准，承包人不得运出施工现场或挪作他用；经发包人批准，承包人可以根据施工进度计划撤走闲置的施工设备和其他物品。

6.3.4 试验与检验

1. 试验设备与试验人员

承包人根据合同约定或监理人指示进行的现场材料试验，应由承包人提供试验场所、试验人员、试验设备以及其他必要的试验条件。监理人在必要时可以使用承包人提供的试验场所、试验设备以及其他试验条件，进行以工程质量检查为目的的材料复核试验，承包人应予以协助。

承包人应按专用合同条款的约定提供试验设备、取样装置、试验场所和试验条件，并向监理人提交相应的进场计划表。

承包人配置的试验设备要符合相应试验规程的要求并经过具有资质的检测单位检测，且在正式使用该试验设备前，需要经过监理人与承包人共同校定。

承包人应向监理人提交试验人员的名单及其岗位、资格等证明资料，试验人员必须能够熟练进行相应的检测试验，承包人对试验人员的试验程序和试验结果的正确性负责。

2. 取样

试验属于自检性质的，承包人可以单独取样；试验属于监理人抽检性质的，可由监理人取样，也可由承包人的试验人员在监理人的监督下取样。

3. 材料、工程设备和工程的试验与检验

（1）承包人应按合同约定进行材料、工程设备和工程的试验与检验，并为监理人对上述材料、工程设备和工程的质量检查提供必要的试验资料和原始记录。按合同约定应由监理人与承包人共同进行试验与检验的，由承包人负责提供必要的试验资料和原始记录。

（2）试验属于自检性质的，承包人可以单独进行试验。试验属于监理人抽检性质的，监理人可以单独进行试验，也可由承包人与监理人共同进行。承包人对由监理人单独进行的试验结果有异议的，可以申请重新共同进行试验。约定共同进行试验的，监理人未按照约定参加试验的，承包人可自行试验，并将试验结果报送监理人，监理人应承认该试验结果。

（3）监理人对承包人的试验与检验结果有异议的，或为查清承包人试验与检验成果的可靠性而要求承包人重新试验与检验的，可由监理人与承包人共同进行。重新试验与检验的结果证明该项材料、工程设备或工程的质量不符合合同要求的，由此增加的费用和（或）延误的工期由承包人承担；重新试验与检验的结果证明该项材料、工程设备和工程的质量符合合同要求的，由此增加的费用和（或）延误的工期由发包人承担。

4. 现场工艺试验

承包人应按合同约定或监理人指示进行现场工艺试验。对大型的现场工艺试验，监理人认为必要时，承包人应根据监理人提出的工艺试验要求，编制工艺试验措施计划，并报送监理人审查。

6.3.5 安全文明施工与职业健康

1. 安全文明施工

（1）安全生产要求。合同履行期间，合同当事人均应当遵守国家和工程所在地有关安全生产的要求，合同当事人有特别要求的，应在专用合同条款中明确施工项目安全生产标准化达标目标及相应事项。承包人有权拒绝发包人及监理人强令承包人违章作业、冒险施工的任何指示。

在施工过程中，如遇到突发的地质变化、事先未知的地下施工障碍等影响施工安全的紧急情况，承包人应及时报告监理人和发包人，发包人应当及时下令停工并报政府有关行政管理部门采取应急措施。

因安全生产需要暂停施工的，按照"暂停施工"的约定执行。

（2）安全生产保证措施。承包人应当按照有关规定编制安全技术措施或者专项施工方案，建立安全生产责任制度、治安保卫制度及安全生产教育培训制度，并按安全生产法律规定及合同约定履行安全职责，如实编制工程安全生产的有关记录，接受发包人、监理人及政府安全监督部门的检查与监督。

（3）特别安全生产事项。承包人应按照法律规定进行施工，开工前做好安全技术交底工作，在施工过程中做好各项安全防护措施。承包人为实施合同而雇用的特殊工种人员应受过专门培训，并已取得政府有关管理机构颁发的上岗证书。

承包人在动力设备、输电线路、地下管道、密封防震车间、易燃易爆地段以及临街交通要道附近施工时，施工开始前应向发包人和监理人提出安全防护措施，经发包人认可后实施。

实施爆破作业，在放射性、毒害性环境中施工（含储存、运输、使用）及使用毒害性、腐蚀性物品施工时，承包人应在施工前 7 天内以书面形式通知发包人和监理人，并报送相应的安全防护措施，经发包人认可后实施。

需单独编制危险性较大的分部分项专项工程施工方案的，以及要求进行专家论证的超过一定规模的危险性较大的分部分项工程的，承包人应及时编制和组织论证。

（4）治安保卫。除专用合同条款另有约定外，发包人应与当地公安部门协商，在现场建立治安管理机构或联防组织，统一管理施工场地的治安保卫事项，履行合同工程的治安保卫职责。

发包人和承包人除应协助现场治安管理机构或联防组织维护施工场地的社会治安外，还应做好包括生活区在内的各自管辖区的治安保卫工作。

除专用合同条款另有约定外，发包人和承包人应在工程开工后 7 天内共同编制施工场地治安管理计划，并制定应对突发治安事件的紧急预案。在工程施工过程中，发生暴乱、爆炸等恐怖事件，以及群殴、械斗等群体性突发治安事件的，发包人和承包人应立即向当地政府报告。发包人和承包人应积极协助当地有关部门采取措施平息事态，防止事态扩大，尽量避免人员伤亡和财产损失。

（5）文明施工。承包人在工程施工期间，应当采取措施保持施工现场平整、物料堆放整齐。工程所在地有关政府行政管理部门有特殊要求的，按照其要求执行。合同当事人对文明施工有其他要求的，可以在专用合同条款中明确。

在工程移交之前，承包人应当从施工现场清除承包人的全部工程设备、多余材料、垃圾和各种临时工程，并保持施工现场清洁整齐。经发包人书面同意，承包人可在发包人指定的地点保留承包人履行保修期内的各项义务所需要的材料、施工设备和临时工程。

（6）安全文明施工费。安全文明施工费由发包人承担，发包人不得以任何形式扣减该部分费用。因基准日期后合同所适用的法律或政府有关规定发生变化，增加的安全文明施工费由发包人承担。

承包人经发包人同意采取合同约定以外的安全措施所产生的费用，由发包人承担。未经发包人同意的，如果该措施避免了发包人的损失，则发包人在避免损失的额度内承担该措施费。如果该措施避免了承包人的损失，则由承包人承担该措施费。

除专用合同条款另有约定外，发包人应在开工后 28 天内预付安全文明施工费总额的 50%，其余部分与进度款同期支付。发包人逾期支付安全文明施工费超过 7 天的，承包人有权向发包人发出要求预付的催告通知；发包人收到通知后 7 天内仍未支付的，承包人有权暂停施工，并按"发包人违约的情形"的约定执行。

承包人对安全文明施工费应专款专用，承包人应在财务账目中单独列项备查，不得挪作他用，否则发包人有权责令其限期改正；逾期未改正的，可以责令其暂停施工，由此增加的费用和（或）延误的工期由承包人承担。

（7）紧急情况处理。在工程实施期间或缺陷责任期内发生危及工程安全的事件，监理人通知承包人进行抢救，承包人声明无能力或不愿立即执行的，发包人有权雇用其他人员进行抢救。此类抢救按合同约定属于承包人义务的，由此增加的费用和（或）延误的工期由承包人承担。

（8）事故处理。工程施工过程中发生事故的，承包人应立即通知监理人，监理人应立即通知发包人。发包人和承包人应立即组织人员和设备进行紧急抢救和抢修，减少人员伤亡和财产损失，防止事故扩大，并保护事故现场。需要移动现场物品时，应做出标记和书面记录，妥善保管有关证据。发包人和承包人应按国家有关规定，及时、如实地向有关部门报告事故发生的情况，以及正在采取的紧急措施等。

（9）安全生产责任。

1）发包人应负责赔偿以下各种情况造成的损失：

① 工程或工程的任何部分对土地的占用所造成的第三方财产损失。

② 由于发包人原因在施工场地及其毗邻地带造成的第三方人身伤亡和财产损失。

③ 由于发包人原因对承包人、监理人造成的人员人身伤亡和财产损失。

④ 由于发包人原因造成的发包人自身的人员人身伤亡以及财产损失。

2）承包人的安全责任。由于承包人原因在施工场地内及其毗邻地带造成的发包人、监理人以及第三方人员伤亡和财产损失，由承包人负责赔偿。

2. 职业健康

（1）劳动保护。承包人应按照法律规定安排现场施工人员的劳动和休息时间，保障劳动者的休息时间，并支付合理的报酬和费用。承包人应依法为其履行合同所雇用的人员办理必要的证件、许可、保险和注册等；承包人应督促其分包人为分包人所雇用的人员办理必要的证件、许可、保险和注册等。

承包人应按照法律规定保障现场施工人员的劳动安全，提供劳动保护，并应按国家有关劳动保护的规定，采取有效的防止粉尘、降低噪声、控制有害气体和保障高温、高寒、高处作业安全等劳动保护措施。承包人雇用的人员在施工中受到伤害的，承包人应立即采取有效措施进行抢救和治疗。

承包人应按法律规定安排工作时间，保证其雇用的人员享有休息和休假的权利。因工程施工的特殊需要占用休假日或延长工作时间的，应不超过法律规定的限度，并按法律规定给予补休或付酬。

（2）生活条件。承包人应为其履行合同所雇用的人员提供必要的膳宿条件和生活环境；承包人应采取有效措施预防传染病，保证施工人员的健康，并定期对施工现场、施工人员生活基地和工程进行防疫和卫生的专业检查和处理，在远离城镇的施工场地，还应配备必要的伤病防治和急救的医务人员与医疗设施。

（3）环境保护。承包人应在施工组织设计中列明环境保护的具体措施。在合同履行期间，承包人应采取合理措施保护施工现场环境，对施工作业过程中可能引起的大气、水、噪声以及固体废物污染采取具体可行的防范措施。

承包人应当承担因其原因引起的环境污染侵权损害赔偿责任，因上述环境污染引起纠纷而导致暂停施工的，由此增加的费用和（或）延误的工期，由承包人承担。

6.3.6　验收和工程试车

1. 分部分项工程验收

分部分项工程质量应符合国家有关工程施工验收规范、标准及合同约定，承包人应按照施工组织设计的要求完成分部分项工程施工。

除专用合同条款另有约定外，分部分项工程经承包人自检合格并具备验收条件的，承包人应提前 48 小时通知监理人进行验收。监理人不能按时进行验收的，应在验收前 24 小时向承包人提交书面延期要求，但延期不能超过 48 小时。监理人未按时进行验收，也未提出延期要求的，承包人有权自行验收，监理人应认可验收结果。分部分项工程未经验收的，不得进入下一道工序施工。

分部分项工程的验收资料应当作为竣工资料的组成部分。

2. 竣工验收

1）竣工验收条件。工程具备以下条件的，承包人可以申请竣工验收：

① 除发包人同意的甩项工作和缺陷修补工作外，合同范围内的全部工程以及有关工作，包括合同要求的试验、试运行以及检验均已完成，并符合合同要求。

② 已按合同约定编制了甩项工作和缺陷修补工作清单以及相应的施工计划。

③ 已按合同约定的内容和份数备齐竣工资料。

2）竣工验收程序。除专用合同条款另有约定外，承包人申请竣工验收的，应当按照以下程序进行：

① 承包人向监理人报送竣工验收申请报告，监理人应在收到竣工验收申请报告后 14 天内完成审查并报送发包人。监理人审查后认为尚不具备验收条件的，应通知承包人在竣工验收前承包人还需完成的工作内容，承包人应在完成监理人通知的全部工作内容后，再次提交竣工验收申请报告。

② 监理人审查后认为已具备竣工验收条件的，应将竣工验收申请报告提交发包人，发包人应在收到经监理人审核的竣工验收申请报告后 28 天内审批完毕，并组织监理人、承包人、设计人等相关单位完成竣工验收。

③ 竣工验收合格的，发包人应在验收合格后 14 天内向承包人签发工程接收证书。发包人无正当理由逾期不颁发工程接收证书的，自验收合格后第 15 天起视为已颁发工程接收证书。

④ 竣工验收不合格的，监理人应按照验收意见发出指示，要求承包人对不合格工程返工、修复或采取其他补救措施，由此增加的费用和（或）延误的工期由承包人承担。承包人在完成不合格工程的返工、修复或采取其他补救措施后，应重新提交竣工验收申请报告，并按约定的程序重新进行验收。

⑤ 工程未经验收或验收不合格，发包人擅自使用的，应在转移占有工程后 7 天内向承包人颁发工程接收证书；发包人无正当理由逾期不颁发工程接收证书的，自转移占有后第 15 天起视为已颁发工程接收证书。

除专用合同条款另有约定外，发包人不按照约定组织竣工验收、颁发工程接收证书的，每逾期一天，应以签约合同价为基数，按照中国人民银行发布的同期同类贷款基准利率支付违约金。

3）竣工日期。工程经竣工验收合格的，以承包人提交竣工验收申请报告的日期为实际竣工日期，并在工程接收证书中载明；因发包人原因，未在监理人收到承包人提交的竣工验收申请报告 42 天内完成竣工验收，或完成竣工验收不予签发工程接收证书的，以提交竣工验收申请报告的日期为实际竣工日期；工程未经竣工验收，发包人擅自使用的，以转移占有工程之日为实际竣工日期。

4）拒绝接收全部或部分工程。对于竣工验收不合格的工程，承包人完成整改后，应当重新进行竣工验收；经重新组织验收仍不合格且无法采取措施补救的，发包人可以拒绝接收不合格工程；因不合格工程导致其他工程不能正常使用的，承包人应采取措施确保相关工程的正常使用，由此增加的费用和（或）延误的工期由承包人承担。

5）移交、接收全部或部分工程。除专用合同条款另有约定外，合同当事人应当在颁发工程接收证书后 7 天内完成工程的移交。

发包人无正当理由不接收工程的，发包人应当自接收工程之日起，承担工程照管、成品保护、保管等与工程有关的各项费用，合同当事人可以在专用合同条款中另行约定发包人逾期接收工程的违约责任。

承包人无正当理由不移交工程的，承包人应承担工程照管、成品保护、保管等与工程有关的各项费用，合同当事人可以在专用合同条款中另行约定承包人无正当理由不移交工程的违约责任。

3. 工程试车

1）试车程序。工程需要试车的，除专用合同条款另有约定外，试车内容应与承包人的承包范围相一致，试车费用由承包人承担。工程试车应按如下程序进行：

① 具备单机无负荷试车条件，承包人组织试车，并在试车前 48 小时以书面形式通知监理人，通知中应载明试车内容、时间、地点。承包人准备试车记录，发包人根据承包人要求为试车提供必要条件。试车合格的，监理人在试车记录上签字。监理人在试车合格后不在试车记录上签字，自试车结束满 24 小时后视为监理人已经认可试车记录，承包人可继续施工或办理竣工验收手续。

监理人不能按时参加试车的，应在试车前 24 小时以书面形式向承包人提出延期要求，但延期不能超过 48 小时，由此导致工期延误的，工期应予以顺延。监理人未能在前述期限内提出延期要求，又不参加试车的，视为认可试车记录。

② 具备无负荷联动试车条件，发包人组织试车，并在试车前 48 小时以书面形式通知承

包人，通知中应载明试车内容、时间、地点和对承包人的要求。承包人按要求做好准备工作。试车合格，合同当事人在试车记录上签字。承包人无正当理由不参加试车的，视为认可试车记录。

2）试车中的责任。因设计原因导致试车达不到验收要求的，发包人应要求设计人修改设计，承包人按修改后的设计重新安装。发包人承担修改设计、拆除及重新安装的全部费用，工期相应顺延。因承包人原因导致试车达不到验收要求的，承包人按监理人要求重新安装和试车，并承担重新安装和试车的费用，工期不予顺延。

因工程设备制造原因导致试车达不到验收要求的，由采购该工程设备的合同当事人负责重新购置或修理，承包人负责拆除和重新安装，由此增加的修理、重新购置、拆除及重新安装的费用及延误的工期，由采购该工程设备的合同当事人承担。

3）投料试车。如需进行投料试车的，发包人应在工程竣工验收后组织投料试车。发包人要求在工程竣工验收前进行或需要承包人配合时，应征得承包人同意，并在专用合同条款中约定有关事项。

投料试车合格的，费用由发包人承担；因承包人原因造成投料试车不合格的，承包人应按照发包人要求进行整改，由此产生的整改费用由承包人承担；非因承包人原因导致投料试车不合格的，如发包人要求承包人进行整改的，由此产生的费用由发包人承担。

4. 提前交付单位工程的验收

发包人需要在工程竣工前使用单位工程的，或承包人提出提前交付已经竣工的单位工程且经发包人同意的，可进行单位工程验收，验收的程序按照"竣工验收"的约定进行。

验收合格后，由监理人向承包人出具经发包人签认的单位工程接收证书。已签发单位工程接收证书的单位工程由发包人负责照管。单位工程的验收成果和结论作为整体工程竣工验收申请报告的附件。

发包人要求在工程竣工前交付单位工程，由此导致承包人费用增加和（或）工期延误的，由发包人承担由此增加的费用和（或）延误的工期，并支付承包人合理的利润。

5. 施工期运行

施工期运行是指合同工程尚未全部竣工，其中某项或某几项单位工程或工程设备安装已竣工，根据专用合同条款约定，需要投入施工期运行的，经发包人按"提前交付单位工程的验收"的约定验收合格，证明能确保安全后，才能在施工期投入运行。

在施工期运行中发现工程或工程设备损坏或存在缺陷的，由承包人按"缺陷责任期"的约定进行修复。

6. 竣工退场和地表还原

1）竣工退场。颁发工程接收证书后，承包人应按以下要求对施工现场进行清理：

① 施工现场内残留的垃圾已全部清除出场。

② 临时工程已拆除，场地已进行清理、平整或复原。

③ 按合同约定应撤离的人员、承包人施工设备和剩余的材料，包括废弃的施工设备和材料，已按计划撤离施工现场。

④ 施工现场周边及其附近道路、河道的施工堆积物，已全部清理。

⑤ 施工现场其他场地清理工作已全部完成。

施工现场的竣工退场费用由承包人承担。承包人应在专用合同条款约定的期限内完成竣工退场。逾期未完成的，发包人有权出售或另行处理承包人遗留的物品，由此支出的费用由承包人承担，发包人出售承包人遗留物品所得款项在扣除必要费用后应返还承包人。

2）地表还原。承包人应按发包人要求恢复临时占地及清理场地。承包人未按发包人要求恢复临时占地，或者场地清理未达到合同约定要求的，发包人有权委托其他人恢复或清理，所发生的费用由承包人承担。

6.3.7　缺陷责任与保修

1. 工程保修的原则

在工程移交发包人后，因承包人原因产生的质量缺陷，承包人应承担质量缺陷责任和保修义务。缺陷责任期届满，承包人仍应按合同约定的工程各部位保修年限承担保修义务。

2. 缺陷责任期

（1）缺陷责任期从工程通过竣工验收起计算，合同当事人应在专用合同条款约定缺陷责任期的具体期限，但该期限最长不能超过 24 个月。

【拓展思考 6-5】如何理解缺陷责任期的起算点规定？

单位工程先于全部工程进行验收，经验收合格并交付使用的，该单位工程缺陷责任期自单位工程验收合格之日起算。因承包人原因导致工程无法按合同约定期限进行竣工验收的，缺陷责任期从实际通过竣工验收之日起计算；因发包人原因导致工程无法按合同约定期限进行竣工验收的，在承包人提出竣工验收报告 90 天后，工程自动进入缺陷责任期；发包人未经竣工验收擅自使用工程的，缺陷责任期自工程转移占有之日起开始计算。

引入"缺陷责任期"的主要目的是解决工程质量保证金返还的问题。

（2）发包人有权要求承包人延长缺陷责任期，并应在原缺陷责任期届满前发出延长通知，但缺陷责任期（含延长部分）最长不能超过 24 个月。由他人原因造成的缺陷，发包人负责组织维修，承包人不承担费用，且发包人不得从保证金中扣除费用。

（3）任何一项缺陷或损坏修复后，经检查证明其影响了工程或工程设备的使用性能，承包人应重新进行合同约定的试验和试运行，试验和试运行的全部费用应由责任方承担。

（4）除专用合同条款另有约定外，承包人应于缺陷责任期届满后 7 天内向发包人发出缺陷责任期届满通知，发包人应在收到缺陷责任期满通知后 14 天内核实承包人是否履行缺陷修复义务，承包人未能履行缺陷修复义务的，发包人有权扣除相应金额的维修费用。发包人应在收到缺陷责任期届满通知后 14 天内，向承包人颁发缺陷责任期终止证书。

3. 质量保证金

经合同当事人协商一致扣留质量保证金的，应在专用合同条款中予以明确。在工程项目竣工前，承包人已经提供履约担保的，发包人不得同时预留工程质量保证金。

（1）质量保证金的提供。承包人提供质量保证金有以下三种方式：

1）质量保证金保函。

2）相应比例的工程款。

3）双方约定的其他方式。

除专用合同条款另有约定外，质量保证金的提供原则上采用上述第一种方式。

（2）质量保证金的扣留。质量保证金的扣留有以下三种方式：

1）在支付工程进度款时逐次扣留。在此情形下，质量保证金的计算基数不包括预付款的支付、扣回以及价格调整的金额。

2）工程竣工结算时一次性扣留质量保证金。

3）双方约定的其他扣留方式。

除专用合同条款另有约定外，质量保证金的扣留原则上采用上述第一种方式。

发包人累计扣留的质量保证金不得超过工程价款结算总额的3%，如承包人在发包人签发竣工付款证书后28天内提交质量保证金保函，发包人应同时退还扣留的作为质量保证金的工程价款，保函金额不得超过工程价款结算总额的3%。

发包人在退还质量保证金的同时，按照中国人民银行发布的同期同类贷款基准利率支付利息。

（3）质量保证金的退还。缺陷责任期内，承包人认真履行合同约定的责任，到期后，承包人可向发包人申请返还保证金。

发包人在接到承包人返还保证金申请后，应于14天内会同承包人按照合同约定的内容进行核实。如无异议，发包人应当按照约定将保证金返还给承包人。对返还期限没有约定或者约定不明确的，发包人应当在核实后14天内将保证金返还承包人，逾期未返还的，依法承担违约责任。发包人在接到承包人返还保证金申请后，14天内不予答复，经催告后14天内仍不予答复，视同认可承包人的返还保证金申请。

发包人和承包人对保证金预留、返还以及工程维修质量、费用有争议的，按合同约定的争议和纠纷解决程序处理。

4. 保修

（1）保修责任。工程保修期从工程竣工验收合格之日起算，具体分部分项工程的保修期由合同当事人在专用合同条款中约定，但不得低于法定最低保修年限。在工程保修期内，承包人应当根据有关法律规定以及合同约定承担保修责任。

发包人未经竣工验收擅自使用工程的，保修期自转移占有之日起算。

【拓展思考 6-6】法定最低保修年限是如何规定的？

《建设工程质量管理条例》第三十二条规定："施工单位对施工中出现质量问题的建设工程或者竣工验收不合格的建设工程，应当负责返修。"保修范围及最低保修年限如表6-3所示。

表6-3　保修范围及最低保修年限

保修范围	最低保修年限
基础设施工程、房屋建筑的地基基础工程和主体结构工程	设计文件规定的该工程的合理使用年限
屋面防水工程、有防水要求的卫生间、房间和外墙面的防渗漏	5年
供热与供冷系统	2个供热期和供冷期
电气管线、给水排水管道、设备安装和装修工程	2年
其他项目	由发包方与承包方约定

（2）修复费用。保修期内，修复费用按照以下约定处理：

1）保修期内，因承包人原因造成工程的缺陷、损坏，承包人应负责修复，并承担修复的费用以及因工程的缺陷、损坏造成的人身伤害和财产损失。

2）保修期内，因发包人使用不当造成工程的缺陷、损坏，可以委托承包人修复，但发包人应承担修复的费用，并支付承包人合理的利润。

3）因其他原因造成工程的缺陷、损坏，可以委托承包人修复，但发包人应承担修复的费用，并支付承包人合理的利润；因工程的缺陷、损坏造成的人身伤害和财产损失由责任方承担。

（3）修复通知。在保修期内，发包人在使用过程中，发现已接收的工程存在缺陷或损坏的，应以书面形式通知承包人予以修复，但情况紧急必须立即修复缺陷或损坏的，发包人可以口头通知承包人，并在口头通知后48小时内书面确认，承包人应在专用合同条款约定的合理期限内到达工程现场并修复缺陷或损坏。

保修的经济责任如表6-4所示。

表6-4　保修的经济责任

保修事件	责任承担
由于承包人未按施工质量验收规范、设计文件要求和施工合同约定组织施工而造成的质量缺陷	承包人负责修理并承担经济责任
由于承包人采购的建筑材料、建筑构配件、设备等不符合质量要求，或承包人应进行而没有进行试验或检验，进入现场使用造成质量问题	承包人负责修理并承担经济责任
由于设计人造成的质量缺陷	设计人承担经济责任
由于发包人供应的材料、配件或设备不合格造成的质量缺陷，或发包人竣工验收后未经许可自行改建造成的质量问题	发包人或使用人自行承担经济责任
由于发包人指定的分包人或不能肢解而肢解发包的工程，致使施工接口不好而造成质量缺陷的	发包人或使用人自行承担经济责任
发包人或使用人竣工验收后使用不当造成的损坏	发包人或使用人自行承担经济责任
由于不可抗力造成的质量缺陷	承包人不承担经济责任，所发生的费用应由使用人按协议约定的方式支付

（4）未能修复。因承包人原因造成工程的缺陷或损坏，承包人拒绝维修或未能在合理期限内修复缺陷或损坏，且经发包人书面催告后仍未修的，发包人有权自行修复或委托第三方修复，所需费用由承包人承担；但修复范围超出缺陷或损坏范围的，超出范围部分的修复费用由发包人承担。

（5）承包人出入权。在保修期内，为了修复缺陷或损坏，承包人有权出入工程现场，除情况紧急必须立即修复缺陷或损坏外，承包人应提前24小时通知发包人进场修复的时间。承包人进入工程现场前应获得发包人同意，且不应影响发包人正常的生产经营，并应遵守发包人有关保安和保密等规定。

【拓展思考6-7】缺陷责任期和质量保修期有无关联？

缺陷责任期：承包人按照合同约定承担缺陷修复义务，且发包人预留质量保证金（已缴纳履约保证金的除外）的期限，自工程实际竣工日期起计算。合同当事人应在专用合同条款中约定缺陷责任期的具体期限，但该期限最长不能超过24个月。

保修期：承包人按照合同约定对工程承担保修责任的期限，从工程竣工验收合格之日起计算。最低保修年限如表6-3所示。

引入"缺陷责任期"之后，关于工程竣工后质量缺陷或质量问题的修复，就同时存在着"缺陷责任期"和"保修期"，两者之间显然存在重合之处。缺陷责任期与保修期是有关联的，都是质量责任维修的保证期；但设置缺陷责任期的主要目的是退还质保金，缺陷责任期结束后，保修期继续发生作用。

6.4　施工合同履行中的进度管理

6.4.1　施工组织设计

1. 施工组织设计的内容

施工组织设计应包含以下内容：

（1）施工方案。

（2）施工现场平面布置图。

（3）施工进度计划和保证措施。

（4）劳动力及材料供应计划。

（5）施工机械设备的选用。

（6）质量保证体系及措施。

（7）安全生产、文明施工措施。

（8）环境保护、成本控制措施。

（9）合同当事人约定的其他内容。

2. 施工组织设计的提交和修改

除专用合同条款另有约定外，承包人应在合同签订后 14 天内，但最迟不得晚于"开工通知"载明的开工日期前 7 天，向监理人提交详细的施工组织设计，并由监理人报送发包人。除专用合同条款另有约定外，发包人和监理人应在监理人收到施工组织设计后 7 天内确认或提出修改意见。对发包人和监理人提出的合理意见和要求，承包人应自费修改完善。根据工程实际情况需要修改施工组织设计的，承包人应向发包人和监理人提交修改后的施工组织设计。

施工进度计划的编制和修改按照"施工进度计划"执行。

6.4.2　施工进度计划

1. 施工进度计划的编制

承包人应按照"施工组织设计"约定，提交详细的施工进度计划。施工进度计划的编制应当符合国家法律规定和一般工程实践惯例，施工进度计划经发包人批准后实施。施工进度计划是控制工程进度的依据，发包人和监理人有权按照施工进度计划检查工程进度情况。

2. 施工进度计划的修订

施工进度计划不符合合同要求或与工程的实际进度不一致的，承包人应向监理人提交修订的施工进度计划，并附具有关措施和相关资料，由监理人报送发包人。除专用合同条款另有约定外，发包人和监理人应在收到修订的施工进度计划后 7 天内完成审核和批准或提出修改意见。发包人和监理人对承包人提交的施工进度计划的确认，不能减轻或免除承包人根据法律规定和合同约定应承担的任何责任或义务。

6.4.3 开工

1. 开工准备

除专用合同条款另有约定外，承包人应按照"施工组织设计"约定的期限，向监理人提交工程开工报审表，经监理人报发包人批准后执行。开工报审表应详细说明按施工进度计划正常施工所需的施工道路、临时设施、材料、工程设备、施工设备、施工人员等落实情况以及工程的进度安排。

除专用合同条款另有约定外，合同当事人应按约定完成开工准备工作。

2. 开工通知

发包人应按照法律规定获得工程施工所需的许可。经发包人同意后，监理人发出的开工通知应符合法律规定。监理人应在计划开工日期 7 天前向承包人发出开工通知，工期自开工通知中载明的开工日期起算。

除专用合同条款另有约定外，因发包人原因造成监理人未能在计划开工日期之日起 90 天内发出开工通知的，承包人有权提出价格调整要求或者解除合同。发包人应当承担由此增加的费用和（或）延误的工期，并向承包人支付合理的利润。

6.4.4 测量放线

1. 发包人提供基准数据

除专用合同条款另有约定外，发包人应在至迟不得晚于"开工通知"载明的开工日期前 7 天，通过监理人向承包人提供测量基准点、基准线和水准点及其书面资料。发包人应对其提供的测量基准点、基准线和水准点及其书面资料的真实性、准确性和完整性负责。

承包人发现发包人提供的测量基准点、基准线和水准点及其书面资料存在错误或疏漏的，应及时通知监理人。监理人应及时报告发包人，并会同发包人和承包人予以核实。发包人应就如何处理和是否继续施工做出决定，并通知监理人和承包人。

2. 承包人对定位负责

承包人负责施工过程中的全部施工测量放线工作，并配置具有相应资质的人员、合格的仪器、设备和其他物品。承包人应矫正工程的位置、标高、尺寸或准线中出现的任何差错，并对工程各部分的定位负责。

施工过程中对施工现场内水准点等测量标志物的保护工作由承包人负责。

6.4.5 工期延误

1. 因发包人原因导致工期延误

在合同履行过程中，因下列情况导致工期延误和（或）费用增加的，由发包人承担由此延误的工期和（或）增加的费用，且发包人应向承包人支付合理的利润：

（1）发包人未能按合同约定提供图样或所提供图样不符合合同约定的。

（2）发包人未能按合同约定提供施工现场、施工条件、基础资料、许可、批准等开工条件的。

（3）发包人提供的测量基准点、基准线和水准点及其书面资料存在错误或疏漏的。

（4）发包人未能在计划开工日期之日起 7 天内同意下达开工通知的。

（5）发包人未能按合同约定日期支付工程预付款、进度款或竣工结算款的。

（6）监理人未按合同约定发出指示、批准等文件的。

（7）专用合同条款中约定的其他情形。

因发包人原因未按计划开工日期开工的，发包人应按实际开工日期顺延竣工日期，确保实际工期不低于合同约定的工期总日历天数。因发包人原因导致工期延误需要修订施工进度计划的，按照"施工进度计划的修订"执行。

2. 因承包人原因导致工期延误

因承包人原因导致工期延误的，可以在专用合同条款中约定逾期竣工违约金的计算方法和逾期竣工违约金的上限。承包人支付逾期竣工违约金后，不免除承包人继续完成工程及修补缺陷的义务。

6.4.6 不利物质条件

不利物质条件是指有经验的承包人在施工现场遇到的不可预见的自然物质条件、非自然的物质障碍和污染物，包括地表以下物质条件和水文条件以及专用合同条款约定的其他情形，但不包括气候条件。

承包人遇到不利物质条件时，应采取克服不利物质条件的合理措施继续施工，并及时通知发包人和监理人。通知应载明不利物质条件的内容以及承包人认为不可预见的理由。监理人经发包人同意后应当及时发出指示，指示构成变更的，按"变更"的约定执行。承包人因采取合理措施而增加的费用和（或）延误的工期，由发包人承担。

6.4.7 异常恶劣的气候条件

异常恶劣的气候条件是指在施工过程中遇到的，有经验的承包人在签订合同时不可预见的，对合同履行造成实质性影响的，但尚未构成不可抗力事件的恶劣气候条件。合同当事人可以在专用合同条款中约定异常恶劣的气候条件的具体情形。

承包人应采取克服异常恶劣的气候条件的合理措施继续施工，并及时通知发包人和监理人。监理人经发包人同意后应当及时发出指示，指示构成变更的，按"变更"的约定执行。承包人因采取合理措施而增加的费用和（或）延误的工期，由发包人承担。

6.4.8 暂停施工

1. 发包人原因引起的暂停施工

因发包人原因引起暂停施工的，监理人经发包人同意后，应及时下达暂停施工指示。情况紧急且监理人未及时下达暂停施工指示的，按照"紧急情况下的暂停施工"的约定执行。

因发包人原因引起的暂停施工，发包人应承担由此增加的费用和（或）延误的工期，并支付承包人合理的利润。

2. 承包人原因引起的暂停施工

因承包人原因引起的暂停施工，承包人应承担由此增加的费用和（或）延误的工期，且承包人在收到监理人复工指示后84天内仍未复工的，视为"承包人违约的情形"约定的承包人无法继续履行合同的情形。

3. 指示暂停施工

监理人认为有必要时，并经发包人批准后，可向承包人做出暂停施工的指示。承包人应按监理人指示暂停施工。

4. 紧急情况下的暂停施工

因紧急情况需暂停施工，且监理人未及时下达暂停施工指示的，承包人可先暂停施工，并及时通知监理人。监理人应在接到通知后 24 小时内发出指示，逾期未发出指示的，视为同意承包人暂停施工。监理人不同意承包人暂停施工的，应说明理由，承包人对监理人的答复有异议的，按照"争议解决"的约定处理。

5. 暂停施工后的复工

暂停施工后，发包人和承包人应采取有效措施，积极消除暂停施工的影响。在工程复工前，监理人会同发包人和承包人确定因暂停施工造成的损失，并确定工程复工条件。当工程具备复工条件时，监理人应经发包人批准后向承包人发出复工通知，承包人应按照复工通知要求复工。

承包人无故拖延和拒绝复工的，承包人承担由此增加的费用和（或）延误的工期；因发包人原因无法按时复工的，按照"因发包人原因导致工期延误"的约定处理。

6. 暂停施工持续 56 天以上

监理人发出暂停施工指示后 56 天内未向承包人发出复工通知的，除该项停工属于"承包人原因引起的暂停施工"及"不可抗力"约定的情形外，承包人可向发包人提交书面通知，要求发包人在收到书面通知后 28 天内准许已暂停施工的部分或全部工程继续施工。发包人逾期不予批准的，承包人可以通知发包人，将工程受影响的部分视为按"变更的范围"可取消工作。

暂停施工持续 84 天以上不复工的，且不属于"承包人原因引起的暂停施工"及"不可抗力"约定的情形，并影响到整个工程以及合同目的实现的，承包人有权提出价格调整要求或者解除合同。解除合同的，按照"因发包人违约解除合同"的约定执行。

7. 暂停施工期间的工程照管

暂停施工期间，承包人应负责妥善照管工程并提供安全保障，由此增加的费用由责任方承担。

8. 暂停施工的措施

暂停施工期间，发包人和承包人均应采取必要的措施确保工程质量及安全，防止因暂停施工扩大损失。

6.4.9 提前竣工

1. 提前竣工提示

发包人要求承包人提前竣工的，发包人应通过监理人向承包人下达提前竣工指示。承包人应向发包人和监理人提交提前竣工建议书，提前竣工建议书应包括实施的方案、缩短的时间、增加的合同价格等内容。发包人接受该提前竣工建议书的，监理人应与发包人和承包人协商采取加快工程进度的措施，并修订施工进度计划，由此增加的费用由发包人承担。承包人认为提前竣工指示无法执行的，应向监理人和发包人提出书面异议，发包人和监理人应在收到异议后 7 天内予以答复。任何情况下，发包人不得压缩合理工期。

2. 提前竣工奖励

发包人要求承包人提前竣工，或承包人提出提前竣工的建议能够给发包人带来效益的，合同当事人可以在专用合同条款中约定提前竣工的奖励。

6.5 施工合同履行中的成本管理

6.5.1 合同价格、计量与支付

1. 合同价格形式

发包人和承包人应在合同协议书中选择下列一种合同价格形式：

（1）单价合同。合同当事人应在专用合同条款中约定综合单价包含的风险范围和风险费用的计算方法，并约定风险范围以外的合同价格的调整方法，其中因市场价格波动引起的调整按"市场价格波动引起的调整"的约定执行。

（2）总价合同。合同当事人应在专用合同条款中约定总价包含的风险范围和风险费用的计算方法，并约定风险范围以外的合同价格的调整方法，其中因市场价格波动引起的调整按"市场价格波动引起的调整"的约定执行，因法律变化引起的调整按"法律变化引起的调整"的约定执行。

（3）其他方式合同。合同当事人可在专用合同条款中约定其他合同价格形式。

2. 预付款

（1）预付款的支付。预付款的支付按照专用合同条款的约定执行，但至迟应在开工通知载明的开工日期 7 天前支付。预付款应当用于材料、工程设备、施工设备的采购及修建临时工程、组织施工队伍进场等。

除专用合同条款另有约定外，预付款在进度付款中同比例扣回。在颁发工程接收证书前，提前解除合同的，尚未扣完的预付款应与合同价款一并结算。

发包人逾期支付预付款超过 7 天的，承包人有权向发包人发出要求预付的催告通知，发包人收到通知后 7 天内仍未支付的，承包人有权暂停施工，并按"发包人违约的情形"的约定执行。

（2）预付款担保。发包人要求承包人提供预付款担保的，承包人应在发包人支付预付款 7 天前提供预付款担保，专用合同条款另有约定除外。预付款担保可采用银行保函、担保公司担保等形式，具体由合同当事人在专用合同条款中约定。在预付款完全扣回之前，承包人应保证预付款担保持续有效。

发包人在工程款中逐期扣回预付款后，预付款担保额度应相应减少，但剩余的预付款担保金额不得低于未被扣回的预付款金额。

3. 计量

（1）计量原则。工程量按照合同约定的工程量计算规则、图样及变更指示等进行计量。工程量计算规则应以相关的国家标准、行业标准等为依据，由合同当事人在专用合同条款中约定。

（2）计量周期。除专用合同条款另有约定外，工程量的计量按月进行。

（3）单价合同的计量。除专用合同条款另有约定外，单价合同的计量按照本项约定执行：

1）承包人应于每月25日向监理人报送上月20日至当月19日已完成的工程量报告，并附具进度付款申请单、已完成工程量报表和有关资料。

2）监理人应在收到承包人提交的工程量报告后7天内完成对承包人提交的工程量报表的审核并报送发包人，以确定当月实际完成的工程量。监理人对工程量有异议的，有权要求承包人进行共同复核或抽样复测。承包人应协助监理人进行复核或抽样复测，并按监理人要求提供补充计量资料。承包人未按监理人要求参加复核或抽样复测的，监理人复核或修正的工程量视为承包人实际完成的工程量。

3）监理人未在收到承包人提交的工程量报表后的7天内完成审核的，承包人报送的工程量报告中的工程量视为承包人实际完成的工程量，据此计算工程价款。

（4）总价合同的计量。除专用合同条款另有约定外，按月计量支付的总价合同，按照本项约定执行：

1）承包人应于每月25日向监理人报送上月20日至当月19日已完成的工程量报告，并附具进度付款申请单、已完成工程量报表和有关资料。

2）监理人应在收到承包人提交的工程量报告后7天内完成对承包人提交的工程量报表的审核并报送发包人，以确定当月实际完成的工程量。监理人对工程量有异议的，有权要求承包人进行共同复核或抽样复测。承包人应协助监理人进行复核或抽样复测并按监理人要求提供补充计量资料。承包人未按监理人要求参加复核或抽样复测的，监理人审核或修正的工程量视为承包人实际完成的工程量。

3）监理人未在收到承包人提交的工程量报表后的7天内完成复核的，承包人提交的工程量报告中的工程量视为承包人实际完成的工程量。

（5）总价合同采用支付分解表计量支付的，可以按照"总价合同的计量"的约定进行计量，但合同价款按照支付分解表进行支付。

（6）其他方式合同的计量。合同当事人可在专用合同条款中约定其他方式合同的计量方式和程序。

4. 工程进度款支付

（1）付款周期。除专用合同条款另有约定外，付款周期应按照"计量周期"的约定与计量周期保持一致。

（2）进度付款申请单的编制。除专用合同条款另有约定外，进度付款申请单应包括下列内容：

1）截至本次付款周期已完成工作对应的金额。

2）根据"变更"的约定应增加和扣减的变更金额。

3）根据"预付款"的约定应支付的预付款和扣减的返还预付款。

4）根据"质量保证金"的约定应扣减的质量保证金。

5）根据"索赔"的约定应增加和扣减的索赔金额。

6）对已签发的进度款支付证书中出现错误的修正，应在本次进度付款中支付或扣除的金额。

7）根据合同的约定应增加和（或）减的其他金额。

【案例分析6-5】

某项工程业主与承包商签订了施工合同，合同中含有两个子项工程，估算工程量A项为2300m³，B项为3200m³，经协商合同价A项为180元/m³，B项为160元/m³。

承包合同规定：开工前业主应向承包商支付合同价20%的预付款；业主自第一个月起，从承包商的工程款中按5%的比例扣留保修金；当子项工程实际工程量超过估算工程量的10%时，可进行调价，调整系数为0.9；根据市场情况规定价格调整系数，平均按1.2计算；工程师签发月度付款最低金额为25万元；预付款在最后两个月扣除，每月扣50%。

承包商每月实际完成并经工程师签证确认的工程量如表6-5所示。

表6-5 工程每月实际完成并经工程师签证确认的工程量 （单位：m³）

工　　程	月　份			
	1	2	3	4
A项	500	800	800	600
B项	700	900	800	600

每月工程量价款、工程师应签证的工程款以及实际签发的付款凭证金额各是多少？

【分析】

预付款金额为

$$（2300×180+3200×160）元×20\%=18.52万元$$

（1）第一个月，工程量价款为

$$（500×180+700×160）元=20.2万元$$

应签证的工程款为

$$20.2万元×1.2×（1-5\%）=23.028万元$$

由于合同规定工程师签发的最低金额为25万元，故本月工程师不予签发付款凭证。

（2）第二个月，工程量价款为

$$（800×180+900×160）元=28.8万元$$

应签证的工程款为

$$28.8万元×1.2×0.95=32.832万元$$

本月工程师实际签发的付款凭证金额为

$$23.028万元+32.832万元=55.86万元$$

（3）第三个月，工程量价款为

$$（800×180+800×160）元=27.2万元$$

应签证的工程款为

$$27.2万元×1.2×0.95=31.008万元$$

应扣预付款为

$$18.52万元×50\%=9.26万元$$

应付款为

$$31.008 \text{ 万元} - 9.26 \text{ 万元} = 21.748 \text{ 万元}$$

因本月应付款金额小于 25 万元，故工程师不予签发付款凭证。

（4）第四个月，A 项工程累计完成工程量为 2700m^3，比原估算工程量 2300m^3 超出 400m^3，已超过估算工程量的 10%，超出部分其单位应进行调整。则

超过估算工程量 10% 的工程量为

$$2700\text{m}^3 - 2300\text{m}^3 \times (1+10\%) = 170\text{m}^3$$

这部分工程量单价应调整为

$$180 \text{ 元}/\text{m}^3 \times 0.9 = 162 \text{ 元}/\text{m}^3$$

A 项工程工程量价款为

$$(600-170)\text{m}^3 \times 180 \text{ 元}/\text{m}^3 + 170\text{m}^3 \times 162 \text{ 元}/\text{m}^3 = 10.494 \text{ 万元}$$

B 项工程累计完成工程量为 3000m^3，比原估价工程量 3200m^3 减少 200m^3，不超过估算工程量，其单价不予调整。

B 项工程工程量价款为

$$600\text{m}^3 \times 160 \text{ 元}/\text{m}^3 = 9.6 \text{ 万元}$$

本月完成 A、B 两项工程量价款合计为

$$10.494 \text{ 万元} + 9.6 \text{ 万元} = 20.094 \text{ 万元}$$

应签证的工程款为

$$20.094 \text{ 万元} \times 1.2 \times 0.95 = 22.907 \text{ 万元}$$

本月工程师实际签发的付款凭证金额为

$$21.748 \text{ 万元} + 22.907 \text{ 万元} - 18.52 \text{ 万元} \times 50\% = 35.395 \text{ 万元}$$

（3）进度付款申请单的提交。

1）单价合同进度付款申请单的提交。单价合同的进度付款申请单，按照"单价合同的计量"约定的时间按月向监理人提交，并附上已完成工程量报表和有关资料。单价合同中的总价项目按月进行支付分解，并汇总列入当期进度付款申请单。

2）总价合同进度付款申请单的提交。总价合同按月计量支付的，承包人按照"总价合同的计量"约定的时间按月向监理人提交进度付款申请单，并附上已完成工程量报表和有关资料。总价合同按支付分解表支付的，承包人应按照"支付分解表"及"进度付款申请单的编制"的约定向监理人提交进度付款申请单。

3）其他方式合同进度付款申请单的提交。合同当事人可在专用合同条款中约定其他方式合同进度付款申请单的编制和提交程序。

（4）进度款审核和支付。

1）除专用合同条款另有约定外，监理人应在收到承包人进度付款申请单以及相关资料后 7 天内完成审查并报送发包人，发包人应在收到后 7 天内完成审批并签发进度款支付证书。发包人逾期未完成审批且未提出异议的，视为已签发进度款支付证书。

发包人和监理人对承包人的进度付款申请单有异议的，有权要求承包人修正和提供补充资料，承包人应提交修正后的进度付款申请单。监理人应在收到承包人修正后的进度付款申请单及相关资料后 7 天内完成审查并报送发包人，发包人应在收到监理人报送的进度付款申请单及相关资料后 7 天内，向承包人签发无异议部分的临时进度款支付证书。存在争议的部

分，按照"争议解决"的约定处理。

2）除专用合同条款另有约定外，发包人应在进度款支付证书或临时进度款支付证书签发后 14 天内完成支付。发包人逾期支付进度款的，应按照中国人民银行发布的同期同类贷款基准利率支付违约金。

3）发包人签发进度款支付证书或临时进度款支付证书，不表明发包人已同意、批准或接受了承包人完成的相应部分的工作。

（5）进度付款的修正。在对已签发的进度款支付证书进行阶段汇总和复核中发现错误、遗漏或重复的，发包人和承包人均有权提出修正申请。经发包人和承包人同意的修正，应在下期进度付款中支付或扣除。

（6）支付分解表。

1）支付分解表的编制要求。

① 支付分解表中所列的每期付款金额，应为"进度付款申请单的编制"中第 1）目的估算金额。

② 实际进度与施工进度计划不一致的，合同当事人可按照"商定或确定"的约定修改支付分解表。

③ 不采用支付分解表的，承包人应向发包人和监理人提交按季度编制的支付估算分解表，用于支付参考。

2）总价合同支付分解表的编制与审批。

① 除专用合同条款另有约定外，承包人应根据"施工进度计划"约定的施工进度计划、签约合同价和工程量等因素对总价合同按月进行分解，编制支付分解表。承包人应当在收到监理人和发包人批准的施工进度计划后 7 天内，将支付分解表及编制支付分解表的支持性资料报送监理人。

② 监理人应在收到支付分解表后 7 天内完成审核并报送发包人。发包人应在收到经监理人审核的支付分解表后 7 天内完成审批，经发包人批准的支付分解表为有约束力的支付分解表。

③ 发包人逾期未完成支付分解表审批，也未及时要求承包人进行修正和提供补充资料的，承包人提交的支付分解表视为已经获得发包人批准。

总价项目进度款支付分解表如表 6-6 所示。

表 6-6　总价项目进度款支付分解表

工程名称：　　标段：　　　　　　　　　　　　　　　　　　第　页　共　页

序号	项目名称	估算金额	首次支付	二次支付	三次支付	四次支付	…
1							
2							
3							
4							
5							
6							

（续）

序号	项目名称	估算金额	首次支付	二次支付	三次支付	四次支付	…
7							
⋮							
	合计						

编制人（造价人员）：　　　　　复核人（造价工程师）：

注：1. 本表应由承包人在投标报价时，根据发包人在招标文件明确的进度款支付周期与报价填写。签订合同时，发承包双方可就支付分解协商调整后作为合同附件。

2. 单价合同使用本表时，"支付"栏时间应与单价项目进度款支付周期相同。

3. 总价合同使用本表时，"支付"栏时间应与约定的工程计量周期相同。

3）单价合同的总价项目支付分解表的编制与审批。除专用合同条款另有约定外，单价合同的总价项目由承包人根据施工进度计划和总价项目的总价构成、费用性质、计划发生时间和相应工程量等因素按月进行分解，形成支付分解表，其编制与审批参照总价合同支付分解表的编制与审批执行。

5. 支付账户

发包人应将合同价款支付至合同协议书中约定的承包人账户。

6.5.2　价格调整

1. 市场价格波动引起的调整

除专用合同条款另有约定外，市场价格波动超过合同当事人约定的范围，合同价格应当调整。合同当事人可以在专用合同条款中约定选择以下一种方式对合同价格进行调整：

（1）采用价格指数进行价格调整。

1）价格调整公式。因人工、材料和设备等价格波动影响合同价格时，根据专用合同条款中约定的数据，按下式计算差额并调整合同价格：

$$\Delta P = P_0 \left[A + \left(B_1 \frac{F_{t_1}}{F_{0_1}} + B_2 \frac{F_{t_2}}{F_{0_2}} + B_3 \frac{F_{t_3}}{F_{0_3}} + \cdots + B_n \frac{F_{t_n}}{F_{0_n}} \right) - 1 \right]$$

式中　　　　　　　ΔP——需调整的价格差额；

P_0——约定的付款证书中承包人应得到的已完成工程量的金额，此项金额应不包括价格调整，不计质量保证金的扣留和支付、预付款的支付和扣回；约定的变更及其他金额已按现行价格计价的，也不计在内；

A——定值权重（即不调部分的权重）；

B_1，B_2，B_3，…，B_n——各可调因子的变值权重（即可调部分的权重），为各可调因子在签约合同价中所占的比例；

F_{t_1}，F_{t_2}，F_{t_3}，…，F_{t_n}——各可调因子的现行价格指数，指约定的付款证书相关周期最后一天的前42天的各可调因子的价格指数；

F_{0_1}，F_{0_2}，F_{0_3}，…，F_{0_n}——各可调因子的基本价格指数，指基准日期的各可调因子的价格指数。

以上价格调整公式中的各可调因子、定值和变值权重，以及基本价格指数及其来源，在投标函附录价格指数和权重表中约定；非招标订立的合同，由合同当事人在专用合同条款中约定。价格指数应首先采用工程造价管理机构发布的价格指数，无前述价格指数时，可采用工程造价管理机构发布的价格代替。

2）暂时确定调整差额。在计算调整差额时，无现行价格指数的，合同当事人同意暂用前次价格指数计算。实际价格指数有调整的，合同当事人可进行相应调整。

3）权重的调整。因变更导致合同约定的权重不合理的，按照"商定或确定"的约定执行。

4）因承包人原因导致工期延误后的价格调整。因承包人原因未按期竣工的，对合同约定的竣工日期后继续施工的工程，在使用价格调整公式时，应采用计划竣工日期与实际竣工日期的两个价格指数中较低的一个作为现行价格指数。

（2）采用造价信息进行价格调整。合同履行期间，因人工、材料、工程设备和机械台班价格波动影响合同价格时，人工、机械使用费按照国家或省、自治区、直辖市建设行政管理部门、行业建设管理部门或其授权的工程造价管理机构发布的人工、机械使用费系数进行调整；需要进行价格调整的材料，其单价和采购数量应由发包人审批，发包人确认需调整的材料单价及数量，作为调整合同价格的依据。

1）人工单价发生变化且符合省级或行业建设主管部门发布的人工费调整规定的，合同当事人应按省级或行业建设主管部门或其授权的工程造价管理机构发布的人工费等文件调整合同价格，但承包人对人工费或人工单价的报价高于发布价格的除外。

2）材料、工程设备价格变化的价款调整按照发包人提供的基准价格，按以下风险范围规定执行：

① 承包人在已标价工程量清单或预算书中载明材料单价低于基准价格的，除专用合同条款另有约定外，合同履行期间材料单价涨幅以基准价格为基础超过5%时，或材料单价跌幅以在已标价工程量清单或预算书中载明材料单价为基础超过5%时，其超过部分据实调整。

② 承包人在已标价工程量清单或预算书中载明材料单价高于基准价格的，除专用合同条款另有约定外，合同履行期间材料单价跌幅以基准价格为基础超过5%时，或材料单价涨幅以在已标价工程量清单或预算书中载明材料单价为基础超过5%时，其超过部分据实调整。

③ 承包人在已标价工程量清单或预算书中载明材料单价等于基准价格的，除专用合同条款另有约定外，合同履行期间材料单价涨跌幅以基准价格为基础超过±5%时，其超过部分据实调整。

④ 承包人应在采购材料前将采购数量和新的材料单价报发包人核对，发包人确认用于工程时，发包人应确认采购材料的数量和单价。发包人在收到承包人报送的确认资料后5天内不予答复的，视为认可，作为调整合同价格的依据。未经发包人事先核对，承包人自行采购材料的，发包人有权不予调整合同价格。发包人同意的，可以调整合同价格。

前述基准价格是指由发包人在招标文件或专用合同条款中给定的材料、工程设备的价格，该价格原则上应当按照省级或行业建设主管部门或其授权的工程造价管理机构发布的信息价编制。

3）施工机械台班单价或施工机械使用费发生变化超过省级或行业建设主管部门或其授

权的工程造价管理机构规定的范围时，按规定调整合同价格。

（3）专用合同条款约定的其他方式。对于一些变化幅度太大或信息价与市场价偏差过大的材料，合同也可能约定建设方认质认价程序，实报实销进行调差。

2. 法律变化引起的调整

基准日期之后，由于法律变化导致承包人在合同履行过程中所需要的费用发生除"市场价格波动引起的调整"约定以外的增加时，由发包人承担增加的费用；费用减少时，应从合同价格中予以扣减。基准日期之后，因法律变化造成工期延误时，工期应予以顺延。

因法律变化引起的合同价格和工期调整，合同当事人无法达成一致的，由总监理工程师按"商定或确定"的约定处理。

因承包人原因造成工期延误，在工期延误期间出现法律变化的，由此增加的费用和（或）延误的工期由承包人承担。

6.5.3 竣工结算

1. 竣工结算申请

除专用合同条款另有约定外，承包人应在工程竣工验收合格后 28 天内向发包人和监理人提交竣工结算申请单，并提交完整的结算资料，有关竣工结算申请单的资料清单和份数等要求由合同当事人在专用合同条款中约定。

除专用合同条款另有约定外，竣工结算申请单应包括以下内容：

（1）竣工结算合同价格。

（2）发包人已支付承包人的款项。

（3）应扣留的质量保证金。已缴纳履约保证金的或提供其他工程质量担保方式的除外。

（4）发包人应支付承包人的合同价款。

2. 竣工结算审核

（1）除专用合同条款另有约定外，监理人应在收到竣工结算申请单后 14 天内完成核查并报送发包人。发包人应在收到监理人提交的经审核的竣工结算申请单后 14 天内完成审批，并由监理人向承包人签发经发包人签认的竣工付款证书。监理人或发包人对竣工结算申请单有异议的，有权要求承包人进行修正和提供补充资料，承包人应提交修正后的竣工结算申请单。

发包人在收到承包人提交竣工结算申请书后 28 天内未完成审批且未提出异议的，视为发包人认可承包人提交的竣工结算申请单，并自发包人收到承包人提交的竣工结算申请单后第 29 天起视为已签发竣工付款证书。

（2）除专用合同条款另有约定外，发包人应在签发竣工付款证书后的 14 天内，完成对承包人的竣工付款。发包人逾期支付的，按照中国人民银行发布的同期同类贷款基准利率支付违约金；逾期支付超过 56 天的，按照中国人民银行发布的同期同类贷款基准利率的 2 倍支付违约金。

（3）承包人对发包人签认的竣工付款证书有异议的，对于有异议部分，应在收到发包人签认的竣工付款证书后 7 天内提出异议，并由合同当事人按照专用合同条款约定的方式和程序进行复核，或按照"争议解决"的约定处理。对于无异议部分，发包人应签发临时竣工付款证书，并按第（2）项完成付款。承包人逾期未提出异议的，视为认可发包人的审批结果。

3. 甩项竣工协议

发包人要求甩项竣工的，合同当事人应签订甩项竣工协议。在甩项竣工协议中应明确，合同当事人按照"竣工结算申请"及"竣工结算审核"的约定，对已完合格工程进行结算，并支付相应合同价款。

4. 最终结清

（1）最终结清申请单。

1）除专用合同条款另有约定外，承包人应在缺陷责任期终止证书颁发后 7 天内，按专用合同条款约定的份数向发包人提交最终结清申请单，并提供相关证明材料。

除专用合同条款另有约定外，最终结清申请单应列明质量保证金、应扣除的质量保证金、缺陷责任期内发生的增减费用。

2）发包人对最终结清申请单内容有异议的，有权要求承包人进行修正和提供补充资料，承包人应向发包人提交修正后的最终结清申请单。

（2）最终结清证书和支付。

1）除专用合同条款另有约定外，发包人应在收到承包人提交的最终结清申请单后 14 天内完成审批并向承包人颁发最终结清证书。发包人逾期未完成审批，又未提出修改意见的，视为发包人同意承包人提交的最终结清申请单，且自发包人收到承包人提交的最终结清申请单后第 15 天起视为已颁发最终结清证书。

2）除专用合同条款另有约定外，发包人应在颁发最终结清证书后 7 天内完成支付。发包人逾期支付的，按照中国人民银行发布的同期同类贷款基准利率支付违约金；逾期支付超过 56 天的，按照中国人民银行发布的同期同类贷款基准利率的 2 倍支付违约金。

3）承包人对发包人颁发的最终结清证书有异议的，按"争议解决"的约定办理。

6.6 施工合同的变更管理

工程变更属于合同变更，除专用合同条款另有约定外，合同履行过程中发生以下情形即为工程变更：

（1）增加或减少合同中的任何工作，或追加额外的工作。

（2）取消合同中的任何工作，但转由他人实施的工作除外。

（3）改变合同中任何工作的质量标准或其他特性。

（4）改变工程的基线、标高、位置和尺寸。

（5）改变工程的时间安排或实施顺序。

发包人和监理人均可以提出变更。变更指示均通过监理人发出，监理人发出变更指示前应征得发包人同意。承包人收到经发包人签认的变更指示后，方可实施变更。未经许可，承包人不得擅自对工程的任何部分进行变更。

涉及设计变更的，应由设计人提供变更后的图样和说明。如变更超过原设计标准或批准的建设规模时，发包人应及时办理规划、设计变更等审批手续。

承包人只能提合理化建议，应向监理人提交合理化建议说明，说明建议的内容和理由，以及实施该建议对合同价格和工期的影响。

除专用合同条款另有约定外，监理人应在收到承包人提交的合理化建议后 7 天内审查完毕并报送发包人，发现其中存在技术上的缺陷，应通知承包人修改。发包人应在收到监理人报送的合理化建议后 7 天内审批完毕。合理化建议经发包人批准的，监理人应及时发出变更指示，由此引起的合同价格调整按照"变更估价"的约定执行。发包人不同意变更的，监理人应以书面形式通知承包人。

合理化建议降低了合同价格或者提高了工程经济效益的，发包人可对承包人给予奖励，奖励的方法和金额在专用合同条款中约定。

6.6.1　工程变更的原因

引起工程变更的原因主要有以下几个方面：

（1）业主新的变更指令，对建筑的新要求。如业主有新的意图，业主会修改项目计划、削减项目预算等。

（2）由于设计人员、监理方人员、承包商事先没有很好地理解业主的意图或设计的错误，导致图样修改。

（3）由于工程环境的变化，预定的工程条件不准确，要求实施方案或实施计划变更。

（4）由于产生新技术和新知识，有必要改变原设计、原实施方案或实施计划，或由于业主指令及业主责任的原因造成承包商施工方案的改变。

（5）政府部门对工程提出新的要求，如国家计划变化、环境保护要求、城市规划变动等。

（6）由于合同实施出现问题，必须调整合同目标或修改合同条款。

【案例分析 6-6】

工程招标时，发包人规定投标人对标书（包括图样、说明）不得做任何改动、补充或注释。招标图中沉井结构图标明井壁用 C25 混凝土浇制，无配筋图和施工详图，合同技术规范也无相应说明，工作量表中也未提供钢筋参考用量。故建筑公司按 C25 素混凝土报价，未含钢筋用量。该工程签订的是固定总价合同，约定：承包人在报价前应已充分理解图样和文件，并应对其报价的充分性和完整性负责。

施工过程中，发包人补充提供了施工详图，详图中标明井壁为 C25 钢筋混凝土，并有配筋详图。建筑公司按照施工详图进行了施工。之后，承包人要求追加该部分钢筋工程的价款，发包方不予认可，认为是其报价失误。双方多次协商未果后，提起仲裁。

观点一：招标图样虽有遗漏，但有经验的承包人应能合理预见井壁结构需配钢筋，故不应追加价款。观点二：发包人应承担招标图样错误及遗漏的主要责任，故应追加价款。哪一种观点正确呢？

【分析】

其一，发包人没有要求承包人投标时对图样进行细化设计并据以报价，承包人按发包人提供的施工图报价没有过错。按照惯例，设计图错误、遗漏的风险应由发包人承担。

其二，作为有经验的承包人，发现图样有错误、遗漏，在施工中应提醒发包人，以避免出现质量问题，但在投标报价时，承包人并无该义务。

因此，观点二更为合理。当然，基于上述两点分析，可适当折中，如发包人补偿承包人钢筋价款的 70%，剩余的 30% 损失由承包人自行承担。

6.6.2　工程变更的程序

1. 发包人提出变更

发包人提出变更的，应通过监理人向承包人发出变更指示，变更指示应说明计划变更的工程范围和变更的内容。

2. 监理人提出变更建议

监理人提出变更建议的，需要向发包人以书面形式提出变更计划，说明计划变更工程范围和变更的内容、理由，以及实施该变更对合同价格和工期的影响。发包人同意变更的，由监理人向承包人发出变更指示；发包人不同意变更的，监理人无权擅自发出变更指示。

3. 变更执行

承包人收到监理人下达的变更指示后，认为不能执行的，应立即提出不能执行该变更指示的理由；承包人认为可以执行变更的，应当书面说明实施该变更指示对合同价格和工期的影响，且合同当事人应当按照"变更估价"的约定确定变更估价。

6.6.3　变更估价及相关调整

1. 变更估价原则

除专用合同条款另有约定外，因变更引起的价格调整按以下原则处理：

（1）已标价工程量清单或预算书有相同项目的，按照相同项目单价认定。

（2）已标价工程量清单或预算书中无相同项目，但有类似项目的，参照类似项目的单价认定。

（3）变更导致实际完成的变更工程量与已标价工程量清单或预算书中列明的该项目工程量的变化幅度超过 15% 的，或已标价工程量清单或预算书中无相同项目及类似项目单价的，按照合理的成本与利润构成的原则，由合同当事人按照"商定或确定"的约定确定变更工作的单价。

2. 变更估价程序

承包人应在收到变更指示后 14 天内，向监理人提交变更估价申请。监理人应在收到承包人提交的变更估价申请后 7 天内审查完毕并报送发包人，监理人对变更估价申请有异议的，通知承包人修改后重新提交。发包人应在承包人提交变更估价申请后 14 天内审批完毕。发包人逾期未完成审批或未提出异议的，视为认可承包人提交的变更估价申请。

因变更引起的价格调整应计入最近一期的进度款中支付。

3. 变更引起的工期调整

因变更引起工期变化的，合同当事人均可要求调整合同工期，由合同当事人按照"商定或确定"的约定并参考工程所在地的工期定额标准确定增减工期天数。

4. 暂估价

暂估价专业分包工程、服务、材料和工程设备的明细由合同当事人在专用合同条款中约定。

（1）依法必须招标的暂估价项目。对于依法必须招标的暂估价项目，采取以下第一种方式确定。合同当事人也可以在专用合同条款中选择其他招标方式。

第一种方式：对于依法必须招标的暂估价项目，由承包人招标，对该暂估价项目的确认和批准按照以下约定执行：

1）承包人应当根据施工进度计划，在招标工作启动前14天将招标方案通过监理人报送发包人审查，发包人应当在收到承包人报送的招标方案后7天内批准或提出修改意见。承包人应当按照经过发包人批准的招标方案开展招标工作。

2）承包人应当根据施工进度计划，提前14天将招标文件通过监理人报送发包人审批，发包人应当在收到承包人报送的相关文件后7天内完成审批或提出修改意见；发包人有权确定招标控制价，并按照法律规定参加评标。

3）承包人与供应商、分包人在签订暂估价合同前，应当提前7天将确定的中标候选供应商或中标候选分包人的资料报送发包人，发包人应在收到资料后3天内与承包人共同确定中标人；承包人应当在签订合同后7天内将暂估价合同副本报送发包人留存。

第二种方式：对于依法必须招标的暂估价项目，由发包人和承包人共同招标确定暂估价供应商或分包人的，承包人应按照施工进度计划，在招标工作启动前14天通知发包人，并提交暂估价招标方案和工作分工。发包人应在收到后7天内确认。确定中标人后，由发包人、承包人与中标人共同签订暂估价合同。

（2）不属于依法必须招标的暂估价项目。除专用合同条款另有约定外，对于不属于依法必须招标的暂估价项目，采取以下第一种方式确定。

第一种方式：对于不属于依法必须招标的暂估价项目，按本项约定确认和批准：

1）承包人应根据施工进度计划，在签订暂估价项目的采购合同、分包合同前28天向监理人提出书面申请。监理人应当在收到申请后3天内报送发包人，发包人应当在收到申请后14天内给予批准或提出修改意见。发包人逾期未予批准或未提出修改意见的，视为该书面申请已获得同意。

2）发包人认为承包人确定的供应商、分包人无法满足工程质量或合同要求的，发包人可以要求承包人重新确定暂估价项目的供应商、分包人。

3）承包人应当在签订暂估价合同后7天内，将暂估价合同副本报送发包人留存。

第二种方式：承包人按照"依法必须招标的暂估价项目"约定的第一种方式确定暂估价项目。

第三种方式：承包人直接实施的暂估价项目，承包人具备实施暂估价项目的资格和条件的，经发包人和承包人协商一致后，可由承包人自行实施暂估价项目，合同当事人可以在专用合同条款中约定具体事项。

（3）因发包人原因导致暂估价合同订立和履行迟延的，由此增加的费用和（或）延误的工期，由发包人承担，并支付承包人合理的利润；因承包人原因导致暂估价合同订立和履行迟延的，由此增加的费用和（或）延误的工期，由承包人承担。

5. 暂列金额

暂列金额应按照发包人的要求使用，发包人的要求应通过监理人发出。合同当事人可以在专用合同条款中协商确定有关事项。

6. 计日工

需要采用计日工方式的，经发包人同意后，由监理人通知承包人以计日工计价方式实施相应的工作，其价款按列入已标价工程量清单或预算书中的计日工计价项目及其单价进行计算；已标价工程量清单或预算书中无相应的计日工单价的，按照合理的成本与利润构成的原则，由合同当事人按照"商定或确定"的约定确定变更工作的单价。

采用计日工计价的任何一项工作，承包人应在该项工作的实施过程中，每天提交以下报表和有关凭证报送监理人审查。

（1）工作名称、内容和数量。

（2）投入该工作的所有人员的姓名、专业、工种、级别和耗用工时。

（3）投入该工作的材料类别和数量。

（4）投入该工作的施工设备型号、台数和耗用台时。

（5）其他有关资料和凭证。

计日工由承包人汇总后，列入最近一期进度付款申请单，由监理人审查并经发包人批准后列入进度付款。

6.7　施工合同的索赔管理

6.7.1　施工索赔的概念

索赔是指在工程合同履行过程中，合同当事人一方因非己方的原因而遭受损失，按合同约定或法律法规规定应由对方承担责任，从而向对方提出补偿的要求。

建设工程合同订立的原则是：不期望承包商在投标时就把各种风险因素和未知费用全部事先打进标价里，使得报价含有水分和难以进行相互比较，而是通过合同手段及条款规定，由业主额外随时补偿在实施中可能产生的有关经济损失。因此，在工程建设的各个阶段都有可能发生索赔，但在施工阶段索赔发生较多。对施工合同的双方来说，都有通过索赔维护自己合法利益的权利，依据双方约定的合同责任，构成正确履行合同义务的制约关系。一般情况下，习惯把承包商向业主提出的索赔称为施工索赔，而把业主向承包商提出的索赔称为反索赔。

【拓展思考6-8】索赔与反索赔的区别联系。

合同索赔权利的享有是双向的。由于实践中承包商向业主索赔发生的频率高，业主向承包商的索赔频率低，因此，索赔一般是指承包商向业主的索赔，而业主向承包商的索赔称为反索赔。合同双方在索赔中的实施难易程度是不同的：业主在反索赔中往往占据主动地位，可以直接从应付工程款中扣抵或者没收履约保函、扣留保留金甚至留置承包商的材料设备作为抵押等来实现自己的赔偿要求；承包商向业主的索赔相对是比较困难的，但承包商向业主索赔的范围非常广泛，一般认为只要是因非承包商自身原因造成其工期延长或者成本增加，都有可能向业主提出索赔。

在工程建设中，管理的核心是合同管理，对于利益双方而言，索赔与反索赔都起着同等的至关重要的作用。

1. 施工索赔的特征

（1）索赔是双向的。承包人可以向发包人索赔，发包人同样也可以向承包人索赔。

（2）只有实际发生了经济损失或权利损害，一方才能向对方索赔。经济损失是指因对方因素造成合同外的额外支出，如人工费、材料费、机械费、管理费等额外开支；权利损害是指虽然没有经济上的损失，但造成了一方权利上的损害，如由于恶劣气候条件对工程进度的不利影响，承包人有权要求工期延长等。经济损失与权利损害有时同时存在，有时单独存在。例如，发包人未及时交付合格的施工现场，既造成了承包人的经济损失，又侵害了承包人的工期权利。又如，发生不可抗力，承包人根据合同规定或者惯例，只能要求延长工期，不应要求经济补偿。

（3）造成费用增加或者工期损失的原因不是己方的过失。

（4）索赔是一种未经对方确定的单方行为，对对方尚未形成约束力，其能否实现，必须有切实有效的证据，经过确认，才能实现。索赔是一种正当的权利或要求，是合情、合理、合法的行为，是在正确履行合同的基础上争取合理的偿付，而不是无中生有、无理争利。索赔与守约、合作并不矛盾。

（5）索赔是合同双方依据合同约定维护自身合法利益的行为，其性质属于经济赔偿行为，而非惩罚。

【案例分析 6-7】

某开发商新建某办公楼，建筑面积 $50000m^2$，通过招投标手续，确定了由某装饰公司进行室内精装修施工，并及时签署了施工合同。双方签订施工合同后，该装饰公司又进行了劳务招标，最终确定某劳务公司为中标单位，并与其签订了劳务分包合同，在合同中明确了双方的权利和义务。在装修施工过程中，建设单位未按合同约定的时间支付某装饰公司工程进度款，该装饰公司以此为由，拒绝劳务公司提出的支付人工费的要求。

本装修工程的施工过程中，劳务公司是否可以就劳务费问题向建设单位提出索赔？

【分析】

不可以。因为劳务公司作为某装饰公司的分包单位，应该按照分包合同的约定对总承包单位（某装饰公司）负责，同时，按合同约定向劳务分包公司支付劳动报酬也是总承包单位的义务。所以，劳务公司应该就劳务费问题向该装饰公司提出索赔。

2. 施工索赔的分类

施工索赔分类的方法很多，从不同的角度有不同的分类方法。表 6-7 对施工索赔的分类进行了总结归纳。

表 6-7　施工索赔的分类

索赔分类		备　注
按索赔的目的	工期索赔	主要是指非承包人自身原因而导致关键线路施工进度延误，承包人要求发包人合理延长工期、推迟竣工日期的一种补偿
	经济索赔	主要是指承包人要求发包人补偿非自身责任事件发生而造成承包人费用增加的一种经济补偿
按索赔的依据	合同内索赔	索赔以合同文件作为依据，发生了合同规定给予承包人补偿的干扰事件，承包人根据合同规定提出索赔要求
	合同外索赔	索赔所涉及的内容难以在合同文件中找到依据，但可以从合同条文引申（隐含）含义和合同适用法律或政府颁发的有关法规中找到索赔的依据

（续）

索赔分类		备　注
按索赔事件的性质	工程延误索赔	因发包人未按合同要求提供施工条件，如未及时交付设计图、施工现场、道路等，或因发包人指令工程暂停或不可抗力事件等原因造成工期拖延的，承包人对此提出索赔
	工程变更索赔	由于发包人或监理工程师的指令增加或减少工程量或增加附加工程、修改设计、变更工程顺序等，造成工期延长和费用增加，承包人对此提出索赔
	合同被迫终止索赔	由于发包人或承包人违约以及不可抗力事件等原因造成合同非正常终止，无责任的受害方因其蒙受经济损失而向对方提出索赔
	工程加速索赔	由于发包人或工程师的指令承包人加快施工速度，缩短工期，引起承包人的人、财、物的额外开支而提出的索赔
	意外风险和不可预见因素索赔	在工程实施过程中，因人力不可抗拒的自然灾害、特殊风险以及一个有经验的承包人通常不能合理预见的不利施工条件或外界障碍，如地下水、地质断层、溶洞、地下障碍物等引起的索赔
	其他索赔	如因货币贬值、汇率变化、物价上涨、工资上涨、政策法令变化等原因引起的索赔
按索赔处理方式	单项索赔	是指在工程实施过程中，出现了干扰原合同的索赔事件，承包商为此事件提出的索赔。此类索赔是在合同实施过程中，干扰事件发生时或发生后立即进行的，并在合同规定的有效期内向发包人提交索赔意向书
	总索赔	又称一揽子索赔，是指承包商在工程竣工前后，将施工过程中已提出但未解决的索赔汇总在一起，向业主提出一份总索赔报告的索赔

3. 索赔产生的原因

在工程实施过程中，施工索赔的发生几乎是必然的，这是由工程自身的属性所决定的。

（1）工程项目有其特殊性。现代工程规模大、技术性强、投资额大、工期长、材料设备价格变化快。工程项目的差异性大、综合性强、风险大，使得工程项目在实施过程中存在许多不确定因素，而合同则必须在工程开始前签订，它不可能对工程项目中所有可能出现的问题都做出合理的预见和规定，而且业主在实施过程中还会有许多新的决策，这一切使得合同变更极为频繁，而合同变更必然会导致项目工期和成本的变化。

（2）工程项目内外部环境的复杂性和多变性。工程项目的技术环境、经济环境、社会环境、法律环境的变化，如地质条件变化、材料价格上涨、货币贬值、国家政策法规变化等，在工程实施过程中会经常发生，使得工程的计划实施过程与实际情况不一致，而这些因素同样会导致工程工期和费用的变化。

（3）参与工程建设主体的多元性。由于工程参与单位多，一个工程项目往往有业主、总包商、监理工程师、分包商、指定分包商、材料设备供应商等众多参加单位，各方面的技术、经济关系错综复杂，相互联系又相互影响，只要一方失误，不仅会造成自己的损失，而且会影响其他合作者，造成他人的损失，从而导致索赔和争执。

（4）工程合同的复杂性及易出错性。建设工程合同文件多且复杂，经常会出现措辞不当、缺陷、图样错误，以及合同文件前后自相矛盾或者可做不同解释等问题，容易造成合同双方对合同文件的理解不一致，从而出现索赔。

索赔是合同管理的重要环节，它能保障合同的正确实施，维护正常市场顺序。索赔也是落实和调整合同双方经济责权关系的有效手段，索赔是最终的工程造价合理确定的基础。总之，施工索赔是利用经济杠杆进行项目管理的有效手段，对承包商、业主和监理工程师来说，处理索赔问题水平的高低，反映了项目管理水平的高低。随着建筑市场的建立和发展，索赔将成为项目管理中越来越重要的问题。

【拓展思考6-9】施工索赔的具体表现形式有哪些？

（1）当事人违约。当事人违约常常表现为没有按照合同约定履行自己的义务：①发包人违约常常表现为没有为承包人提供合同约定的施工条件、未按照合同约定的期限和金额付款等；②工程师未能按照合同约定完成工作，如未能及时发出图样、指令等也视为发包人违约；③承包人违约的情况则主要是没有按照合同约定的质量、期限完成施工。

（2）不可抗力事件。不可抗力事件是指合同订立时不能预见、不能避免并且不能克服的客观情况，分为自然事件和社会事件。自然事件，包括台风、洪水、冰雹、地震等；在施工过程中遇到了经现场调查无法发现、业主提供的资料中也未提到的、无法预料的情况，包括地下水、地质断层等。社会事件，如国家政策、法律、法令的变更、战争、罢工等。

（3）合同缺陷。①合同条款规定用语含糊，不够准确，难以分清双方的责任和权益；②合同条款中存在漏洞，对实际各种可能发生的情况未做预测和规定，缺少某些必不可少的条款；③合同条款之间互为矛盾，即在不同的条款和条文中，对同一问题的规定和解释要求不一致；④合同的某些条款中隐含着较大的风险，即对承包商方面要求过于苛刻，约束条款不对等、不平衡，有失公正。

（4）工程变更。

（5）工程师指令。①承包人加速施工；②进行某项合同外工作；③更换某些材料；④采取某些不在承包范围内的措施。

【案例分析6-8】

某施工单位（乙方）与某建设单位（甲方）签订了建造无线电发射试验基地施工合同，合同工期为38天，网络进度图如图6-2所示。由于该项目急于投入使用，在合同中规定，工期每提前（或拖后）1天奖励（或罚款）5000元。乙方按时提交了施工方案和施工网络进度计划（见图6-2），并得到了甲方代表的批准。实际施工过程中发生了如下几项事件：

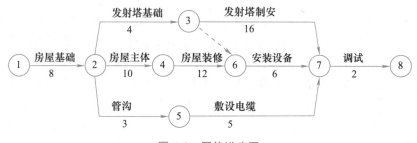

图6-2 网络进度图

事件1：在房屋基坑开挖后，发现局部有软弱下卧层。按甲方代表指示，乙方配合地质复查，配合用工为10个工日。地质复查后，根据经甲方代表批准的地基处理方案，增加直接费4万元，因地基复查和处理使房屋基础作业时间延长3天，人工窝工15个工日。

事件 2：在发射塔基础施工时，因发射塔原设计尺寸不当，甲方代表要求拆除已施工的基础，重新定位施工。由此造成增加用工 30 个工日，材料费 1.2 万元，机械台班费 3000元，发射塔基础作业时间拖延 2 天。

事件 3：在房屋主体施工中，因施工机械故障，造成人工窝工 8 个工日，该项工作作业时间延长 2 天。

事件 4：在房屋装修施工基本结束时，甲方代表对某项电气暗管的敷设位置是否准确有疑义，要求乙方进行剥漏检查。检查结果为某部位的偏差超出了规范允许范围。乙方根据甲方代表的要求进行返工处理，合格后甲方代表予以签字验收。该项返工及覆盖用工 20 个工日，材料费为 1000 元。因该项电气暗管的重新检验和返工处理，使安装设备的开始作业时间推迟了 1 天。

事件 5：在敷设电缆时，因乙方购买的电缆线材质量差，甲方代表令乙方重新购买合格线材。由此造成该项工作多用人工 8 个工日，作业时间延长 4 天，材料损失费为 8000 元。

事件 6：鉴于该工程工期较紧，经甲方代表同意，乙方在安装设备作业过程中采取了加快施工的技术组织措施，使该项工作的作业时间缩短 2 天，该项技术组织措施费为 6000 元。

其余各项工作的实际作业时间和费用均与原计划相符。

在上述事件中，乙方可以就哪些事件向甲方提出工期补偿和费用补偿要求？为什么？

【分析】

事件 1：可以提出工期补偿和费用补偿要求。因为地质条件变化属于甲方应承担的责任（或有经验的承包商无法预测的原因），且房屋基础工作位于关键线路上。

事件 2：可以提出费用补偿和工期补偿要求。因为发射塔设计位置变化是甲方的责任，由此增加的费用应由甲方承担，但该项工作的时间拖延 2 天，没有超出其总时差 8 天，所以工期补偿为 0 天。

事件 3：不能提出工期补偿和费用补偿要求。因为施工机械故障属于乙方应承担的责任。

事件 4：不能提出工期补偿和费用补偿要求。因为乙方应该对自己的施工质量负责。

事件 5：不能提出工期补偿和费用补偿要求。因为乙方应该对自己购买的材料质量和完成的产品质量负责。

事件 6：不能提出补偿要求。因为通过采取施工技术组织措施使工期提前，可按合同规定的工期奖罚办法处理，因赶工而发生的施工技术组织措施费应由乙方承担。

4. 施工索赔的依据

（1）招标文件、合同文件及附件等资料。例如，招标文件、中标人的投标文件、工程施工合同及附件、中标通知书、发包方认可的施工组织设计、工程图、技术规范，以及发包人提供的水文地质资料、地下管网资料、红线图、坐标控制点资料等。

（2）往来的书面文件。例如，发包方的变更指令、各种认可信、通知、对承包方问题的答复信等。这些文件内容常常包括某一时期工程进展情况的总结以及与工程有关的当事人及具体事项。这些文件的签发日期对计算工程延误时间具有参考价值。

（3）施工合同协议书及附属文件。

（4）业主或监理签认的认证。例如，承包人要求预付通知、工程量合适确认单。

（5）施工现场记录。主要包括施工日志、施工检查记录、工时记录、质量检查记录、设备或材料使用记录、施工进度记录或者工程照片、录像等。对于重要记录，如质量检查、验收记录，还应有工程师派遣的现场监理或现场监理员的签名。

（6）工程会议记录。建设单位（发包方）与承包方、总承包方与分包方之间召开现场会议讨论工程情况的记录。

（7）气象资料、工程检查验收报告和各种技术鉴定报告，工程中送停电、送停水、道路开通和封闭的记录和证明。

（8）工程财务资料。一般包括施工进度款支付申请单，工人工资单，工人分布记录，材料、设备、配件等的采购单，付款收据，收款单据，工地开支报告，会计报表，会计总账，批准的财务报告，会计往来信函及文件，通用货币汇率变化表等。

（9）工程检查和验收报告。由监理工程师签字的工程检查和验收报告反映出某一单项工程在某一特定阶段竣工的进度，并汇录了该单项工程竣工和验收的时间。

（10）国家法律、法令、政策文件。

【案例分析6-9】

某项工业建筑的地基强夯处理与基础工程施工合同。在开挖土方过程中，有两项重大事件使工期发生较大的拖延：

一是土方开挖时遇到了一些工程地质勘探没有探明的孤石，排除孤石拖延了一定的时间。

二是施工过程中遇到数天季节性大雨后又转为特大暴雨引起山洪暴发，造成现场临时道路、管网和施工用房等设施以及已施工的部分基础被冲坏，施工设备损坏，运进现场的部分材料被冲走，乙方数名施工人员受伤，雨后乙方用了很多工时清理现场和恢复施工条件。为此，乙方按照索赔程序提出了延长工期和费用补偿要求。

试问：造价工程师应如何审理？

【分析】

（1）对处理孤石引起的索赔，这是预先无法估计的地质条件变化，属于甲方应承担的风险，应给予乙方工期顺延和费用补偿。

（2）对于天气条件变化引起的索赔应分两种情况处理：

1）对于前期的季节性大雨，这是一个有经验的承包商预先能够合理估计的因素，应在合同工期内考虑，由此造成的时间和费用损失不能给予补偿。

2）对于后期特大暴雨引起的山洪暴发，不能视为一个有经验的承包商预先能够合理估计的因素，应按不可抗力处理由此引起的索赔问题。

被冲坏的现场临时道路、管网和施工用房等设施以及已施工的部分基础，被冲走的部分材料，清理现场和恢复施工条件等经济损失应由甲方承担；损坏的施工设备，受伤的施工人员以及由此造成的人员窝工和设备闲置等经济损失应由乙方承担；工期顺延。

6.7.2　施工索赔程序

从总体上，索赔一般分为承包人处理阶段和监理工程师处理阶段。一般索赔流程如

图 6-3 所示。

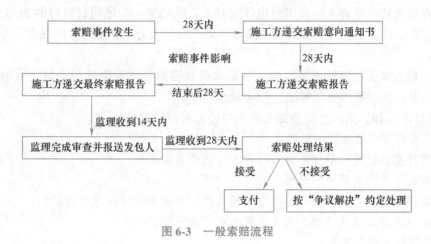

图 6-3　一般索赔流程

1. 承包人处理阶段

（1）承包人应在知道或应当知道索赔事件发生后 28 天内向监理人递交索赔意向通知书，并说明发生索赔事件的事由；承包人未在前述 28 天内发出索赔意向通知书的，丧失要求追加付款和（或）延长工期的权利。

（2）承包人应在发出索赔意向通知书后 28 天内向监理人正式递交索赔报告；索赔报告应详细说明索赔理由以及要求追加的付款金额和（或）延长的工期，并附必要的记录和证明材料。

（3）索赔事件具有持续影响的，承包人应按合理时间间隔继续递交延续索赔通知，说明持续影响的实际情况和记录，列出累计的追加付款金额和（或）工期延长天数。

（4）承包人应在索赔事件影响结束后 28 天内向监理人递交最终索赔报告，说明最终要求索赔的追加付款金额和（或）延长的工期，并附必要的记录和证明材料。

【案例分析 6-10】

某建筑公司与某开发公司签订某房地产项目施工合同，工期为 600 天。因种种原因，建筑公司在工程完成至±0.00 以下工程后（此时距开工已 1000 天）停止了施工。建筑公司起诉，要求开发公司支付拖欠的工程进度款 2000 余万元。开发公司随即提起反诉，要求赔偿因工期延误造成的经济损失 4000 余万元。

【分析】

庭审中，建筑公司就工期问题答辩称，工期延误属实，但延误的原因在于工程量增加、设计变更以及开发公司未按合同约定足额支付工程进度款等，故延误的责任应由发包人承担。被告开发公司则认为，虽然有设计变更、工程量增加等事实，但由于承包人在施工过程中从未提出过工期顺延请求，未按合同规定办理过任何工期签证，因此可以认为承包人放弃了增加工期的权利。

因此，索赔一定要注意索赔期限。

2. 监理工程师处理阶段

（1）监理人应在收到索赔报告后 14 天内完成审查并报送发包人。监理人对索赔报告存在异议的，有权要求承包人提交全部原始记录副本。

（2）发包人应在监理人收到索赔报告或有关索赔的进一步证明材料后的 28 天内，由监理人向承包人出具经发包人签认的索赔处理结果。发包人逾期答复的，则视为认可承包人的索赔要求。

（3）承包人接受索赔处理结果的，索赔款项在当期进度款中进行支付；承包人不接受索赔处理结果的，按照"争议解决"约定处理。

【拓展思考 6-10】 索赔意向通知书和索赔报告有何区别？

索赔意向通知书的主要内容有：

（1）事件发生情境；事件发生的时间和情况的简单描述。

（2）对该事件发展动向的分析。

（3）合同依据的条款：双方签订的合同文件、相关法律法规规定的权利。

（4）该事件对工程成本和工期造成影响的严重程度。

索赔报告的主要内容有：

（1）施工单位的正规性文件。

（2）索赔申请表：填写索赔项目、依据、证明文件、索赔金额和日期等。

（3）批复的索赔意向书。

（4）编制说明：索赔事件的起因、经过和结束的详细描述。

（5）附件（与本项费用或工期索赔有关的各种往来文件、证明材料的详细计算资料）等。

以上为索赔的内部处理阶段，递交最终索赔报告后，即进入索赔解决阶段。

3. 发包人的索赔

根据合同约定，发包人认为有权得到赔付金额和（或）延长缺陷责任期的，监理人应向承包人发出通知并附详细的证明。

发包人应在知道或应当知道索赔事件发生后 28 天内，通过监理人向承包人提出索赔意向通知书；发包人未在前述 28 天内发出索赔意向通知书的，丧失要求赔付金额和（或）延长缺陷责任期的权利。发包人应在发出索赔意向通知书后 28 天内，通过监理人向承包人正式递交索赔报告。

4. 对发包人索赔的处理

（1）承包人收到发包人提交的索赔报告后，应及时审查索赔报告的内容，查验发包人的证明材料。

（2）承包人应在收到索赔报告或有关索赔的进一步证明材料后 28 天内将索赔处理结果答复发包人。如果承包人未在上述期限内做出答复的，则视为对发包人索赔要求的认可。

（3）承包人接受索赔处理结果的，发包人可从应支付给承包人的合同价款中扣除赔付的金额或延长缺陷责任期；承包人不接受索赔处理结果的，按"争议解决"的约定处理。

5. 提出索赔的期限

（1）承包人按"竣工结算审核"的约定接收竣工付款证书后，应被视为已无权再提出在工程接收证书颁发前所发生的任何索赔。

（2）承包人按"最终结清"约定提交的最终结清申请单中，只限于提出工程接收证书颁发后发生的索赔。提出索赔的期限自接受最终结清证书时终止。

【拓展思考 6-11】索赔期限是否可以理解为"索赔过期作废"？

《示范文本》加大了对 1999 年版 FIDIC 条款的借鉴和吸收。

FIDIC 条款第 2.5 款"雇主的索赔"中规定："当雇主意识到某事件或情况可能导致索赔时，应尽快地发出通知。涉及任何延期的通知应在相关缺陷通知期期满前发出。"该条款并未明确规定雇主过期索赔的后果。

第 20.1 款"承包商的索赔"中规定："该通知（指索赔的通知）应尽快发出，并应不迟于承包商开始注意到，或应该开始注意到，这种事件或情况之后 28 天。如果承包商未能在 28 天内发出索赔通知，竣工时间将不被延长，承包商将无权得到附加款项，并且雇主将被解除有关索赔的一切责任。"该条款明确规定了承包商过期索赔作废的后果。

《示范文本》借鉴和吸收了 FIDIC 条款中的上述规定，不仅明确规定了承包人过期索赔作废的后果，还明确规定了发包人过期索赔作废的后果，与 FIDIC 条款相比，更加对等和合理，可以更好地平衡发承包双方的权利义务。

6.7.3　工期索赔计算

工期是施工合同中的重要条款之一，工期延误对合同双方一般都会造成损失。工期延误的后果形式上是时间的损失，实质上是经济的损失，无论是业主还是承包商，都不愿意无缘无故地承担由工程延误给自己造成的经济损失。因此，工期是业主和承包商经常发生的争议焦点。工期在整个索赔中占据了很高的比例，也是承包商索赔的重要内容之一。

工期索赔主要依据合同规定的总工期计划、进度计划以及双方共同认可的工期修改文件、调整计划和受干扰后实际工程进度记录，如施工日记、工程进度表等。施工单位应在每月月底以及在干扰事件发生时，分析对比上述资料，以便及时发现工期拖延并分析拖延的原因，提出有说服力的索赔要求。工期索赔的计算主要有网络图分析法和比例计算法。

1. 网络图分析法

网络图分析法是利用进度计划网络图，分析其关键线路。如果延误的工作为关键工作，则延误的时间为索赔的工期；如果延误的工作为非关键工作，当该工作由于延误超过时差限制而成为关键工作时，索赔的时间为延误时间与时差的差值；如果该工作延误后仍为非关键工作，则不存在工期索赔问题。

网络图分析法要求承包商使用网络图技术进行进度控制，依据网络计划提出工期索赔。其计算科学合理，容易得到认可。

【案例分析 6-11】

案例分析 6-8 中，该工程的实际施工天数为多少天？可得到的工期补偿为多少天？工期奖罚款为多少？

【分析】

（1）该工程施工网络进度计划的关键线路为①—②—④—⑥—⑦—⑧，计划工期为 38 天，与合同工期相同。将所有各项工作的持续时间均以实际持续时间代替，关键线路不变，实际工期为（38+3+2-3）天=40 天或（11+12+9+6+2）天=40 天。

（2）将所有由甲方负责的各项工作持续时间延长天数加到原计划相应工作的持续时间上，关键线路也不变，工期为 41 天，可得到工期补偿天数为 3 天。

（3）工期罚款为 ［42-（38+3）］天×5000元/天=5000元。

2. 比例计算法

比例计算法是通过分析增加或减少的分部分项工程量（工程造价）与合同总量的比值，推断出增加或减少的工程工期。

（1）按工程量进行比例计算。当计算出某一分部分项工程的工期延长后，将局部工期转变为整体工期，此时可以用局部工程的工程量占整个工程工作量的比例来折算。

$$工期索赔值 = 原合同总工期 \times \frac{额外增加的工程量}{原合同工程量}$$

例如，某工程基础施工中出现了不利的地质障碍，业主指令承包人进行处理，土方工程量由原来的 2760m³ 增至 3280m³，原工期定为 45 天。承包人可提出的工期索赔值为多少？

$$工期索赔值 = 45 天 \times ［（3280m³-2760m³）/2760m³］ = 8.48 天$$

（2）按造价进行比例类推。若施工中出现了很多大小不等的工期索赔事由，较难准确地单独计算且又麻烦时，可经双方协商，采用造价比较法确定工期补偿天数。

$$工期索赔值 = 原合同总工期 \times \frac{额外增加的工程量价格}{原合同总价}$$

例如，某工程合同总价为 1000 万元，总工期为 24 个月，现业主指令增加额外工程 90 万元，则承包人提出的工期索赔为

$$24 月 \times （90 万元/1000 万元）= 2.16 月$$

【案例分析 6-12】

某建筑公司（乙方）于某年 4 月 20 日与某厂（甲方）签订了修建建筑面积为 3000m² 工业厂房（带地下室）的施工合同。乙方编制的施工方案和进度计划已获监理工程师批准。甲乙双方合同约定 5 月 11 日开工，5 月 20 日完工。在实际施工中发生了如下几项事件：

（1）因租赁的挖掘机大修，晚开工 2 天，造成人员窝工 10 个工日。

（2）施工过程中，因遇软土层，接到监理工程师 5 月 15 日停工的指令，进行地质复查，配合用工 15 个工日；5 月 19 日接到监理工程师于 5 月 20 日复工令。

（3）5 月 20 日—5 月 22 日，因下大雨迫使基坑开挖暂停，造成人员窝工 10 个工日。

（4）5 月 23 日用 30 个工日修复冲坏的永久道路，5 月 24 日恢复挖掘工作，最终基坑于 5 月 30 日挖坑。

建筑公司对上述哪些事件可以向厂方要求索赔？哪些事件不可以要求索赔？并说明原因。每项事件的工期索赔各是多少天？总计工期索赔是多少天？

【分析】

事件 1：索赔不成立。此事件发生原因属承包商自身责任。

事件 2：索赔成立。因该施工地质条件的变化是一个有经验的承包商所无法合理预见的。

事件 3：索赔不成立。因为一个有经验的承包商应该对此合理预见。

事件 4：索赔成立。因恶劣的自然条件或不可抗力引起的工程损坏及修复应由业主承担责任。

事件 2：索赔工期为 5 天（5 月 15 日—5 月 19 日）。

事件 4：索赔工期为 1 天（5 月 23 日）。

总计索赔工期为 5 天+1 天＝6 天。

6.7.4　费用索赔计算

费用索赔是指承包商在非自身因素影响下遭受经济损失时，向业主提出补偿其额外费用损失的要求。因此，费用索赔是承包商根据合同条款的有关规定，向业主索取的合同价款以外的费用。索赔费用不应被视为承包商的意外收入，也不应被视为业主的不必要开支。实际上，索赔费用的存在是由于建立合同时还无法确定的某些应由业主承担的风险因素导致的结果。承包商的投标报价中不会考虑业主风险，因此，一旦这类风险发生并影响承包商的工程成本时，承包商提出费用索赔是一种正常的现象和合情合理的行为。

费用索赔的计算方法主要有总费用法、修正的总费用法和分项法。

1. 总费用法和修正的总费用法

总费用法又称总成本法，就是计算出该项工程的总费用，再从这个已实际开支的总费用中减去投标报价时的成本费用，即为要求补偿的索赔费用额。具体公式为

$$索赔金额＝实际总费用-投标报价总费用$$

总费用法并不十分科学，但仍被经常采用，原因是对于某些索赔事件，难以精确地确定它们导致的各项费用增加额。一般认为在具备以下条件时，采用总费用法是合理的：

（1）已开支的实际总费用经过审核，被认为是比较合理的。

（2）承包商的原始报价是比较合理的。

（3）费用的增加是由于对方原因造成的，其中没有承包商管理不善的责任。

（4）由于该项索赔事件的性质以及现场记录的不足，难以采用更精确的计算方法。

（5）施工中干扰严重，多个索赔事件混杂，难以准确地进行分项记录和收集资料，也不容易分项计算出具体的损失费用的索赔。

修正的总费用法是对总费用法的改进，是在总费用计算的基础上，去掉一些不合理的因素，使其更合理。修正的内容如下：

（1）将计算索赔款的时段局限于受到外界影响的时间，而不是整个施工期。

（2）只计算受影响时段内的某项工作所受影响的损失，而不是计算该时段内所有施工工作所受的损失。

（3）与该项工作无关的费用不列入总费用中。

（4）对投标报价费用重新进行核算：按所受影响时段内该项工作的实际单价进行核算，乘以实际完成的该项工作的工作量，得出调整后的报价费用。

按修正后的总费用计算索赔金额的公式如下：

$$索赔金额＝某项工作修正后的实际费用-该项工作修正的报价费用$$

2. 分项法

分项法是将索赔的损失的费用分项进行计算。

（1）人工费索赔。人工费索赔包括额外雇用劳务人员、加班工作、工资上涨、人员闲置和劳动生产率降低的费用。

对于额外雇用劳务人员和加班工作的费用，用投标时的计日工单价乘以工时数即可。对于人员闲置费用，窝工单价一般折算为人工单价的一定比例（如 0.75），最好在合同专用条款里事先约定。工资上涨是指由于工程变更，使承包商的大量人力资源的使用从前期推到后

期，而后期工资水平上调，因此应得到相应的补偿。劳动生产率降低导致的人工费索赔，可采用如下方法计算：

1）实际成本和预算成本比较法。这种方法是对受干扰影响工作的实际成本与合同中的预算成本进行比较，索赔其差额。这种方法需要有正确合理的估价体系和详细的施工记录。

例如，某工程的现场混凝土模板制作，原计划 2000m²，估计人工工时为 2000 工日，直接人工成本为 240000 元。因业主未及时提供现场施工场地，承包商被迫在雨季进行该项工作，实际人工工时为 2400 工日，人工成本为 288000 元，使承包商造成劳动生产率降低的损失为 48000 元。对于这种索赔，只要预算成本和实际成本计算合理，成本的增加确属业主的原因，其索赔就易获得业主认可。

2）正常施工期与受影响工期比较法。这种方法是在承包商的正常施工受到干扰，劳动生产率下降，通过比较正常条件下的劳动生产率和干扰状态下的劳动生产率，得出劳动生产率降低值，以此为基础进行索赔。

例如，某工程吊装浇注混凝土，前 5 天工作正常，第 6 天起业主架设临时电线，共有 6 天时间使起重机不能在正常角度下工作，导致吊运混凝土的方量减少。承包商有未受干扰时正常施工记录和受干扰时施工记录，如表 6-8 和表 6-9 所示。

表 6-8　未受干扰时正常施工记录　　　　　　　　　（单位：m³/h）

时　　间	第 1 天	第 2 天	第 3 天	第 4 天	第 5 天	平均值
平均劳动生产率	7	6	6.5	8	6	6.7

表 6-9　受干扰时施工记录　　　　　　　　　　　　（单位：m³/h）

时　　间	第 1 天	第 2 天	第 3 天	第 4 天	第 5 天	第 6 天	平均值
平均劳动生产率	5	5	4	4.5	6	4	4.75

通过以上施工记录比较，劳动生产率降低值为

$$6.7m^3/h - 4.75m^3/h = 1.95m^3/h$$

$$索赔费用金额 = 计划台班 \times \frac{劳动生产率降低值}{预期劳动生产率} \times 台班单价$$

（2）材料费索赔。材料费索赔包括材料消耗量增加和材料单位成本增加两个方面。追加额外工作、变更工程性质、改变施工方法等，都可能造成材料用量的增加或使用不同的材料。材料单位成本增加的原因包括材料价格上涨、手续费增加、业主原因造成的运输费用（运距加长、二次搬运等）、仓储保管费增加等。由于承包商采购、现场管理不善造成的材料费的增加不能列入索赔计算。

（3）施工机械使用费索赔。施工机械使用费索赔包括增加台班数量、机械闲置或工作效率降低、台班费率上涨等费用。

台班数量的计算数据来自机械使用记录；工作效率降低应参考劳动生产率降低的人工索赔的计算方法；台班费率按照相关部门（如定额站）发布的信息取值。

对于机械闲置费，如系租赁设备，一般按实际租金和调进调出费（如果有）的分摊计算；如系承包商自有设备，一般按台班折旧费计算，而不能按台班费计算，因为台班费中包括了设备使用费。

（4）现场管理费索赔。索赔款中的现场管理费是指承包商完成额外工程、索赔事项工作以及工期延长期间的现场管理费，包括工地的临时设施费、现场管理人员和服务人员的工资、办公费、通信、交通费等。现场管理费索赔计算的公式一般为

现场管理费索赔金额 = 索赔的直接成本费用×现场管理费费率

现场管理费费率的确定选用下面的方法：

1）合同百分比法，即管理费比率在合同中规定。

2）行业平均水平法，即采用公开认可的行业标准费率。

3）原始估价法，即采用投标报价时确定的费率。

4）历史数据法，即采用以往相似工程的管理费费率。

（5）总部（企业）管理费索赔。总部管理费与现场管理费相比，数额较为固定，一般仅在工程延期和工程范围变更时才允许索赔总部管理费。索赔款中的总部管理费主要是指工程延期期间所增加的管理费，包括总部职工工资、办公大楼折旧、办公用品、财务管理、通信设施以及总部领导人员赴工地检查指导工作等开支。

目前国际上应用最多的总部管理费索赔的计算方法是 Eichealy 公式。该公式是在获得工程延期索赔后进一步获得总部管理费索赔的计算方法。获得工程费用索赔后，也可参照本公式的计算方法进一步获得总部管理费索赔。

已获延期索赔的 Eichealy 公式是根据日费率分摊的办法进行计算。

延期的合同应分摊的管理费（A）=（被延期合同原价/同期公司所有合同价之和）×同期公司计划总部管理费

单位时间（日或周）总部管理费费率（B）=（A）/计划合同工期（日或周）

总部管理费索赔值（C）=（B）×工程延期索赔（日或周）

【案例分析 6-13】

某承包商承包一工程，原计划合同期为 240 天，在实施过程中拖延 60 天，即实际工期为 300 天。原计划的 240 天内，承包商的经营状况如表 6-10 所示。

表 6-10　承包商的经营状况　　　　　　　　　　（单位：元）

	拖 延 合 同	其 他 合 同	总　　计
合　同　额	200000	400000	600000
总部管理费			60000

【分析】

$$（A）=（200000 元/600000 元）×60000 元 = 20000 元$$
$$（B）=（A）/240 = 20000 元/240$$
$$（C）=（B）×60 = 20000 元/240×60 = 5000 元$$

Eichealy 公式在工程拖期后的总部管理费索赔的前提条件是：若工程延期，就相当于该工程占用了应调往其他工程合同的施工力量，这样就损失了在该工程合同中应得的总部管理费。也就是说，由于该工程拖期，影响了总部在这一时期内其他合同的收入，总部管理费应该在延期项目中索赔。

（6）融资成本损失和利润的索赔。融资成本又称资金成本，即取得和使用资金所付出

的代价，其中最主要的是支出资金供应者的利息。由于承包商只有在索赔事件处理完结后一段时间内才能得到其索赔的金额，所以，承包商往往需从银行贷款或以自有资金垫付，这就产生了融资成本问题，主要表现在额外贷款利息的支付和自有资金的机会利润损失。以下情况可以索赔利息：

1）业主推迟支付工程款或错误扣款的利息，索赔利息通常以合同约定的利率计算。

2）承包商借款或动用自有资金弥补合法索赔事项所引起的现金流量缺口，对于此种情况，可以参照有关金融机构的利率标准。

由于工程范围的变更、文件缺陷或技术性错误、业主未能提供现场等引起的索赔，承包商可以列入利润。但对于工程暂停的索赔，由于利润通常是包括在各项实施工程内容的价格之内的，而延长工期并未影响削减项目的实施，也未导致利润减少，所以，工程暂停不能索赔利润。

利润是完成一定工程量的报酬，因此，在工程量增加时可索赔利润。不同的国家和地区对利润的理解和规定有所不同，有的将利润归入总部管理费中，则不能单独索赔利润。

【案例分析 6-14】

案例分析 6-8 中，工程所在地的人工费标准为 130 元/工日，应由甲方给予补偿的窝工人工费补偿标准为 68 元/工日，该工程的综合取费率为 30%。则在该工程结算时，乙方应该得到的索赔款为多少？

【分析】

乙方应该得到的索赔款包括：

由事件 1 引起的索赔款为

$$（10×130+40000）元×（1+30\%）+（15×68）元=54710 元$$

由事件 2 引起的索赔款为

$$（30×130+12000+3000）元×（1+30\%）=24570 元$$

所以，乙方应该得到的索赔款为

$$54710 元+24570 元=79280 元$$

6.7.5 施工索赔技巧

索赔工作既有科学严谨的一面，又有灵活的一面。对于一个确定的索赔事件，往往没有预定的、确定的解决方法，它往往受制于双方签订的合同文件、各自的工程管理水平和索赔能力以及处理问题的公正性、合理性等因素。因此，索赔成功不仅需要令人信服的法律依据、充足的理由和正确的计算方法，索赔的策略、技巧也相当重要。

（1）及早寻找索赔机会。一个有经验的承包商，在投标报价时就应考虑将来可能要发生索赔的问题，要仔细研究招标文件中的合同条款和规范，仔细查勘施工现场，探索可能索赔的机会，在报价时要考虑索赔的需要。

（2）商签好合同协议。在商签合同过程中，承包商应对明显把重大风险转嫁给承包商的合同条件提出修改的要求，对其达成修改的协议以"谈判纪要"的形式写出，作为该合同条件的有效组成部分。特别要对业主开脱责任的条款加以注意。

（3）熟悉合同文件、合同条款及法律规定。在合同文件相关条款中，规定了发包人、承包人的责任、义务，工程总进度、阶段性进度，质量要求，工程进度款、预付款的支付方法及其他。承包人要善于利用合同中的这些条款及合同明示或默示的有利条款，以便当符合索赔的事件发生时能进行合理索赔。

（4）对口头变更指令要得到书面确认。监理工程师常常乐于口头变更指令，如果承包商不对监理工程师的口头指令予以书面确认就进行变更工程的施工，以后有的监理工程师矢口否认，拒绝承包商的索赔要求，承包商将有口难言。

（5）把握索赔时效。建设工程施工中，索赔随时都有可能发生。当索赔事件发生时，承包人应当按照合同中规定的索赔程序和索赔时限提出索赔；否则，如果承包人错过索赔时效，发包人有权利认为承包人自动放弃索赔权利而拒绝补偿。

如果合同中没有明确规定时，可依据 FIDIC 施工合同条件中的规定：当索赔事件发生后的 28 天内，承包人应向发包人提出索赔通知；承包人应在索赔意向通知提交后的 28 天内，或工程师可能同意的其他合理时间，向监理工程师递交详细索赔报告。

（6）注重证据的收集，索赔报告要论证充足。索赔的成功在很大程度上取决于承包商对索赔做出的解释和强有力的证据材料。因此，就要求承包商注意记录和积累保存有关资料，并可随时从中索取与索赔事件有关的证据资料。有关资料主要有：施工日志、来往文件、气象资料、备忘录、会议纪要、工程照片、工程声像资料、工程进度计划、工程核算文件、工程图、招投标资料等。

（7）索赔计算方法和费用要适当。索赔计算时采用"附加成本法"容易被对方接受，因为这种方法只计算索赔事件引起的计划外的附加开支，计价项目具体，使经济索赔能较快得到解决。另外，索赔计价不能过高，要价过高容易让对方反感，还有可能让业主准备周密的反索赔计划，以高额的反索赔对付高额的索赔，使索赔工作更加复杂。

（8）描述事实准确。索赔报告、签证等对事件描述应基本准确，数据计算准确。

（9）谈判人员的组成要科学。要有谈判能力较强的工作人员，也需要熟悉工程实务的项目工程师、了解合同体系的造价工程师共同参与。

（10）掌握谈判技巧，达到索赔目的。索赔谈判中要注意方式方法。合同一方向对方提出索赔要求，进行索赔谈判时，措辞应婉转，说理应透彻，以理服人，而不是得理不让人，尽量避免使用抗议提法。如果对于合同一方一次次合理的索赔要求，对方拒不合作或置之不理，并严重影响工程的正常进行，索赔方可以采取较为严厉的措辞和切实可行的手段，以实现自己的索赔目标。

（11）索赔处理时做适当必要的让步。在索赔谈判和处理中，根据情况可适当做出必要的让步，如放弃金额小的小项索赔，坚持大项索赔。这样使对方也容易做出让步，从而达到索赔的最终目的。

6.8　施工合同的风险管理

6.8.1　不可抗力

不可抗力是指合同当事人在签订合同时不可预见、在合同履行过程中不可避免且不能克服的自然灾害和社会性突发事件，如地震、海啸、瘟疫、骚乱、戒严、暴动、战争和专用合同条款中约定的其他情形。

不可抗力发生后，发包人和承包人应收集证明不可抗力发生及不可抗力造成损失的证据，并及时认真统计所造成的损失。合同当事人对是否属于不可抗力或其损失的意见不一致的，由监理人按"商定或确定"的约定处理。发生争议时，按"争议解决"的约定处理。

合同一方当事人遇到不可抗力，使其履行合同义务受到阻碍时，应立即通知合同另一方当事人和监理人，书面说明不可抗力和受阻碍的详细情况，并提供必要的证明。

不可抗力持续发生的，合同一方当事人应及时向合同另一方当事人和监理人提交中间报告，说明不可抗力和履行合同受阻的情况，并于不可抗力事件结束后 28 天内提交最终报告及有关资料。

1. 不可抗力后果的承担

不可抗力引起的后果及造成的损失由合同当事人按照法律规定及合同约定各自承担。不可抗力发生前已完成的工程应当按照合同约定进行计量支付。

不可抗力导致的人员伤亡、财产损失、费用增加和（或）工期延误等后果，由合同当事人按以下原则承担：

（1）永久工程、已运至施工现场的材料和工程设备的损坏，以及因工程损坏造成的第三人人员伤亡和财产损失由发包人承担。

（2）承包人施工设备的损坏由承包人承担。

（3）发包人和承包人承担各自的人员伤亡和财产损失。

（4）因不可抗力影响承包人履行合同约定的义务，已经引起或将引起工期延误的，应当顺延工期，由此导致承包人停工的费用损失由发包人和承包人合理分担，停工期间必须支付的工人工资由发包人承担。

（5）因不可抗力引起或将引起工期延误，发包人要求赶工的，由此增加的赶工费用由发包人承担。

（6）承包人在停工期间按照发包人要求照管、清理和修复工程的费用由发包人承担。

不可抗力发生后，合同当事人均应采取措施尽量避免和减少损失的扩大，任何一方当事人没有采取有效措施导致损失扩大的，应对扩大的损失承担责任。

因合同一方迟延履行合同义务，在迟延履行期间遭遇不可抗力的，不免除其违约责任。

【案例分析 6-15】

施工单位与建设单位按《建设工程施工合同（示范文本）》签订合同后，在施工中突遇合同中约定属不可抗力的事件，造成经济损失（见表 6-11）和工地全面停工 15 天。试对表 6-11 中的风险承担进行分析。

表 6-11　不可抗力造成的经济损失

序　　号	项　　目	金额（万元）
1	建安工程施工单位采购的已运至现场待安装的设备修理费	5.0
2	现场施工人员受伤的医疗补偿费	2.0
3	已通过工程验收的供水管爆裂修复费	0.5
4	建设单位采购的已运至现场的水泥损失费	3.5

（续）

序　号	项　目	金额（万元）
5	建安工程施工单位配备的停电时用于应急施工的发电机修复费	0.2
6	停工期间施工作业人员窝工费	8.0
7	停工期间必要的留守管理人员工资	1.5
8	现场清理费	0.3
	合　计	21.0

【分析】

发生的经济损失应由建设单位承担的有：

1. 建安工程施工单位采购的已运至现场待安装的设备修理费 5.0 万元。

3. 已通过工程验收的供水管爆裂修复费 0.5 万元。

4. 建设单位采购的已运至现场的水泥损失费 3.5 万元。

6. 停工期间施工作业人员窝工费 8.0 万元。

7. 停工期间必要的留守管理人员工资 1.5 万元。

8. 现场清理费 0.3 万元。

发生的经济损失应由承包单位承担的有：

2. 现场施工人员受伤的医疗补偿费 2.0 万元。

5. 建安工程施工单位配备的停电时间用于应急的发电机修复费 0.2 万元。

施工单位可索赔工期 15 天。

2. 因不可抗力解除合同

因不可抗力导致合同无法履行连续超过 84 天或累计超过 140 天的，发包人和承包人均有权解除合同。合同解除后，由双方当事人按照"商定或确定"的约定商定或确定发包人应支付的款项。该款项包括：

（1）合同解除前承包人已完成工作的价款。

（2）承包人为工程订购的并已交付给承包人，或承包人有责任接受交付的材料、工程设备和其他物品的价款。

（3）发包人要求承包人退货或解除订货合同而产生的费用，或因不能退货或解除合同而造成的损失。

（4）承包人撤离施工现场以及遣散承包人人员的费用。

（5）按照合同约定在合同解除前应支付给承包人的其他款项。

（6）扣减承包人按照合同约定应向发包人支付的款项。

（7）双方商定或确定的其他款项。

除专用合同条款另有约定外，合同解除后，发包人应在商定或确定上述款项后 28 天内完成上述款项的支付。

6.8.2　保险

1. 强制险种

（1）除专用合同条款另有约定外，发包人应投保建筑工程一切险或安装工程一切险；

发包人委托承包人投保的，因投保产生的保险费和其他相关费用由发包人承担。

（2）发包人应依照法律规定参加工伤保险，并为在施工现场的全部员工办理工伤保险，缴纳工伤保险费，并要求监理人及由发包人为履行合同聘请的第三方依法参加工伤保险。

（3）承包人应依照法律规定参加工伤保险，并为其履行合同的全部员工办理工伤保险，缴纳工伤保险费，并要求分包人及由承包人为履行合同聘请的第三方依法参加工伤保险。

（4）除专用合同条款另有约定外，承包人应为其施工设备等办理财产保险。

2. 非强制险种

发包人和承包人可以为其施工现场的全部人员办理意外伤害保险并支付保险费，包括其员工及为履行合同聘请的第三方人员，具体事项由合同当事人在专用合同条款中约定。

3. 未按约定投保的补救

（1）发包人未按合同约定办理保险，或未能使保险持续有效的，承包人可代为办理，所需费用由发包人承担。发包人未按合同约定办理保险，导致未能得到足额赔偿的，由发包人负责补足。

（2）承包人未按合同约定办理保险，或未能使保险持续有效的，发包人可代为办理，所需费用由承包人承担。承包人未按合同约定办理保险，导致未能得到足额赔偿的，由承包人负责补足。

6.9　施工合同争议的解决

1. 和解

合同当事人可以就争议自行和解，自行和解达成协议的，经双方签字并盖章后作为合同补充文件，双方均应遵照执行。事实上，在施工合同履行过程中，绝大多数的纠纷都是由于缺乏沟通引起的。通过和解的方式解决纠纷，可以使当事人在良好的氛围中通过谈判的方式重新审视双方的合作方式、权利义务，在及时解决问题的同时，增进互信，有利于合同的履行和双方的进一步合作。纠纷产生后，当事人应当首先考虑通过和解的方式解决纠纷。

2. 调解

合同当事人可以就争议请求建设行政主管部门、行业协会或其他第三方进行调解，调解达成协议的，经双方签字并盖章后作为合同补充文件，双方均应遵照执行。建设工程合同中，双方当事人对某些事件的认识，各自从有利于己方经济利益的角度出发，往往会有不同的理解，从而产生分歧。在这种情况下，第三方的介入能够综合考虑双方的利弊得失，促使双方在相互妥协的基础上达成共识，公平合理、温和地解决问题。

3. 争议评审

争议评审是 2013 年版《示范文本》借鉴 1999 年版 FIDIC《施工合同条件》而增加的一种争议解决方式。

（1）争议评审小组的确定。合同当事人可以共同选择一名或三名争议评审员，组成争议评审小组。除专用合同条款另有约定外，合同当事人应当自合同签订后 28 天内，或者争议发生后 14 天内，选定争议评审员。选择一名争议评审员的，由合同当事人共同确定；选择三名争议评审员的，合同当事人各自选定一名，第三名成员为首席争议评审员，由合同当事人共同确定或由合同当事人委托已选定的争议评审员共同确定，或由专用合同条款约定的评审机构指定第三名首席争议评审员。

除专用合同条款另有约定外，评审员报酬由发包人和承包人各承担一半。

（2）争议评审小组的决定。合同当事人可在任何时间将与合同有关的任何争议共同提请争议评审小组进行评审。争议评审小组应秉持客观公正原则，充分听取合同当事人的意见，依据相关法律、规范、标准、案例经验及商业惯例等，自收到争议评审申请报告后14天内做出书面决定，并说明理由。合同当事人可以在专用合同条款中对本项事项另行约定。

（3）争议评审小组决定的效力。争议评审小组做出的书面决定经合同当事人签字确认后，对双方具有约束力，双方应遵照执行。任何一方当事人不接受争议评审小组的决定或不履行争议评审小组决定的，双方可选择采用其他争议解决方式。

4. 仲裁和诉讼

合同当事人可以在专用合同条款中约定以下一种方式解决争议：

（1）向约定的仲裁委员会申请仲裁。

（2）向有管辖权的人民法院起诉。

【拓展思考6-12】关于合同争议的解决，施工合同示范文本相较《民法典》多了哪一种解决方式？

《示范文本》借鉴和吸收了 FIDIC 条款中的规定，增设了"争议评审"争议解决方式。

"争议评审"仅为并列的数种争议解决方式之一，而非前置的争议解决方式，当事人可无须经过争议评审而直接通过仲裁或诉讼方式解决争议。《示范文本》并没有强制要求合同当事人采取争议评审解决机制，合同当事人对此有完全的自愿的选择权，包括对争议评审的程序、规则、费用承担、评审结论等方面，体现出充分尊重合同当事人的自愿原则。

在争议评审解决机制中，对于争议评审小组评审员的选择和决定，也以合同当事人自愿选择为主，国家行政管理部门不参与，充分尊重合同当事人的选择权；对于评审员的选择程序，借鉴了《仲裁法》的相关规定，具有很强的操作性。

对于争议评审小组的决定，在目前我国法律中并未对此予以规定，因此不具备法律文书的约束力，如合同当事人同意该决定，应签字确认。争议评审小组做出的书面决定经合同当事人签字确认后，对双方具有合同性质的约束力，双方应遵照执行。

与 FIDIC 条款中的规定相比，《示范文本》中关于争议评审的规定还是显得过于简单，并且在争议评审的地位及争议评审小组所做决定的效力上也与 FIDIC 条款中的相关规定差异较大。

本章小结

建设工程施工合同是承包人和发包人为了完成商定的建筑安装工程，明确相互权利、义务关系的合同。本章在介绍了施工合同示范文本、施工合同类型等基本知识后，依据《建设工程施工合同（示范文本）》（GF—2017—0201），对建设工程的质量管理、进度管理、成本管理、变更管理、索赔管理及风险管理进行了介绍。通过本章的学习，应熟悉施工合同中发包人与承包人相互的权利义务与相应的违约责任，熟悉建设工程施工合同的主要条款。

思 考 题

1. 简述订立建筑施工合同的基本条件。
2. 《建设工程施工合同（示范文本）》（GF—2017—0201）的内容组成有哪些？
3. 在施工合同履行中，如何进行质量、进度、成本管理？
4. 工程变更一般包括哪些情形？
5. 简述工程变更的程序。
6. 按索赔事件的性质，索赔可以分为哪几类？
7. 简述施工索赔的程序。
8. 工期、费用索赔的计算方法有哪些？
9. 施工合同争议的解决有哪些方式？

二维码形式客观题

 手机微信扫描二维码，可自行做客观题，提交后可参看答案。

第7章
建设工程监理合同管理

7.1　建设工程监理合同概述

7.1.1　建设工程监理

　　监理是指监理人受委托人的委托，依照法律法规、工程建设标准、勘察设计文件及合同，在施工阶段对建设工程质量、进度、造价进行控制，对合同、信息进行管理，对工程建设相关方的关系进行协调，并履行建设工程安全生产管理法定职责的服务活动。工程监理制度是我国基本建设领域的一项重要制度。根据《建设工程监理范围和规模标准规定》，下列建设工程必须实行监理：

　　（1）国家重点建设工程。依据《国家重点建设项目管理办法》所确定的对国民经济和社会发展有重大影响的骨干项目。

　　（2）大中型公用事业工程。项目总投资额在 3000 万元以上的工程项目：供水、供电、供气、供热等市政工程项目，科技、教育、文化等项目，体育、旅游、商业等项目，卫生、社会福利等项目，其他公用事业项目。

　　（3）成片开发建设的住宅小区工程。建筑面积在 5 万 m² 以上的住宅建设工程必须实行监理；5 万 m² 以下的住宅建设工程可以实行监理，具体范围和规模标准，由建设行政主管部门规定；对高层住宅及地基、结构复杂的多层住宅应当实行监理。

　　（4）利用外国政府或者国际组织贷款、援助资金的工程。使用世界银行、亚洲开发银行等国际组织贷款资金的项目，或使用国外政府及其机构贷款资金的项目，或使用国际组织或者国外政府援助资金的项目。

　　（5）国家规定必须实行监理的其他工程。项目总投资额在 3000 万元以上，关系社会公共利益、公众安全的基础设施项目和学校、影剧院、体育场馆项目。

　　【拓展思考 7-1】工程监理的发包方式。

　　工程监理发包可依法实行招标发包或者直接发包。

　　《工程建设项目招标范围和规模标准规定》要求，监理单位监理的单项合同估算价在 50 万元以上的，或者单项合同估算价低于规定的标准，但项目总投资额在 3000 万元以上的项目，必须进行监理招标。

　　【拓展思考 7-2】哪些工程监理可以直接发包？

　　（1）全部由外商或者私人投资、外商或者私人投资控股、外商或者私人投资累计超过 50%，且国有资金投资不占主导地位的建设工程。

（2）虽然全部使用国有资金投资或者国有资金投资占控股或者主导地位，但工程项目总投资额在 3000 万元以下，且监理服务单项合同估算价在人民币 50 万元以下的工程。

（3）停建或者缓建后恢复建设的建设工程，且监理承包人未发生变更的。

（4）建设单位本身具有监理资质，且资质等级符合工程要求的（建设单位有直接控股的施工企业，并已将施工发包给该企业的，建设单位不能再自行承揽监理，而必须进行招标）。

（5）建设单位有直接控投的监理企业，且资质等级符合工程要求的（建设单位有直接控股的施工企业，并已将施工发包给该企业的，建设单位不能再发包给其直接控投的监理企业，而必须进行招标）。

（6）在建工程追加的与主体工程施工不可分割的附属小型工程或者主体加层工程，且监理承包人未发生变更的。

7.1.2 建设工程监理合同

1. 建设工程监理合同的概念

建设工程监理合同是工程建设单位聘请监理单位代其对工程项目进行管理，明确双方权利义务的协议。建设工程监理可以对工程建设的全过程进行监理，也可以根据工程建设阶段划分为可行性研究、勘察、设计、施工与保修等阶段的监理。监理招标分类如图 7-1 所示。

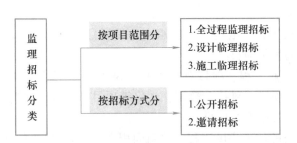

图 7-1　监理招标分类

【拓展思考 7-3】监理合同是否是委托代理合同的一种？

委托代理是代理人在代理权限内，以被代理人的名义实施的、其民事责任由被代理人承担的法律行为。监理合同涉及委托人和监理人（受托人）两个主体。"委托人"是承担直接投资责任和委托监理业务的一方及其合法继承人或受让人。"监理人"是承担监理业务和监理责任的一方及其合法继承人。"监理人"作为受托人，凭据自己的知识、经验、技能受建设方委托，为其所签订的其他合同的履行实施监督和管理。因此，监理合同还会涉及"承包人"这个第三方。"承包人"是指在工程范围内与委托人签订勘察、设计、施工等有关合同的当事人及其合法的继承人。

【拓展思考 7-4】区分"监理人""项目监理机构"和"总监理工程师"的概念。

监理人：承担监理业务和监理责任的一方，以及其合法继承人。

项目监理机构：监理人派驻本工程项目现场实施监理业务的组织。

总监理工程师：经委托人同意，监理人派到监理机构全面履行本合同的全权负责人。

监理的授权行为应该由监理人的法定代表人代表监理人完成；而总监理工程师则作为监

理人的代理人，组织运行项目监理机构，在授权范围内行使代理权，具体实施监理工作。

2. 建设工程监理合同的特征

（1）监理合同的当事人双方应当是具有民事权利能力和民事行为能力、取得法人资质的企事业单位或其他社会组织，个人在法律允许的范围内也可以成为合同当事人。委托人必须是具有国家批准的建设项目，落实投资计划的企事业单位、其他社会组织及个人；受托人必须是依法成立的具有法人资格的监理企业，并且所承担的工程监理业务应与企业资质等级和业务范围相符合。

《工程监理企业资质管理规定》中，工程监理企业资质分为综合资质、专业资质和事务所资质。其中，专业资质按照工程性质和技术特点划分为若干工程类别。综合资质和事务所资质不分级别。专业资质分为甲级、乙级，其中，房屋建筑、水利水电、公路和市政公用专业可以设立丙级。工程监理企业可以开展相应类别建设工程的项目管理、技术咨询等业务。

（2）监理合同的标的是服务。建设工程实施阶段所签订的其他合同，如勘察合同、设计合同、施工合同、物资采购合同等的标的是产生新的物质成果或信息成果。而监理合同的标的是服务，即监理单位凭经验和技能受建设方委托，为其所签订的其他合同的履行实施监督和管理。

【拓展思考 7-5】监理合同与勘察、设计、施工合同的区别。

（1）合同的类别不同。《民法典》将勘察、设计、施工合同划入第二分编典型合同的第十八章"建设工程合同"的范畴。第七百九十六条规定："建设工程实行监理的，发包人应当与监理人采用书面形式订立委托监理合同。发包人与监理人的权利和义务以及法律责任，应当依照本编委托合同以及其他有关法律、行政法规的规定。"《民法典》将监理合同划入第二十三章"委托合同"的范畴。

（2）合同的标的不同。监理合同的标的是服务；勘察、设计、施工合同的标的是建设工程的勘察报告、设计图或建设工程实体等具体的信息成果或物质成果。

（3）合同的性质不同。从某种意义上来说，监理合同是一种必须依附于勘察、设计、施工合同才能实施的从合同；而勘察、设计、施工合同的实施不需要其他附属条件，属于主合同的范畴。

7.1.3　监理合同示范文本

《建设工程监理合同（示范文本）》（GF—2012—0202）由协议书、通用条件、专用条件及附录 A、附录 B 组成。

1. 协议书

协议书是一个总的协议，是纲领性文件，是监理合同当事人对合同基本权利义务和内容的确认。其主要内容包括当事人双方确认的委托监理工程的概况，合同签订、生效和完成的时间，委托人向监理人支付报酬的期限和方式，双方愿意履行约定的各项义务的承诺，以及合同文件的组成等。

2. 通用条件

通用条件适用于各类工程项目监理业务的委托，是所有签约工程都应遵守的基本条件，是监理合同的主要部分。其内容涵盖了合同中所用词语定义，适用范围和法规，签约双方的责任、权利和义务，合同生效、变更、终止，监理报酬，争议解决，以及其他一些需要明确的内容。

3. 专用条件

根据地域、专业和委托项目的特点，由委托人和监理人对通用条件中的某些条款在专用条件中进行补充、修改。所谓"补充"，是指通用条件中的某些条款明确规定，在该条款确定的原则下，在专用条件的条款中进一步明确具体内容，使两个条件中相同序号的条款共同组成一条内容完备的条款。所谓"修改"，是指通用条件规定的程序方面的内容，如果双方认为不合适，可以协议修改。

4. 附录 A

附录 A 为"相关服务的范围和内容"，如图 7-2《建设工程监理合同（示范文本）》（GF—2012—0202）附录 A 所示。根据通用条件中"监理"的定义（见 7.1.1 节），再结合附录 A，可见，如无特别说明，"监理"是施工阶段的服务；当委托人与监理人将工程勘察、设计、保修等其他阶段的监理服务一并委托时，称为相关服务，需要在附录 A 中具体约定。

附录A　相关服务的范围和内容

A–1 勘察阶段： ＿＿＿＿＿＿＿＿＿＿

＿＿＿＿＿＿＿＿＿＿＿＿＿＿＿＿。

A–2 设计阶段： ＿＿＿＿＿＿＿＿＿＿

＿＿＿＿＿＿＿＿＿＿＿＿＿＿＿＿。

A–3 保修阶段： ＿＿＿＿＿＿＿＿＿＿

＿＿＿＿＿＿＿＿＿＿＿＿＿＿＿＿。

A–4 其他（专业技术咨询、外部协调工作等）： ＿＿＿＿

＿＿＿＿＿＿＿＿＿＿＿＿＿＿＿＿。

图 7-2　《建设工程监理合同（示范文本）》（GF—2012—0202）附录 A

5. 附录 B

附录 B 为"委托人派遣的人员和提供的房屋、资料、设备"。为细化双方权利义务并参照国际惯例，委托人为监理人开展工作无偿提供的人员、房屋、资料和设备，应在附录 B 中予以明确。

7.2　建设工程监理合同的管理

7.2.1　监理合同的订立

1. 监理合同订立的原则

监理合同的订立应遵守国家相关的法律法规，遵循平等互利、协商一致的原则。签订合同的当事人双方都具有平等的法律地位，任何一方都不得强迫对方接受不平等的合同条件。监理合同的签订意味着委托关系的形成，委托人与被委托人的关系都将受到合同的约束，因而签订合同必须是双方的法定代表人或经法定代表人授权的代表签署并监督执行。

2. 监理合同委托工作的范围

监理合同委托工作的范围是监理工程师为委托人提供服务的范围和工作量。委托人委托监理业务的范围可以非常广泛。从工程建设各阶段来说，可以包括项目决策阶段、设计阶段、施工阶段以及竣工验收和保修阶段的全部监理工作或某一阶段的监理工作。在每一阶段内，又可以进行成本、质量、进度的三大控制和信息、合同两项管理。

【案例分析 7-1】

某房地产开发企业投资开发建设某住宅小区，与某工程咨询监理公司签订委托监理合同。在监理职责条款中，合同约定乙方（监理单位）负责甲方（房地产开发企业）小区工程设计阶段和施工阶段的监理业务。房地产开发企业应于监理业务结束之日起 5 日内支付最后 20% 的监理费。小区工程竣工一周后，监理公司要求房地产开发企业支付剩余 20% 的监理费，房地产开发企业以双方口头约定，监理公司的监理职责应履行至工程保修期满为由，拒绝支付。

【分析】

此案争议的焦点在于确定监理公司的监理义务范围。依书面合同约定，监理范围包括工程设计和施工阶段，并未包括工程的保修阶段；房地产开发企业所称"双方口头约定"不构成委托监理合同的内容。房地产开发企业到期未支付最后一笔监理费，构成违约，应承担违约责任，支付监理公司剩余 20% 的监理费及延期付款利息。

3. 监理合同的形式

由于委托人委托的监理任务有繁有简，监理工作的特点各异，因此，监理合同的形式和内容也不尽相同。

（1）标准化的"建设工程委托监理合同"。为了使委托监理的行为规范化，减少合同履行过程中的争议和纠纷，政府部门和行业组织制定出标准化的"建设工程委托监理合同"示范文本，供委托监理任务时作为合同文件采用。标准化合同具有通用性强的特点，采用规范的合同格式，条款内容覆盖面广，双方只要就达成一致的内容写入相应的具体条款中即可。

（2）双方协商签订合同。监理合同以法律和法规的要求作为基础，双方根据委托监理工作的内容和特点，通过友好协商订立有关条款，达成一致后签字盖章生效。合同的格式和内容不受任何限制，双方就权利和义务所关注的问题以条款形式具体约定。

（3）信件式合同。通常由监理人编制有关内容，由委托人签署批准意见，并留一份备案后退给监理人执行。这种合同形式适用于监理任务比较少或简单的小型工程。

（4）委托通知单。原订监理合同履行过程中，委托人以通知单形式，把监理人在争取委托合同时所提建议中的工作内容委托给监理人。这种委托只是在原定工作范围之外增加少量工作任务，一般情况下原订合同中的权利义务不变。如果监理人不表示异议，委托通知单就成为监理人所接受的协议。

7.2.2　监理合同的履行

1. 双方的权利

（1）委托人的权利。

1）授予监理人权限的权利。在监理合同内除需要明确委托的监理任务外，还应规定监理人的权限。在委托人授权范围内，监理人可对所监理的合同自主采取各种措施进行监督、管理和协调，如果超越权限时，应首先征得委托人的同意后方可发布有关指令。监理合同内授予监理人的权限，在执行过程中可随时通过书面附加协议予以扩大或减小。

2）对其他合同承包人的选定权。委托人是建设资金的持有者和建筑产品的所有人，因此，对设计合同、施工合同、加工制造合同等的承包人有选定权和订立合同的签字权。监理人在选定其他合同承包人的过程中仅有建议权而无决定权。

3）委托监理工程重大事项的决定权。委托人有对工程规模、规划设计、生产工艺设计、设计标准和使用功能等要求的认定权，以及对工程设计变更的审批权。

4）对监理人履行合同的监督控制权。

① 监理人所选择的监理工作分包单位必须事先征得委托人的认可。在取得委托人的书面同意前，监理人不得开始实行、更改或终止全部或部分服务的任何分包合同。

② 监理人应向委托人报送委派的总监理工程师及其监理机构主要成员名单，以保证完成监理合同专用条件中约定的监理工作范围内的任务。当监理人调换总监理工程师时，须经委托人同意。

③ 有权约定监理人应提交报告的种类（包括监理规划、监理月报及约定的专项报告）、时间和份数。

委托人按照合同约定检查监理工作的执行情况，如果发现监理人员不按监理合同约定履行职责，甚至与承包方串通，给委托人或工程造成损失的，有权要求监理人更换监理人员，直至终止合同，并承担相应的赔偿责任。

（2）监理人的权利。

1）完成监理任务后获得酬金的权利。监理人不仅可获得完成合同内规定的正常监理任务的酬金，如果合同履行过程中因主、客观条件的变化，完成附加工作后，也有权按照专用条件中约定的计算方法，获得附加的工作酬金。监理人在工作过程中做出了显著成绩，如由于监理人提出的合理化建议，使委托人获得实际经济利益，则应按照合同中规定的奖励办法，得到委托人给予的适当物质奖励。奖励办法通常参照国家颁布的合理化建议奖励办法，在专用条件相应的条款内约定。

【拓展思考 7-6】什么是工程监理的附加工作？

工程监理的正常工作是指合同订立时通用条件和专用条件中约定的监理人的工作。工程监理的附加工作则是指合同约定的正常工作以外监理人的工作。

除不可抗力外，因非监理人原因导致监理人履行合同期限延长、内容增加时，监理人应当将此情况与可能产生的影响及时通知委托人。增加的监理工作时间、工作内容应视为附加工作。

合同生效后，如果实际情况发生变化使得监理人不能完成全部或部分工作时，监理人应立即通知委托人。除不可抗力外，其善后工作以及恢复服务的准备工作应为附加工作，附加工作酬金的确定方法在专用条件中约定。监理人用于恢复服务的准备时间不应超过 28 天。

2）工程建设有关事项和工程设计的建议权。工程建设有关事项包括工程规模、设计标准、规划设计标准、生产工艺设计和使用功能要求。对上述有关事项及工程设计，监理人均有向委托人提出建议的建议权。

3）对实施项目的质量、工期和费用的监督控制权。主要表现为：对承包人报送的工程施工组织设计和技术方案，按照保质量、保工期和降低成本的要求，自主进行审批和向承包人提出建议；征得委托人同意，发布开工令、停工令、复工令；对工程上使用的材料和施工质量进行检验；对施工进度进行检查、监督，未经监理工程师签字，建筑材料、建筑构配件和设备不得在工地上使用，施工单位不得进行下一道工序的施工；工程实施竣工日期提前或延误期限的鉴定；在工程承包合同约定的工程范围内，工程款支付的审核和签认权，以及结算工程款的复核确认与否定权。未经监理人签字确认，委托人不支付工程款，不进行竣工验收。

4）工程建设有关协作单位组织协调的主持权。

5）在紧急情况下，为了工程和人身安全，尽管变更指令已超越了委托人授权而又不能事先得到批准，也有权发布变更指令，但应尽快通知委托人。

6）审核承包商索赔的权利。

2. 双方的义务

（1）委托人的义务。

1）委托人应负责建设工程的所有外部关系的协调工作，满足开展监理工作所需要提供的外部条件。

2）与监理人做好协调工作。委托人要授权一位熟悉建设工程情况、能迅速做出决定的常驻代表，负责与监理人联系。更换此人要提前通知监理人。将授予监理人的监理权利，以及监理人监理机构主要成员的职能分工、监理权限及时书面通知已选定的第三方，并在与第三方签订的合同中予以明确；在双方协定的时间内，免费向监理人提供与工程有关的监理服务所需要的工程资料；为监理人驻工地监理机构开展正常工作提供协助服务。

3）及时做出书面决定的义务。委托人应在合理的时间内就监理人以书面形式提交并要求做出决定的一切事宜做出书面决定。

（2）监理人的义务。

1）监理人在履行合同的义务期间，应运用合理的技能认真勤奋地工作，公开维护有关方面的合法权利。

【案例分析 7-2】

某工程项目，建设单位通过招标选择了一家具有相应资质的监理单位承担施工招标代理和施工阶段监理工作。监理单位选定一个标价比较低、施工经验也比较丰富的承包人，但忽视了在财务方面的调查。这家承包人在财务上已经发生了严重的问题，合同签订后不久，它就宣告破产，招标工作不得不重新进行。

【分析】

监理单位的工作未能达到合理的细心和基本的技能要求，因此，监理单位应负担重新招标所发生的全部额外费用。

2）合同履行期间，应按合同约定派驻足够的工作人员从事监理工作。开始执行监理业务前，向委托人报送派往工程项目的总监理工程师及该项目监理机构的人员情况。合同履行过程中，如果需要调换总监理工程师，必须首先经过委托人同意，然后派出具有相应资质和能力的人员。

【案例分析 7-3】

某工程项目，建设单位与甲施工单位签订了施工总承包合同，并委托一家监理单位实施施工阶段监理。经建设单位同意，甲施工单位将工程划分为 A_1 和 A_2 标段，并将 A_2 标段分包给乙施工单位。根据监理工作需要，监理单位设立了投资控制组、进度控制组、质量控制组、安全管理组、合同管理组和信息管理组六个职能管理部门，同时设立了 A_1 和 A_2 两个标段的项目监理组，并按专业分别设置了若干专业监理小组，组成直线职能制项目监理组织机构，如图 7-3 所示。

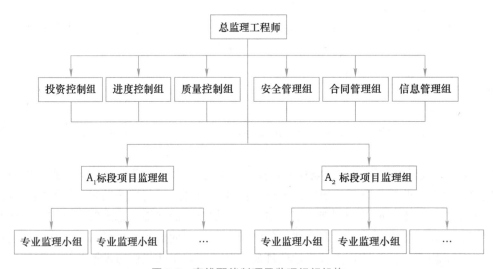

图 7-3　直线职能制项目监理组织机构

【分析】

监理机构的人员由总监理工程师、专业监理工程师、一般监理人员和其他人员组成，大型、复杂项目，涉及多专业、多地点、多标段的项目，还可增设总监理工程师代表，由总监理工程师授权，代行其部分职责。

3）在合同期内或合同终止后，未征得有关方同意，不得泄露与本工程、合同业务有关的保密资料。

4）任何由委托人提供的供监理人使用的设施和物品都属于委托人的财产，监理工作完成或中止时，应将设施和剩余物品归还委托人。

5）非经委托人书面同意，监理人及其员工不应该接受监理合同约定以外的与监理工程有关的报酬，以保证监理行为的公正性。

6）监理人不得参与可能与合同规定的与委托人利益冲突的任何活动。

7）在监理过程中，不得泄露委托人申明的秘密，也不得泄露设计、承包等单位申明的秘密。

8）负责合同的协调管理工作。在委托工程范围内，委托人或承包人对对方的任何意见和要求，均必须首先向监理机构提出，由监理机构研究处置意见，再同双方协商确定。当委托人和承包人发生争议时，监理机构应根据自己的职能，以独立的身份判断，公开进行调解。当双方的争议由政府行政主管部门调解或仲裁机构仲裁时，应当提供作证的事实材料。

【案例分析 7-4】

案例分析 7-3 中，为有效地开展监理工作，总监理工程师安排项目监理组负责人分别主持编制 A_1 和 A_2 标段两个监理规划。总监理工程师要求：①六个职能管理部门根据 A_1 和 A_2 标段的特点，直接对 A_1 和 A_2 标段的施工单位进行管理；②在施工过程中，A_1 标段出现的质量隐患由 A_1 标段项目监理组的专业监理工程师直接通知甲施工单位整改，A_2 标段出现的质量隐患由 A_2 标段项目监理组的专业监理工程师直接通知乙施工单位整改；如未整改，则由相应标段项目监理组负责人签发"工程暂停令"，要求停工整改。总监理工程师主持召开了第一次工地会议。会后，总监理工程师对监理规划审核批准后报送建设单位。在报送的监理规划中，项目监理人员的部分职责分工如下：①投资控制组负责人审核工程款支付申请，并签发工程款支付证书，但竣工结算须由总监理工程师签认；②合同管理组负责调解建设单位与施工单位的合同争议，处理工程索赔；③进度控制组负责审查施工进度计划及其执行情况，并由该组负责人审批工程延期；④质量控制组负责人审批项目监理实施细则；⑤A_1 和 A_2 两个标段项目监理组负责人分别组织、指导、检查和监督本标段监理人员的工作，及时调换不称职的监理人员。

总监理工程师工作中有哪些不妥？项目监理人员职责分工中有哪些不妥？

【分析】

1. 总监理工程师工作中的不妥之处

不妥之处 1：总监理工程师安排项目监理组负责人分别主持编制 A_1 和 A_2 标段两个监理规划。正确做法：应由总监理工程师主持编制 A_1 和 A_2 标段两个监理规划。

不妥之处 2：六个职能部门根据 A_1 和 A_2 标段的特点，直接对 A_1 和 A_2 标段的施工单位进行管理。正确做法：A_1 和 A_2 两个标段的项目监理组直接对 A_1 和 A_2 标段的施工单位进行监理。

不妥之处 3：由相应标段项目监理负责人签发"工程暂停令"要求停工整改。正确做法："工程暂停令"应由总监理工程师签发。

不妥之处 4：总监理工程师主持召开了第一次工地会议。正确做法：应由建设单位主持召开第一次工地会议。

不妥之处 5：第一次工地会议后，总监理工程师对监理规划审核批准后报送建设单位。正确做法：监理规划应在签订委托监理合同及收到设计文件后开始编制，完成后必须经监理单位技术负责人审核批准，并应在召开第一次工地会议前报送建设单位。

2. 项目监理人员职责分工中的不妥之处

不妥之处 1：投资控制组负责人审核工程款支付申请，并签发工程款支付证书。正确做法：应由总监理工程师审核工程款支付申请，并签发工程款支付证书。

不妥之处 2：合同管理组负责调解建设单位与施工单位的合同争议，处理工程索赔。正确做法：应由总监理工程师负责调解建设单位与施工单位的合同争议，处理工程索赔。

不妥之处3：进度控制组负责人审批工程延期。正确做法：应由总监理工程师负责审批工程延期。

不妥之处4：质量控制组负责人审批项目监理实施细则。正确做法：应由总监理工程师负责审批项目监理实施细则。

不妥之处5：A_1 和 A_2 两个标段项目监理组负责人及时调换不称职的监理人员。正确做法：应由总监理工程师及时调换不称职的监理人员。

3. 监理合同的酬金

根据《建设工程监理与相关服务费管理规定》（发改价格〔2007〕670号），建设工程监理服务费计费规则如下：

$$施工监理服务收费 = 施工监理服务收费基准价 \times （1 \pm 浮动幅度值）$$

$$施工监理服务收费基准价 = 施工监理服务收费基价 \times 专业调整系数 \times 工程复杂程度调整$$
$$系数 \times 高程调整系数$$

式中　施工监理服务收费基价——完成国家法律法规、规范规定的施工阶段监理基本服务内容的价格（见表7-1），计费额处于两个数值区间的采用直线内插法确定施工监理服务收费基价；

表 7-1　施工监理服务收费基价表　　　　　　　　（单位：万元）

序　　号	计　费　额	收费基价
1	500	16.5
2	1000	30.1
3	3000	78.1
4	5000	120.8
5	8000	181.0
6	10000	218.6
7	20000	393.4
8	40000	708.2
9	60000	991.4
10	80000	1255.8
11	100000	1507.0
12	200000	2712.5
13	400000	4882.6
14	600000	6835.6
15	800000	8658.4
16	1000000	10390.1

注：计费额大于1000000万元的，以计费额乘以1.039%的收费率计算收费基价；未包含的其他收费由双方协商议定。

专业调整系数——对不同专业建设工程的施工监理工作复杂程度和工作量差异进行调整的系数；

工程复杂程度调整系数——对同一专业不同建设工程项目的施工监理复杂程度和工作

量差异进行调整的系数，工程复杂程度分为一般、较复杂和复杂三个等级，其调整系数分别为一般（Ⅰ级）0.85、较复杂（Ⅱ级）1.0 和复杂（Ⅲ级）1.15；

高程调整系数——海拔 2001m 以下的为 1；海拔 2001～3000m 为 1.1；海拔 3001～3500m 为 1.2；海拔 3501～4000m 为 1.3；海拔 4001m 以上的，高程调整系数由发包人和监理人协商确定；

浮动幅度值——发包人与监理人根据项目的实际情况，在规定的浮动幅度范围内协商确定。

【案例分析 7-5】

北京市新建一住宅小区，该小区总面积 24.6 万 m^2，结构形式为全现浇剪力墙结构，多层住宅下建有附建式人防和地下车库。工程概算 53966 万元，其中建筑安装工程费为 37400 万元，建筑概况如表 7-2 所示。

表 7-2　建筑概况

序号	建筑物类别	建筑面积/m^2	建筑物高度/m	层数地上/地下（层）	建安工程费（万元）
1	多层住宅 4 栋	3581×4	20.8	7/2	1584
2	高层塔楼 5 栋	20652×5	76.4	26/2	14280
3	板式住宅 4 栋	26658×4	48.8	17/2	16056
4	地下车库	21868		地下 2	5522

发包人将该住宅小区工程分别委托给甲、乙两个监理人承担施工阶段监理，其中甲监理人负责多层住宅，多层住宅下建有附建式人防和地下车库；乙监理人负责高层塔楼、板式住宅。

试计算甲、乙双方施工监理服务收费。

【分析】

（1）确定工程概算投资额：

甲监理人监理工程的工程概算投资额 =（1584+5522）万元=7106 万元

乙监理人监理工程的工程概算投资额 =（14280+16056）万元=30336 万元

（2）确定施工监理服务收费的计费额：

甲监理人施工监理服务收费计费额=7106 万元

乙监理人施工监理服务收费计费额=30336 万元

（3）采用直线内插法计算施工监理服务收费基价：

甲监理人施工监理服务收费基价=120.8 万元+［（181.0-120.8）/（8000-5000）×（7106-5000）］万元=163.06 万元

乙监理人施工监理服务收费基价=393.4 万元+［（708.2-393.4）/（40000-20000）×（30336-20000）］万元=556.09 万元

（4）监理范围的工程专业不特殊、工程不复杂、海拔不高，故专业调整系数、工程复杂程度调整系数、高程调整系数均取 1。

$$甲监理人施工监理服务收费 = 163.06 万元$$

$$乙监理人施工监理服务收费 = 556.09 万元$$

【拓展思考 7-7】若计费额为 1160256 万元，则施工监理服务收费基价该怎样计算？

$$施工监理服务收费基价 = 1160256 万元 \times 1.039\% = 12055.06 万元$$

4. 违约责任

（1）委托人违约责任。委托人未履行合同义务的，应承担相应的责任。委托人违反合同约定造成监理人损失的，委托人应予以赔偿；委托人向监理人的索赔不成立时，应赔偿监理人由此引起的费用；委托人未能按期支付酬金超过 28 天的，应按专用条件的约定支付逾期付款利息。

（2）监理人违约责任。监理人未履行合同义务的，应承担相应的责任。因监理人违反合同约定给委托人造成损失的，监理人应当赔偿委托人损失，监理人承担部分赔偿责任的，其承担赔偿金额由双方协商确定。监理人向委托人的索赔不成立时，监理人应赔偿委托人由此发生的费用。

（3）除外责任。因非监理人的原因且监理人无过错，发生工程质量事故、安全事故、工期延误等造成的损失，监理人不承担赔偿责任。因不可抗力导致合同全部或部分不能履行时，双方各自承担其因此而造成的损失、损害。

【案例分析 7-6】

某建设工程项目，建设单位委托某监理公司负责施工阶段的监理。监理过程中发生下列事件：

（1）监理工程师在施工准备阶段组织了施工图的会审，却在施工过程中由于施工图的错误，造成承包商停工 2 天。承包商提出工期费用索赔报告。业主代表认为监理工程师对施工图会审监理不力，提出要扣监理费 1000 元。

（2）监理工程师在施工准备阶段审核了承包商的施工组织设计并批准实施，施工过程中却发现施工组织设计有错误，造成停工 1 天。承包商认为施工组织设计监理工程师已审核批准，现在出现错误是监理工程师的责任，向监理工程师提出工期费用索赔。业主代表也认为监理工程师监理不力，提出要扣监理费 1000 元。

（3）监理工程师检查了承包商的隐蔽工程，并按合格签证验收，但是事后再检查发现不合格。承包商认为隐蔽工程监理工程师已按合格签证验收，现在才发现为不合格，监理工程师是有责任的，向监理工程师提出工期费用索赔报告。业主代表也认为监理工程师对工程质量监理不力，提出要扣监理费 1000 元。

（4）监理工程师检查了承包商的钢筋绑扎工程，并按合格签证验收，但是事后又提出重新检验的要求，监理工程师指令承包商对模板进行剥离，以便重新检验。重新检查结果工程质量合格。承包商向监理工程师提出补偿工期 1 天的费用索赔报告，要求补偿工期 1 天，以及模板剥离、模板重新安装的相关费用。

（5）监理工程师检查了承包商的管材并签证了合格可以使用，但是事后发现承包商在施工中使用的管材不是送检的管材，重新检验后不合格。监理工程师马上向承包商下达停工令，随后下达了监理通知书，指令承包商返工，把不合格的管材立即撤出工地，按第一次检验样品进货，并报监理工程师重新检验合格后才可用于工程。为此停工 2 天，承包商损失 5 万元。承包商向监理工程师提出工期费用索赔报告。业主代表认为监理工程师对工程质量监理不力，提出要扣监理费 1000 元。

监理工程师应怎样处理上述事件的索赔报告？

【分析】

（1）监理工程师应批准承包商的索赔，业主扣监理费的决定不当，监理工程师不应承担责任。监理工程师履行了图纸会审的职责，图样的错误不是监理工程师造成的。监理工程师对施工图的会审，不免除设计院对施工图的质量责任。

（2）监理工程师不批准工期费用索赔，施工组织设计有错误是承包商的责任。监理工程师履行了施工组织设计审核的职责，施工组织设计有错误不是监理工程师造成的。监理工程师对施工组织设计的审核批准，不免除承包商对施工组织设计的质量责任。业主扣监理费不对，监理工程师对施工组织设计的错误没有责任。

（3）监理工程师不批准工期费用索赔，隐蔽工程不合格是承包商的责任。监理工程师应当承担失职责任，因为监理工程师履行了检验职责，但是有错误的结论。但是返工不是监理工程师造成的，而是承包商的工程质量本身就不合格，监理工程师误判为合格，但已经及时纠正了错误。业主扣监理费不对，监理工程师的失误不是故意的，且及时纠正了错误，没有给业主造成直接经济损失，不应赔偿。

（4）监理工程师应批准承包商的索赔。监理工程师的失误给业主造成了直接经济损失，业主可依据合同约定就计算扣除一定的监理费。

（5）监理工程师不批准工期费用索赔，管材不合格是承包商的责任。承包商偷换了管材，违反了合同的约定。监理工程师应当承担失职责任，因为监理工程师履行了检验职责，但是没有发现钢管被偷换。但是钢管被偷换不是监理工程师造成的，监理工程师已经及时地纠正了承包商错误。业主扣监理费不对，监理工程师的失误没有给业主造成直接经济损失，不应赔偿。

7.2.3 监理合同的相关管理

1. 合同的变更

（1）在合同履行期间，任何一方提出变更请求时，双方经协商一致后可进行变更。

（2）除不可抗力外，因非监理人原因导致监理人履行合同期限延长、内容增加时，增加的监理工作时间、工作内容应视为附加工作，属于变更范畴。

（3）合同签订后，遇有与工程相关的法律法规、标准颁布或修订的，双方应遵照执行。由此引起监理与相关服务的范围、时间、酬金变化的，双方应通过协商进行相应调整。

（4）因非监理人原因造成工程概算投资额或建筑安装工程费增加时，正常工作酬金应做相应调整。调整方法在专用条件中约定。

（5）因工程规模、监理范围的变化导致监理人的正常工作量减少时，正常工作酬金应做相应调整。调整方法在专用条件中约定。

2. 合同的暂停与解除

除双方协商一致可以解除合同外，当一方无正当理由未履行合同约定的义务时，另一方可以根据合同约定暂停履行合同直至解除合同。

（1）在合同有效期内，由于双方无法预见和控制的原因导致合同全部或部分无法继续履行或继续履行已无意义，经双方协商一致，可以解除合同或监理人的部分义务。在解除之前，监理人应做出合理安排，使开支减至最小。因解除合同或解除监理人的部分义务导致监理人遭受的损失，除依法可以免除责任的情况外，应由委托人予以补偿，补偿金额由双方协商确定。解除合同的协议必须采取书面形式，协议未达成之前，合同仍然有效。

（2）在合同有效期内，因非监理人的原因导致工程施工全部或部分暂停，委托人可通知监理人要求暂停全部或部分工作。监理人应立即安排停止工作，并将开支减至最小。除不可抗力外，由此导致监理人遭受的损失应由委托人予以补偿。暂停部分监理与相关服务时间超过 182 天，监理人可发出解除合同约定的该部分义务的通知；暂停全部工作时间超过 182 天，监理人可发出解除合同的通知，合同自通知到达委托人时解除。委托人应将监理与相关服务的酬金支付至合同解除日，且应承担相应的责任。

（3）当监理人无正当理由未履行合同约定的义务时，委托人应通知监理人限期改正。若委托人在监理人接到通知后的 7 天内未收到监理人书面形式的合理解释，则可在 7 天内发出解除合同的通知，自通知到达监理人时合同解除。委托人应将监理与相关服务的酬金支付至限期改正通知到达监理人之日，但监理人应承担相应的责任。

（4）监理人在专用条件中约定的支付之日起 28 天后仍未收到委托人按合同约定应付的款项，可向委托人发出催付通知。委托人接到通知 14 天后仍未支付或未提出监理人可以接受的延期支付安排，监理人可向委托人发出暂停工作的通知，并可自行暂停全部或部分工作。暂停工作后 14 天内监理人仍未获得委托人应付酬金或委托人的合理答复，监理人可向委托人发出解除合同的通知，自通知到达委托人时合同解除。委托人应承担相应的责任。

（5）因不可抗力致使合同部分或全部不能履行时，一方应立即通知另一方，可暂停或解除合同。

（6）合同解除后，合同约定的有关结算、清理、争议解决方式的条件仍然有效。

3. 合同的终止

若监理人完成合同约定的全部工作且委托人与监理人结清并支付全部酬金时，合同终止。

本章小结

本章依据《建设工程监理合同（示范文本）》（GF—2012—0202）对监理合同的主要条款进行了讲授。通过本章的学习，应掌握建设工程监理范围、工作内容、权利和义务及监理合同的主要条款。

思　考　题

1. 什么是建设工程监理合同？
2. 建设工程监理的范围是什么？哪些工程不需要建设工程监理？
3. 建设工程监理合同中，双方的权利和义务有哪些？

4. 建设工程监理对违约责任是怎样划分的？
5. 建设工程监理合同在什么情况下可以暂停或解除？

二维码形式客观题

 手机微信扫描二维码，可自行做客观题，提交后可参看答案。

第8章
建设工程合同总体策划

随着经济全球化趋势的加速演进，建设工程项目采购模式与工程合同管理领域发生了巨大的变化，各种全新的项目采购模式与合同条件不断涌现，并且在工程实践中得到了大量使用。

在项目采购模式方面，除了传统的设计—招标—施工（DBB）模式，设计—施工（DB）、设计采购施工（EPC）、建设—管理（CM）、项目管理承包（PMC）、建设—运营—转让（BOT）等采购模式也相继出现。

在工程合同领域，FIDIC（国际咨询工程师联合会）、ICE（英国土木工程师学会）、JCT（英国工程承包合同审定联合会）、AIA（美国建筑师学会）等国际组织制定的系列标准合同条件也不断地修改、发展和完善，并且在许多工程中得以采用。

同这些变化相比，我国的项目采购模式显得较为单调，合同示范文本格式比较单一，不能反映建设合同关系的多样性和灵活性，示范文本与采购模式的配套也比较缺乏。因此，准确理解项目采购模式的内涵，把握工程合同管理的发展方向，发展和完善我国项目采购模式体系和标准工程合同条件，成为我国建筑业和企业实现"走出去"战略、加快实现与国际接轨步伐、提高国际竞争力的重要课题。

8.1 项目采购模式与合同条件

8.1.1 设计—招标—施工（DBB）模式

设计—招标—施工（Design-Bid-Build，DBB）模式是一种传统的、国际上通用的、应用最早的工程项目发包模式。这种模式由业主委托建筑师或咨询工程师进行前期的各项工作（如投资机会研究、可行性研究等），待项目评估立项后再进行设计。在设计阶段编制施工招标文件，随后通过招标选择承包商；而有关单项工程的分包和设备、材料的采购一般都由承包商与分包商和供应商单独订立合同并组织实施。在工程项目施工阶段，监理工程师处于特殊的合同管理地位，为业主提供施工管理服务。这种模式最突出的特点是强调工程项目的实施必须按照D—B—B的顺序进行，只有一个阶段全部结束另一个阶段才能开始。DBB模式下的合同关系如图8-1所示。

参与项目的三方即业主、设计单位和承包商在各自合同的约定下，行使自己的权利并履行自己的义务，因而这种模式可以使三方的权、责、利分配明确，避免相互之间的干扰。但由于承包商无法参与设计工作，可能造成设计的"可施工性"差，设计变更导致的索赔会比较频繁。

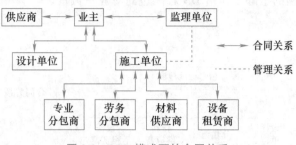

图 8-1　DBB 模式下的合同关系

8.1.2　设计—施工（DB）模式

设计—施工（Design and Build，DB）模式是指在项目原则确定之后，业主采用单一合同的管理方式，选定一家公司负责项目的设计和施工。这种模式在投标和订立合同时是以总价合同为基础的。DB 总承包商对整个项目的实施负责，首先选择一家咨询设计公司进行设计，然后采用竞争性招标方式选择分包商，当然也可以利用本公司的设计和施工力量完成一部分工程。DB 模式下的合同关系如图 8-2 所示。

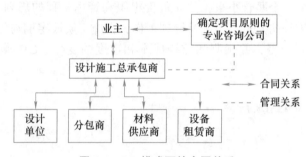

图 8-2　DB 模式下的合同关系

DB 合同签订以后，承包商就可以进行施工图设计。如果承包商本身具备设计能力，会促使承包商积极提高设计质量，通过合理和精心的设计创造经济效益；如果承包商不具备设计能力，就需要委托一家设计单位来做设计，但承包商会对设计过程进行管理协调，使得设计既符合业主的意图，又有利于构成施工成本的节约，使设计更加合理和实用，消除设计和施工之间的信息孤岛。

8.1.3　设计采购施工（EPC）模式

设计采购施工（Engineering Procurement Construction，EPC）模式中，总承包商的职责不仅包括具体的设计工作，还包括整个建设工程的总体策划以及整个建设工程组织管理的策划和具体工作；"Procurement" 主要是指成套设备、材料的采购；"Construction" 包括施工、安装、试车、技术培训。EPC 模式下的合同关系与 DB 模式下的合同关系非常相似（见图 8-3），只是合同中没有咨询公司这个专业监控角色。

业主只负责整体的、原则的、目标的管理和控制，只与 DB 总承包商签订总承包合同。DB 总承包商将设计、施工统一策划、统一组织和统一协调。总承包商可以把部分工作委托给分包商完成，分包商的全部工作由 DB 总承包商对业主负责。

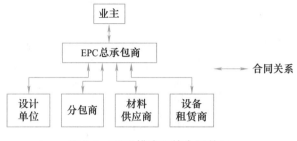

图 8-3　EPC 模式下的合同关系

8.1.4　建设—管理（CM）模式

建设—管理（Construction-Management，CM）模式又称阶段发包方式，就是在采用快速路径法进行施工时，从开始阶段就雇用具有施工经验的 CM 施工管理承包商参与到建设工程实施过程中来，以便为设计人员提供施工方面的建议且随后负责管理施工过程。这种模式改变了过去那种设计完成后才进行招标的传统模式，采取分阶段发包，由业主、CM 施工管理承包商和设计单位组成一个联合小组，共同负责组织和管理工程的规划、设计和施工。CM 施工管理承包商负责工程的监督、协调及管理工作，在施工阶段定期与施工承包商会晤，对成本、质量和进度进行监督，并预测和监控成本和进度的变化。CM 模式下的合同关系如图 8-4 所示。

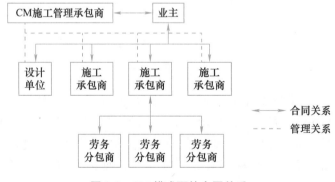

图 8-4　CM 模式下的合同关系

CM 模式下，业主与 CM 施工管理承包商签订管理合同，业主与多个施工承包商分别签订施工合同。施工管理承包商只承担施工管理任务，并不对具体的施工任务负责。CM 模式的主要目的是加快工程建设的速度，故"快速轨道"（Fast Track）是此种模式的核心思想。

8.1.5　项目管理承包（PMC）模式

项目管理承包（Project Management Consultant，PMC）模式是指由业主聘请一家项目管理承包商（一般为具备相当实力的工程公司或咨询公司）代表业主对整个项目全过程进行管理。这种模式下，项目管理承包商受业主委托，从项目的策划、定义、设计、施工到竣工投产全过程，为业主提供项目管理服务。

选用这种模式管理项目时，业主只与项目管理承包商签合同，业主仅需保留很小部分的项目管理力量对一些关键问题进行决策，而绝大部分的项目管理工作由项目管理承包商来承担。项目管理承包商一般具有监理资质，如不具备监理资质，则需另行聘请监理单位。PMC 模式下，施工承包商具体负责项目的实施，包括设计、施工、设备采购以及分包商的管理。因此，项目管理承包商会与众多的工程承包商有合同关系。PMC 模式下的合同关系如图 8-5 所示。

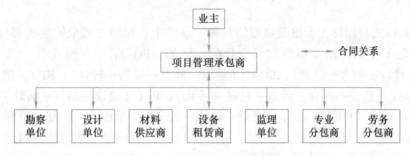

图 8-5　PMC 模式下的合同关系

业主只与项目管理承包商有合同关系，项目管理承包商负责管理整个施工前阶段和施工阶段，更有利于减少设计变更；业主与施工承包商之间没有合同关系，因而控制施工难度较大；项目管理承包商与设计单位之间的目标差异可能影响相互之间的协调关系。

8.1.6　建设—运营—转让（BOT）模式

建设—运营—转让（Build-Operate-Transfer，BOT）模式是指由项目所在国政府或所属机构为项目的建设和经营提供一种特许权协议作为项目融资的基础，由本国公司或者外国公司作为项目的投资者和经营者安排融资，承担风险，开发建设项目，并在有限的时间内经营项目获取商业利润，最后根据协议将该项目转让给相应的政府机构。BOT 模式下的合同关系如图 8-6 所示。

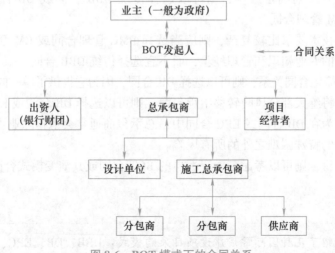

图 8-6　BOT 模式下的合同关系

BOT 是政府与私人机构达成相关协议。尽管 BOT 合同的执行全部由 BOT 发起人（项目公司）负责，但政府自始至终都拥有对该项目的控制权。在立项、招标、谈判三个阶段，政府的意愿起着决定性的作用；在履约阶段，政府又具有监督检查的权力，项目经营中价格的制定也受到政府的约束。

8.2 项目采购模式优选

以上采购模式是国际工程里最典型的几种。事实上，每种工程采购模式都可以有变体，它们不是固定不变的，而是不断发展变化的。例如，BOT 的演变模式有：BT（建设—移交）、BOO（建设—拥有—经营）、BOOT（建设—拥有—经营—转让）、BTO（建设—转让—经营）、BOOST（建设—拥有—经营—补贴—转让）、BLT（建设—租赁—转让）、ROT（修复—经营—转让）、DBFO（设计—建设—融资—经营）、ROMT（修复—经营—维修—转让）、ROO（修复—拥有—经营）；此外，还有合伙（Partnering）模式、项目总控（Project Controlling，PC）模式、私人主动融资（Private Finance Initiative，PFI）模式、公私合营（Private Public Partnership，PPP）模式等。

采购模式的发展变化是工程建设管理对建筑业科技进步的一种客观反映。项目采购模式的发展和变化并不是一个扬弃和替代过程，不能简单地认为后来出现的新模式就肯定比原来的模式好，采购模式的发展和变化丰富了人们对工程建设进行组织管理的方式。对于具体的工程建设项目来讲，它们的工程类别、投资主体、投资目的、融资渠道、自然条件等都是不同的，现实中并不存在一个通用的采购模式，理论上每一个具体的工程建设项目都有一个最优的工程采购模式与之对应。

在对项目采购模式进行选择时，不能仅仅根据模式本身的优缺点，还要依据工程项目自身和各方的特点来综合考虑。

如果业主希望提前完工，则可以选择 DB 合同或 PMC 和 CM 两种管理合同，而不能选择传统合同，因为在传统合同模式下，设计与施工顺序进行，无法缩短整个建设周期。

如果业主希望开工前确定成本，则可以选择传统 DBB 合同或 DB 合同，而不能选择 PMC 管理合同、CM 管理合同。

如果项目本身技术要求比较复杂，则应当选择 PMC 管理合同或 CM 管理合同，因为可以充分发挥管理商的专业知识和管理经验，而不宜选择传统 DBB 合同。

如果业主希望简化合同关系，则可以选择 DB 合同，因为它提供了单一的合同责任主体。

如果业主希望将绝大部分风险转移给承包商，则可以选择 DB 合同或 EPC 合同，而不能选择其他合同，因为在 DB 合同或 EPC 合同中，总承包商通常会承担除业主变更要求、法令变更以及不可预见的特殊困难之外的所有风险。

如果是政府项目，则可以考虑带融资性质的 BOT 合同或其演变模式合同。

本章小结

本章重点介绍了几种国际常用建设项目采购模式：DBB、DB、EPC、CM、PMC 和

BOT，分析了不同采购模式下的合同关系，并就项目采购模式优选进行了对比论述。熟悉国际常用项目采购模式的内涵，把握工程合同管理的发展方向，对发展和完善我国项目采购模式体系和标准工程合同条件有着重要的实践意义。

思 考 题

1. 国际常用的建设项目采购模式有哪些？
2. 采购模式与合同关系之间有何关联？
3. 如何考虑建设项目采购模式的选择？

二维码形式客观题

手机微信扫描二维码，可自行做客观题，提交后可参看答案。

第9章
国际工程合同文本简介

9.1　FIDIC 合同简介

9.1.1　FIDIC 概述

FIDIC 是"国际咨询工程师联合会"（Fédération Internationale Des Ingénieurs Conseils）的法文名称缩写，1913 年由比利时、法国和瑞士三国咨询工程师协会成立，至今已有 70 多个国家和地区成为其会员，中国于 1996 年正式加入。FIDIC 是国际上最具权威的咨询工程师组织。

作为一个国际性的非官方组织，FIDIC 的宗旨是要将各个国家独立的咨询工程师行业组织联合成一个国际性的行业组织；促进还没有建立起这个行业组织的国家也能够建立起这样的组织；鼓励制定咨询工程师应遵守的职业行为准则，以提高为业主和社会服务的质量；研究和增进会员的利益，促进会员之间的关系，增强本行业的活力；提供和交流会员感兴趣和有益的信息，增强行业凝聚力。

FIDIC 专业委员会编制了一系列规范性合同条件，构成了 FIDIC 合同条件体系。它们不仅被 FIDIC 会员国在全世界范围内广泛使用，也被世界银行、亚洲开发银行等世界金融组织在招标文件中使用。在 FIDIC 合同条件体系中，最著名的有：《土木工程施工合同条件》（Conditions of Contract for Work of Civil Engineering Construction，通称 FIDIC "红皮书"）、《电气和机械工程合同条件》（Conditions of Contract for Electrical and Mechanical Works，通称 FIDIC "黄皮书"）、《业主/咨询工程师标准服务协议书》（Client/Consulant Model Services Agreement，通称 FIDIC "白皮书"）、《设计—建造与交钥匙工程合同条件》（Conditions of Contract for Design-Build and Turnkey，通称 FIDIC "橘皮书"）。

FIDIC 合同条件虽然不是法律法规，但它已成为公认的一种国际惯例。这些合同和协议文本，条款内容严密、程序严谨、公正合理、责任分明、易于操作。为了适应国际工程业和国际经济的不断发展，FIDIC 会对其合同条件进行修改和调整，以使其更能反映国际工程实践，更加严谨、完善，更具权威性和可操作性。下面简介新版（2017 年版）FIDIC 合同范本系列。

9.1.2　新版 FIDIC 合同范本系列简介

2017 年 12 月 FIDIC 正式发布了与 1999 年版相对应的三本新版合同条件，分别是《施工合同条件》（Conditions of Contract for Construction，"新红皮书"）、《生产设备和设计—建造合同条件》（*Conditions of Contract for Plant and Design—Build*，"新黄皮书"）、《设计—采购—施工与交钥匙项目合同条件》（*Conditions of Contract for EPC/Turnkey Projects*，"银皮书"）。

1. 《施工合同条件》

简称"新红皮书"。该文件推荐用于有雇主或其代表（工程师）设计的建筑或工程项目，主要用于单价合同。在这种合同形式下，通常由工程师负责监理，由承包商按照雇主提供的设计施工，但也可以包含由承包商设计的土木、机械、电气和构筑物的某些部分。

2. 《生产设备和设计—建造合同条件》

简称"新黄皮书"。该文件推荐用于电气和（或）机械设备供货和建筑或工程的设计与施工，通常采用总价合同。由承包商按照雇主的要求，设计和提供生产设备和（或）其他工程，可以包括土木、机械、电气和建筑物的任何组合，进行工程总承包，但也可以对部分工程采用单价合同。

3. 《设计—采购—施工与交钥匙项目合同条件》

简称"银皮书"。该文件适用于以交钥匙方式提供工厂或类似设施的加工或动力设备、基础设施项目或其他类型的开发项目，采用总价合同。在这种合同条件下，项目的最终价格和要求的工期具有更大程度的确定性；由承包商承担项目实施的全部责任，雇主很少介入，即由承包商进行所有的设计、采购和施工，最后提供一个设施配备完整、可以投产运行的项目。

上述文本的适用范围及承建类型对比如表 9-1 所示。

表 9-1　2017 年版 FIDIC 示范文本对比表

合同条件	俗称	适用范围	承建类型
《施工合同条件》	新红皮书	由承包商按照雇主提供的设计进行工程施工	土木、机械、电气和构筑物的某些部分
《生产设备和设计—建造合同条件》	新黄皮书	由承包商按照雇主要求，设计和提供生产设备和其他工程	土木、机械、电气和构筑物的任何组合
《设计—采购—施工与交钥匙项目合同条件》	银皮书	1. 项目的最终价格和要求的工期具有更大程度的确定性 2. 由承包商承担项目的设计和实施的全部职责，雇主很少介入	由承包商进行全部设计、采购和施工（EPC），提供一个配备完善的设施，"转动钥匙"时即可运行

9.1.3　《施工合同条件》简介

《施工合同条件》被誉为"土木工程合同的圣经"，第 1 版制定于 1957 年，其封面为红色，很快以"红皮书"而闻名世界。随后，于 1969 年、1977 年、1987 年分别推出了第 2 版、3 版、4 版。1988 年和 1992 年又两次对第 4 版进行修改，1996 年又做了增补。1999 年在第 4 版的基础上，对其尽行实质性修改，而后 1999 年版系列合同条件使用了 18 年。2017 年 12 月 FIDIC 正式发布了 1999 年版《施工合同条件》的第 2 版。2017 年版是迄今为止的最新版本。

《施工合同条件》为典型的单价合同，实行量价分离的原则。工程量清单中所罗列的工程数量为预估的工程数量，承包商对此进行报价，由此计算合同总额，并依此开具相应的保函或保证金。在合同实施过程中，具体支付由实际所完成的或发生的工程量根据工程量清单中相应的单价进行支付。对于工程量的巨大变更，承包商可根据相应条款进行相应的费用索赔和工期延长。合同条款规定业主接受承担最初预测工程量变更的风险。

1. 文本构成

《施工合同条件》由通用条件、专用条件构成。对于每一份具体的合同，都必须填写专用条件。通用条件和专用条件共同构成了合同各方权利和义务的合同条件。

其中，通用条件包括 21 项条款。

（1）一般规定条款共计 16 条，主要包括：定义、解释、通知和其他通信联络、法律和语言、文件的优先次序、合同协议书、转让、文件的保管和提供、延误的图纸或指示、雇主使用承包商的文件、承包商使用雇主的文件、保密事项、遵守法律、连带责任、责任限制、终止合同。

（2）雇主条款共计 6 条，主要包括：进入现场的权利、协助、雇主的人员及其他承包商、雇主的资金安排、现场资料和参考项目、雇主提供的材料和雇主的设备。

（3）工程师条款共计 8 条，主要包括：工程师、工程师的职责和权力、工程师的代表、工程师的授权、工程师的指示、工程师的撤换、同意和确定、会商。

（4）承包商条款共计 23 条，主要包括：承包商的一般义务、履约保证、承包商的代表、承包商的文件、培训、合作、放线、健康与安全责任、质量管理和合规核查体系、使用现场资料、接受的合同款额的完备性、不可预见的外界条件、道路通行权和设施、避免干扰、进场路线、货物的运输、承包商的设备、环境保护、临时设施、进度报告、现场保安、承包商的现场工作、古迹和地质发现。

（5）分包商条款共计 2 条，主要包括：分包商、指定分包商。

（6）职员与劳工条款共计 12 条，主要包括：职员和劳工的雇用、工资标准和劳动条件、招募人员、劳动法、工作时间、为职员和劳工提供的设施、健康和安全、承包商的监督、承包商的人员、承包商的记录、妨碍治安的行为、关键人员。

（7）永久设备、材料和工艺条款共计 8 条，主要包括：施工方式、样本、检查、承包商的检验、对不合格工程的拒收、补救工作、对永久设备和材料的拥有权、特许使用费。

（8）开工、延误和暂停条款共计 13 条，主要包括：工程的开工、竣工时间、进度计划、预防警示、竣工时间的延长、由当局引起的延误、工程进展效率、误期损害赔偿费、雇主的暂停、雇主暂停的后果、雇主暂停后对永久设备和材料的费用支付、持续的暂停、复工。

（9）竣工检验条款共计 4 条，主要包括：承包商的义务、延误的检验、重新检验、未能通过竣工检验。

（10）雇主的接收条款共计 4 条，主要包括：对工程和区段的接收、对部分工程的接收、对竣工检验的干扰、地表需要恢复原状。

（11）接收后的缺陷责任条款共计 11 条，主要包括：完成扫尾工作和修补缺陷、修补缺陷的费用、缺陷通知期的延长、未能补救缺陷、清除有缺陷的部分工程、修复缺陷后的进一步检验、接管后的进入权、承包商的检查、履约证书、未履行的义务、现场的清理。

（12）测量和估价条款共计 4 条，主要包括：需测量的工程、测量方法、工程估价、取消。

（13）变更和调整条款共计 7 条，主要包括：变更权、价值工程、变更程序、暂定金额、计日工、法律变化引起的调整、费用变化引起的调整。

（14）合同价格和支付条款共计 15 条，主要包括：合同价格、预付款、期中支付证书的申请、支付表、用于永久工程的永久设备和材料、期中支付证书的颁发、支付、延误的支付、保留金的支付、竣工报表、最终报表、结清单、最终支付证书的颁发、雇主责任的终止、支付的货币。

（15）雇主提出终止条款共计 7 条，主要包括：通知改正、因承包商违约而终止、因承包商违约被终止之后的估价、对因承包商违约被终止之后的支付、因雇主便利而终止、因雇主便利而终止之后的估价、因雇主便利而终止之后的支付。

（16）承包商提出暂停和终止条款共计 4 条，主要包括：承包商暂停工作、承包商提出终止、终止后承包商的义务、承包商提出终止后的支付。

（17）对工程的照管和赔偿条款共计 6 条，主要包括：照管工程的责任、负责照管工程、知识产权和工业产权、承包商的赔偿、雇主的赔偿、赔偿的分担。

（18）例外事件条款共计 6 条，主要包括：例外事件、例外事件的通知、尽量减少延误的责任、例外事件的后果、可选择终止、依法不再履行义务。

（19）保险条款共计 2 条，主要包括：有关保险的总体要求、由承包商提供的保险。

（20）雇主和承包商的索赔条款共计 2 条，主要包括：索赔、对支付和工期的索赔。

（21）争端和仲裁条款共计 8 条，主要包括：争端裁决委员会的组成、未能指定争端裁决委员会成员、避免争端、争端裁决委员会的裁决、友好协商解决、仲裁、未能遵守争端裁决委员会的决定、当地没有未能遵守争端裁决委员会。

2. 合同条件的应用方式

（1）国际金融机构贷款项目直接采用。在世界各地，凡世界银行、亚洲开发银行、非洲开发银行贷款的工程项目以及一些国家和地区的工程招标文件中，大部分全文采用 FIDIC 合同条件。

（2）对比借鉴采用。许多国家在学习、借鉴 FIDIC 合同条件的基础上，编制了一系列适合本国国情的标准合同条件。这些合同条件的项目和内容与 FIDIC 合同条件大同小异，主要差异体现在处理问题的程序规定上以及风险分担规定上。

（3）局部选用。即使不全文采用 FIDIC 合同条件，在编制招标文件、分包合同条件时，仍可以部分选择其中的某些条款、某些规定、某些程序甚至某些思路，使所编制的文件更完善、更严谨。在项目实施过程中，也可以借鉴 FIDIC 合同条件的思路和程序来解决和处理有关问题。

（4）合同谈判时参考。FIDIC 合同条件的国际性、通用性和权威性使合同双方在谈判中可以以"国际惯例"为理由要求对方对其合同条款的不合理、不完善之处做出修改或补充，以维护双方的合法权益。这种方式在国际工程项目合同谈判中普遍使用。

3. FIDIC 合同条件与我国施工合同范本的关系

随着我国企业参与国际工程承发包市场进程的深入，越来越多的建设项目，特别是项目业主为外商的建设项目中，开始选择使用 FIDIC 合同文本。凡亚洲开发银行贷款项目，全文采用 FIDIC《施工合同条件》。凡世界银行贷款项目，在执行世界银行有关合同原则的基础上，执行我国财政部在世界银行批准和指导下编制的有关合同条件。

从对 FIDIC 合同条件的介绍翻译和推广，到 FIDIC 合同对我国工程建设管理体制的变革产生重大影响，FIDIC 合同逐步在越来越多的工程建设中得到推广和使用，并与我国建筑市场改革开放相对接，对我国的建设体制产生影响和冲击，1999 年版《建设工程施工合同（示范文本）》实际是 FIDIC 合同的简版，抛弃了多年来沿用的模式，采用与 FIDIC 框架一致的通用条款与专用条款，并采用工程师监理制度。但由于 1999 年版是在推行清单计价模式之前推出的，产生于定额时代，将 FIDIC 中费用相关规定简化到几乎没有，更没有单价合同所要求的事项与费用一一对应的关系。

2017 年，住房和城乡建设部、工商行政管理总局对《建设工程施工合同（示范文本）》（GF—2013—0201）进行了修订，制定了《建设工程施工合同（示范文本）》（GF—2017—0201），继续借鉴和吸收 FIDIC 条款中的规定，并且解决了上述配套衔接问题：示范文本与《建设工程工程量清单计价规范》（GB 50500—2013）无缝衔接，与《标准施工招标资格预审文件》（2013 年版）和《标准施工招标文件》（2013 年版）配套统一。

9.2 其他常用国际工程合同条件简介

9.2.1 NEC 合同条件简介

NEC（New Engineering Contract）合同条件是英国土木工程师学会（The Institution of Civil Engineers，ICE）编制的工程领域系列合同条件。NEC 合同于 1945 年出版第 1 版，1955 年出版第 4 版，1973 年出版的即为大众普遍接受的第 5 版。几经修订的 NEC 合同条件统领了英国土木工程领域的管理实践活动，并几乎一直作为该领域所有合同的基础。FIDIC 合同的第 3 版就是以第 5 版 NEC 为参考范本的，臻至完善。

NEC 合同条件共有四个系列的合同文本：工程与施工合同；工程与施工分包合同；专业服务合同；裁判者合同。

1. NEC 合同条件体系

NEC 合同条件包括 6 项主要选择条款（即计价方式选择），9 项核心条款，15 项次要选项条款。

（1）6 项主要选择条款（合同形式）。不同的主要选项提供不同的雇主和承包商之间风险分摊方案。由于风险分摊不一样，每个选项使用不同的工程款支付方式。

1）带分项工程报价表的工程施工总价合同。

2）带工程量清单的工程施工单价合同。

3）带分项工程量表的目标总价合同，价格风险和数量风险由双方按约定分担。

4）带工程量清单的目标单价合同，数量风险由业主分担，价格风险由双方共担。

5）成本加酬金合同。

6）工程管理合同，分包合同的价格作为成本支付给管理承包商，另支付管理费用。

（2）9 项核心条款。包括：总则、承包人的主要职责、工期、检验与缺陷、支付、补偿、权利、风险与保险、争端与终止。

（3）15 项次要选项条款。包括：完工保证、总公司担保、工程预付款、结算币种（多币种结算)、部分完工、设计责任、价格波动、保留（留置）、提前完工奖励、工期延误赔偿、工程质量、法律变更、特殊条件、责任赔偿、附加条款。

2. NEC 合同条件的特点

（1）灵活性。6 种计价方式可根据合同要求选择，合同条款可任意组合，如通货膨胀、保留金、价格调整等。

（2）清晰简明。除了在保险部分保留法律用语，其他部分避免采用法律用语，而采用简单的语言和简短的句子。合同结构简单，易于理解；条款数目较少，且相互独立；对参与各方的行为有明确定义，以减少在责任方面的争议。

9.2.2　AIA 合同条件简介

AIA 合同条件是美国建筑师学会（The American Institute of Architects，AIA）编制的系列合同条件的总称。AIA 合同条件主要用于私营的房屋建筑工程，在美国应用甚广，影响很大。

了解并研究 AIA 的合同条件具有以下三个方面的意义：

（1）我国国际建筑工程承包企业具有较强的国际竞争力，要想打入美国及美洲其他国家建筑市场将会遇到 AIA 合同条件。

（2）我国的建筑市场将对外开放，随着美商对华房屋建筑工程等项目的投资越来越多，即使未出国门的建筑工程承包企业也需要了解 AIA 合同条件，做到知己知彼。

（3）目前，我国工程界对 AIA 合同条件的研究尚少。因此，了解、研究 AIA 合同条件，可以丰富对西方发达国家合同体系的全面认识，并指导实际工作。

1. AIA 合同条件下的工程项目管理模式

AIA 合同条件下确定了三种主要的工程项目管理模式，即传统模式、设计—建造模式和 CM 模式。

其中，传统模式又按工程规模大小划分为普通工程、限定范围工程、小型工程、普通装饰工程和简单装饰工程。CM 模式又分为风险型和代理型。所谓风险型，是指 CM 经理由承包商担任。而代理型又分为两种情况：一种是独立 CM 方式；另一种是由建筑师担任 CM 经理方式。AIA 合同针对三种不同的工程项目管理模式制定了各自的合同文本体系，主要包括标准协议书和通用条件。

从计价方法上看，AIA 合同文件主要有总价、成本补偿和最高限定价格三种方式。

2. AIA 系列合同的分类

针对不同的工程项目管理模式及不同的合同类型，AIA 合同条件包括 A、B、C、D、F、G 系列。

A 系列——用于业主与承包商的标准合同文件，不仅包括合同条件，还包括承包商资质报表、各类担保的标准格式等。

B 系列——用于业主与建筑师之间的标准合同文件，其中包括专门用于建筑设计、室内装修工程等特定情况的标准合同文件。

C 系列——用于建筑师与专业咨询人员之间的标准合同文件。

D 系列——建筑师行业内部使用的文件。

F 系列——财务管理报表。

G 系列——建筑师企业及项目管理中使用的文件。

AIA 系列合同的 A 系列中的文件 A201（建设合同通用条件）是 AIA 系列合同中的核心文件，在项目管理的传统模式和 CM 模式中被广泛采用。其主要内容包括：业主、承包商的权利与义务；建筑师的合同管理；索赔与争议的解决；工程变更；工期；工程款的支付；保险与保函；工程检查与更正条款。

9.2.3 其他常用国际工程合同条件

1. JCT 合同条件

JCT 合同条件是英国工程承包合同审定联合会（Joint Contract Tribunal，JCT）出版的房屋建筑合同系列的标准文本。1977 年进行修订的 JCT《建筑工程合同条件》（JCT 80）用于业主与承包商之间的施工总承包合同，属总价合同，这是与 NEC 合同不同的地方。JCT 还分别在 1981 年制定了适用于 DB 模式的 JCT 81，在 1987 年制定了适用于 CM 模式的 JCT 87。

2. 亚洲地区使用的合同

（1）中国的建设工程合同。主要使用的是我国香港地区的建设工程合同。我国香港特区政府投资工程主要有两个标准合同文本，即《土木工程标准合同》和《建筑工程标准合同》。

（2）日本的建设工程合同。日本的建设工程承包合同的内容规定在《日本建设业法》中。该法的第三章"建设工程承包合同"规定，建设工程承包合同包括以下内容：工程内容；承包价款数额及支付；工程及工期变更的经济损失的计算方法；工程交工日期及工程完工后承包价款的支付日期和方法；当事人之间合同纠纷的解决方法等。

（3）韩国的建设工程合同。韩国的建设工程承包合同的内容也规定在国家颁布的法律即《韩国建设业法》（1994 年 1 月 7 日颁布实施）中。该法第三章"承包合同"规定，承包合同包括以下内容：建设工程承包的限制；承包额的核定；承包资格限制的禁止；概算限制；建设工程承包合同的原则；承包人的质量保障责任；分包的限制；分包人的地位；分包的价款的支持；分包人的变更的要求；工程的检查和交接等。

本章小结

本章主要介绍了国际常用的合同文本：FIDIC 合同系列、AIA 合同条件、NEC 合同条件、JCT 合同条件以及亚洲地区合同条件的规定。随着我国建筑市场逐步向国际承建商开放，我国建筑企业也会越来越多地参与国际建筑市场项目，因此，对国际工程合同示范文本的学习具有实践意义。

思 考 题

1. NEC 合同条件体系有哪几种计价方式？
2. NEC 合同条件体系的核心条款包含什么内容？

3. AIA 系列合同条件下的工程项目有哪些管理模式？

4. 常用的国际工程合同条件有哪些？

二维码形式客观题

手机微信扫描二维码，可自行做客观题，提交后可参看答案。

参 考 文 献

[1] 王艳艳，黄伟典．工程招投标与合同管理 [M]．北京：中国建筑工业出版社，2011．

[2] 丁晓欣，宿辉．建设工程合同管理 [M]．北京：清华大学出版社，2015．

[3] 中国建设监理协会．建设工程合同管理 [M]．北京：中国建筑工业出版社，2014．

[4] 王平．工程招投标与合同管理 [M]．北京：清华大学出版社，2015．

[5] 柴亚寒，任鸿斌．工程建设中合同管理重要性的分析 [J]．科技经济导刊，2015 (18)：112；122．

[6] 中华人民共和国住房和城乡建设部，中华人民共和国国家质量监督检验检疫总局．建设工程工程量清单计价规范：GB 50500—2013 [S]．北京：中国计划出版社，2013．

[7] 李雯霞，王长荣．建设工程招投标与合同管理 [M]．成都：西南交通大学出版社，2013．

[8] 张萍．建设工程招投标与合同管理 [M]．武汉：武汉理工大学出版社，2011．

[9] 建设工程教育网．建设工程合同管理经典题解 [M]．3 版．北京：中国建筑工业出版社，2016．

[10] 孙成祜．抵押、质押与留置之异同 [J]．北京教育学院学报，2004，18 (4)：35-37；53．

[11] 李成．建筑工程安全事故分析与工程保险险种选择研究 [D]．重庆：重庆大学，2013．

[12] 刘力，钱雅丽．建设工程合同管理与索赔 [M]．2 版．北京：机械工业出版社，2007．

[13] 刘伊生，温健．建设工程合同管理 [M]．北京：中国建筑工业出版社，2013．

[14] 曹林同．建筑工程监理概论与实务 [M]．武汉：华中科技大学出版社，2014．

[15] 刘黎虹．工程招投标与合同管理 [M]．2 版．北京：机械工业出版社，2012．

[16] 蔡伟庆．建设工程招投标与合同管理 [M]．北京：机械工业出版社，2011．

[17] 朱芳振，孙钢柱．建设工程施工合同履行中的争议评审及实践 [J]．建筑经济，2015，36 (1)：72-75．

[18] 赵欣，杜亚灵，张杨．2013 版清单规范下承包人违约致使合同解除后应扣除金额确定问题研究 [J]．项目管理技术，2015，13 (10)：18-24．